高等职业教育大数据工程技术系列教材

Python 程序设计基础

胡国胜　编著

電子工業出版社
Publishing House of Electronics Industry
北京 • BEIJING

内 容 简 介

Python 具有易学、可扩充、易移植、功能强大等特点，近年来已成为最受市场欢迎的程序设计语言之一。本书共 9 章，包括 Python 基础知识、数据类型、程序结构、正则表达式及应用、函数、文件操作、异常与异常处理、面向对象编程、科学计算与可视化等，深入浅出、循序渐进地引入概念和语法，通过实例帮助初学者理解相关概念，掌握编程的基本思想，具备初步的开发能力。

本书主要针对高职、高专和高等职业本科院校的大数据技术、人工智能技术应用、机器人技术、软件技术等相关专业的学生编写，也适合零基础的初学者使用。

未经许可，不得以任何方式复制或抄袭本书之部分或全部内容。
版权所有，侵权必究。

图书在版编目（CIP）数据

Python 程序设计基础 / 胡国胜编著．—北京：电子工业出版社，2022.7

ISBN 978-7-121-43914-8

Ⅰ. ①P… Ⅱ. ①胡… Ⅲ. ①软件工具－程序设计－高等学校－教材 Ⅳ. ①TP311.561

中国版本图书馆 CIP 数据核字（2022）第 118205 号

责任编辑：徐建军　　　特约编辑：田学清
印　　刷：山东华立印务有限公司
装　　订：山东华立印务有限公司
出版发行：电子工业出版社
　　　　　北京市海淀区万寿路 173 信箱　　　邮编：100036
开　　本：787×1092　1/16　印张：15.75　字数：423 千字
版　　次：2022 年 7 月第 1 版
印　　次：2022 年 8 月第 2 次印刷
印　　数：1 500 册　　定价：52.00 元

凡所购买电子工业出版社图书有缺损问题，请向购买书店调换。若书店售缺，请与本社发行部联系，联系及邮购电话：（010）88254888，88258888。

质量投诉请发邮件至 zlts@phei.com.cn，盗版侵权举报请发邮件至 dbqq@phei.com.cn。

本书咨询联系方式：（010）88254570，xujj@phei.com.cn。

前 言

自 1991 年 Guido von Rossum 开发并发布第 1 个 Python 编译器以来，Python 一直受到人们的关注。随着计算机技术、大数据技术和人工智能技术的发展，功能强大的 Python 开发工具正在焕发强大的生命力。

Python 使用 C 语言编写，介于 C 和 Shell 语言之间，具有简单易学、语法灵活、源码开放、移植性好、可扩展性强等特点，深受初学者和程序员的欢迎。同时，Python 标准库非常丰富，有助于程序员处理正则表达式、文档生成、单元测试、线程、数据库、网页浏览器、CGI、FTP、电子邮件、XML、XML-RPC、HTML、WAV 文件、密码系统、GUI（图形用户界面）、Wx，以及进行其他与系统有关的操作。

本书的编写主要有 3 个目标：

（1）帮助学生通过学习 Python 程序设计来初步认识程序设计。

（2）帮助初学者学会用计算机解决问题的思路和方法。

（3）提高初学者用计算机工具解决实际问题的能力。

Python 程序设计对首次接触的初学者来说比较容易，但是初学者要想真正学好和灵活运用 Python 开发软件确实不容易。考虑到高职学生的特点，本书的编写以应用为中心、以案例为指引，内容通俗易懂、易于理解，有助于学生快速入门。

本书共 9 章，包括 Python 基础知识、数据类型、程序结构、正则表达式及应用、函数、文件操作、异常与异常处理、面向对象编程、科学计算与可视化。

本书作者建议初学者在学习 Python 时不要死记语法，应当从学会看懂程序开始，模仿编写简单程序并逐步推进，注意梳理编程思想。此外，初学者还要注意活学活用，举一反三，对同一问题力求多解，发现学习程序设计的乐趣。由于程序设计的实践性强，因此，学习者既要掌握数据类型、语法、模块等基础知识，也要动手操作编写代码，并在上机调试、运行过程中加强对知识的理解，培养程序设计思想和提高程序开发能力。

本书由上海电子信息职业技术学院的胡国胜组织编写，在编写过程中得到了鲁家皓、肖佳、张红娟、张国红在程序调试、绘图、校正和资料收集等方面的支持，并由上海农林职业技术学院农业信息系的孙修东审稿。本书能够顺利出版是大家共同努力的结果，在此向为该书出版做出贡献的单位和个人表示衷心的感谢。

为了方便教师教学，本书配有电子教学课件，请有此需要的教师登录华信教育资源网（www.hxedu.com.cn）注册后免费进行下载。如果有问题，可以在网站留言板留言或者与电子工业出版社联系（E-mail：hxedu@phei.com.cn）。

虽然编著者精心组织了本书内容，但是疏漏之处在所难免；同时由于编著者水平所限，书中也存在诸多不足之处，在此恳请广大读者朋友给予批评和指正。

编著者

目 录

第1章 Python 基础知识

本章主要介绍 Python 特点、Python 运行环境，以及简单程序的编写、运行过程。通过学习本章，读者可以根据计算机的环境熟练掌握 Python 的下载、安装及调试，并且能够编写、运行简单的小程序。

1.1 Python 简介

Python 发明于 1989 年，并在 1991 年公开发行。Python 的名字来源于英国喜剧团 Monty Python，原因是 Python 的创始人 Guido van Rossum 是该剧团的粉丝。

图 1-1 Python 创始人 Guido van Rossum

Python 是初学者学习编程的最好语言之一，是一种不受局限、跨平台的开源编程语言。它功能强大、易写易读，可以在 Windows、Mac OS X 和 Linux 等平台上运行。

Python 和 C++、Java 一样，是一门高级编程语言，也被认为是一门解释型语言，因为它可以将高级语言的一条语句翻译为机器语言后运行。一旦解释器发现错误，程序就会抛出异常或立即终止。

Python 的发展过程如图 1-2 所示。

1991年	v0.9	首次公开发行
1994年	v1.0	Lambda、Map、Filter、Reduce
2000年	v2.0	内存回收机制
2004年	v2.4	Django 诞生
2006年	v2.5	Python 2 的标准版，成熟稳定
2008年10月v2.6 2008年12月v3.0		引入了 with 关键字，将 print 作为函数使用等
2009年	v3.1	在字符串格式化等方面做出改造
2010年	v2.7	Python 2到Python 3的过渡版本，融合了Python 3的很多特性
2011年	v3.2	引入新式类
2012年	v3.3	Parser 模块中的 UseForeignDTD()方法不需要传输；使用 *.pyo 文件
2014年	v3.4	原先的 Tk 支持库作为 tkinter 的子模块，名字发生改变
2015年	v3.5	支持 asyne/await 语法的协程；*.pyo 文件代替*.pyo 文件
2016年	v3.6	新增scrects 模块；Windows 文件系统和控制台的编码更改为UFT-8
2018年	v3.7	内建函数 breakpoint()；Time 模块可定位到纳秒级；运行速度提高
2019年		Python 3.8 发行；Python 3.9 正在开发

图 1-2 Python 的发展过程

1.1.1 Python 特点

对初学者而言，理解 Python 的特点有些困难。这里仅对下面 9 个特点进行大概的介绍。随着学习的深入，读者会慢慢体会到 Python 的魅力。

1．简单、易学

Python 的设计哲学是优雅、明确、简单。Python 非常容易上手，因为它具有非常简单的语法，能够使用户专注于解决问题而不是费力弄清楚语言本身。

2．免费、开源

Python 是 Free/Libre and Open Source Software（FLOSS，自由/开放源码软件）之一。用户可以自由地发布这个软件的拷贝，阅读、使用和改动它的源代码或者将其中一部分应用于新的自由软件。

3．高级解释性语言

Python 是一门高级编程语言。程序员在开发 Python 程序时，无须考虑底层细节。Python 解释器首先把源代码转换成被称为字节码的中间形式，然后把它翻译成计算机使用的机器语言并运行。这使得 Python 程序更加容易移植。

4．可移植性

Python 可以在 Linux、Windows、FreeBSD、Macintosh、Solaris、OS/2 和 Android 等平台上运行。

5．面向对象

Python 既支持像 C 语言一样面向过程的编程，也支持像 C++、Java 语言一样面向对象的编程。

6．可扩展性

Python 提供了丰富的 API、模块和工具，以便程序员轻松地使用 C、C++语言来编写扩展模块。

7．可嵌入性

Python 程序可以被嵌入 C/C++/MATLAB 程序中，向用户提供脚本。

8．库资源丰富

Python 标准库非常丰富。它可以帮助处理正则表达式、文档生成、单元测试、线程、数据库、网页浏览器、CGI、FTP、电子邮件、XML、XML-RPC、HTML、WAV 文件、密码系统、GUI（图形用户界面）、Tk，以及进行其他与系统有关的操作。除了标准库，还有许多其他高质量的第三方库，如 TensorFlow、PyTorch、PyEcharts、Keras、Twisted 和 OpenCV 图像库等。

9．规范的代码

Python 采用强制缩进的方式使得代码具有较好的可读性。

Python 广泛应用于科学计算、自然语言处理、图形/图像处理、游戏开发、系统管理、Web 应用和 Web 安全等。许多大型网站就是使用 Python 开发的，如 YouTube、Instagram。很多大公司，包括 Google、Yahoo 等，甚至 NASA（美国国家航空航天局）都大量使用 Python。Python 受关注的程度逐年上升。

1.1.2 Python 版本

Python 有两个常用版本：Python 2.x 和 Python 3.x。

Python 3.0 于 2008 年发布，目前已更新到 Python 3.8。遗憾的是，Python 3.x 向下不兼容，Python 2.x 的程序在 Python 3.x 环境下不能运行。本书采用 Python 3.x。

1.2 Python 安装与环境设置

1.2.1 Python 下载与安装

用户可以根据自己的需要到 Python 官网下载 Python 3.8 的相应版本。每个版本都适用于 Windows 和 Mac OS X 两种平台，同时分为 32 位和 64 位版本，如图 1-3 所示。在下载 Python 时，要注意根据自己使用的操作系统选择正确的版本号，建议安装 64 位版本。

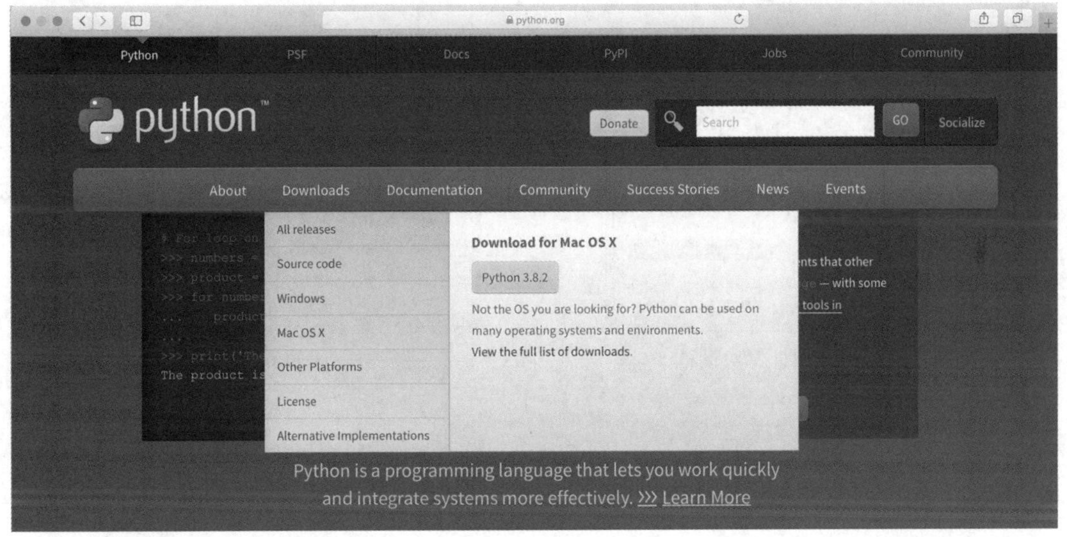

图 1-3 Python 官网

在安装 Python 时，采用默认设置即可。在默认情况下，安装路径是 C:\python27 或 C:\python38。当然，也可以采用指定路径安装 Python。

1.2.2 Python 环境设置

以 Windows 平台为例，Python 环境设置可以使用下列方法查看：

```
>>> import sys
>>> sys.path
['C:\\Program Files (x86)\\JetBrains\\PyCharm Community Edition 4.0.7\\helpers
\\pydev', 'D:\\Python37\\python37.zip', 'D:\\Python37\\DLLs', 'D:\\Python37\\lib',
'D:\\Python37', …]
```

Python 环境设置有两种方法。

方法一：打开控制面板，选择“系统和安全”→“系统”→“高级系统设置”选项，打开“系统属性”对话框，在“高级”选项卡中单击“环境变量”按钮，即可编辑和设置环境变量，如图 1-4～图 1-6 所示。

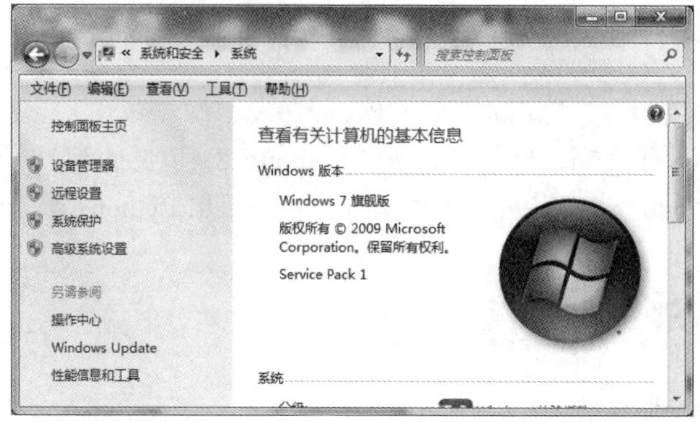

图 1-4　控制面板

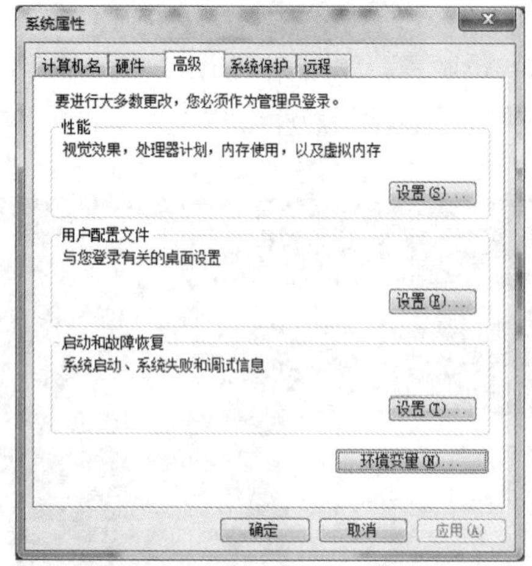

图 1-5　“系统属性”对话框

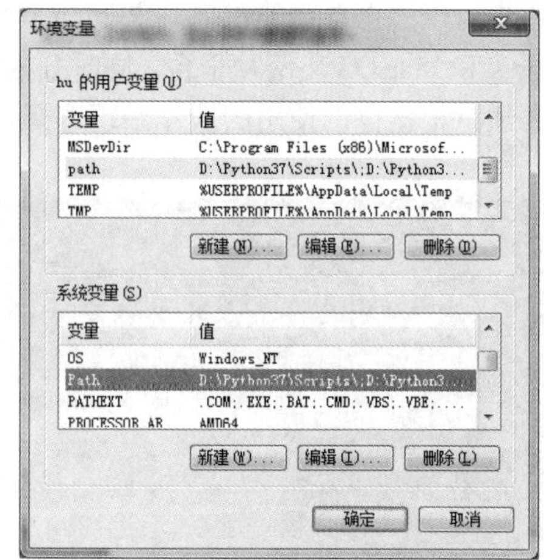

图 1-6　编辑和设置环境变量

方法二：

```
>>> import sys
>>> sys.path.append('D:\\myPython37')        # 添加路径到环境中
>>> sys.path
['C:\\Program Files (x86)\\JetBrains\\PyCharm Community Edition 4.0.7\\helpers\\
pydev', 'D:\\Python37\\python37.zip', 'D:\\Python37\\DLLs', 'D:\\Python37\\lib',
'D:\\Python37', …'D:\\myPython37']
>>> sys.path.remove('D:\\myPython37')        # 删除路径
>>> sys.path
```

1.2.3　Anaconda 安装

Anaconda 的英文意思是“蟒蛇”。图 1-7 所示的 Anaconda 图标的灵感就源自蟒蛇。

图 1-7　Anaconda 图标

Anaconda 具有如下特点：开源、安装过程简单、高效使用 Python 和 R 语言、免费的社区支持等。这些特点的实现主要基于以下几个方面。

（1）conda。Anaconda 是在 conda（一个包管理器和环境管理器）的基础上发展出来的。在数据分析中，我们会用到很多第三方包，而 conda 可以很好地帮助我们在计算机上安装和管理这些包，包括安装、卸载和更新包。

（2）环境管理器。如果我们在 Python 的不同版本（如 Python 2.7、Python 3.8）环境下开展不同的项目，则 Anaconda 可以帮助我们处理因版本不同而造成的麻烦。

（3）数量超过 1000 的开源库。Anaconda 附带了常用数据科学包，可以支持我们立即开展数据处理。

总之，Anaconda 和 Jupyter Notebook 已经成为数据分析的标准环境。Anaconda 是包管理器和环境管理器，Jupyter Notebook 可以将数据分析的代码、图像和文档全部组合到一个 Web 文档中。

Anaconda 可以用于多个平台（如 Windows、Mac OS X 和 Linux）。我们可以在其官网下载 64 位安装程序和安装说明，如图 1-8 所示。

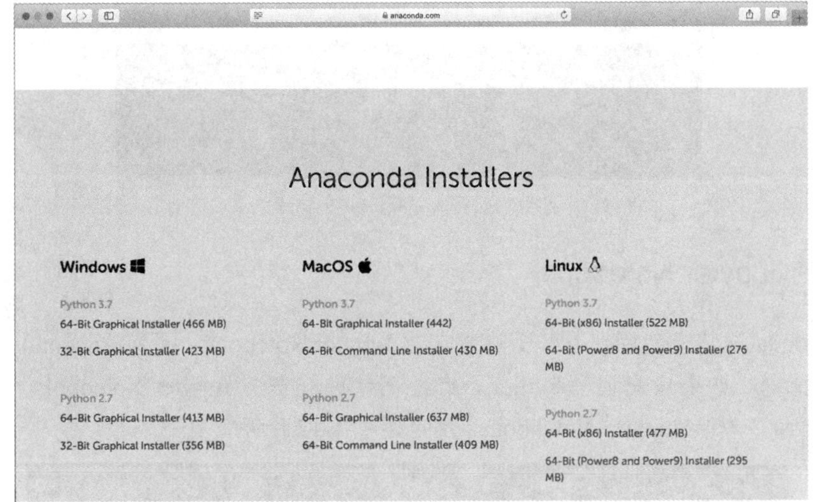

图 1-8　Anaconda 官网下载页面

在 Anaconda 下载完成后，我们就可以根据安装向导的指示将其安装到指定的目录下。需要注意在安装过程中的环境设置，如图 1-9 所示。

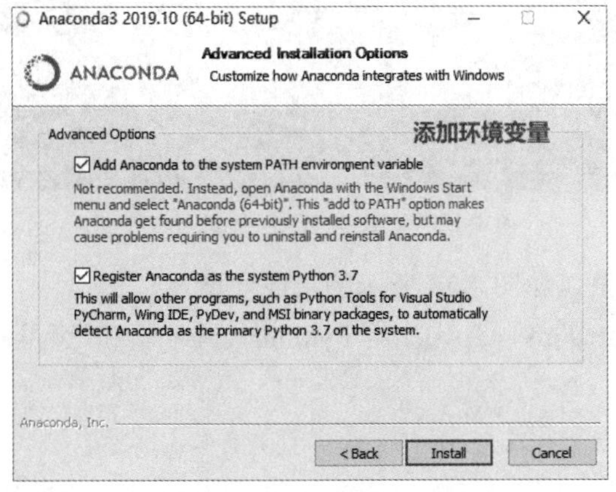

图 1-9　Anaconda 环境设置

1.2.4　测试安装结果

（1）测试 Python 是否安装成功。在 cmd 命令行窗口中，输入 python 并按 Enter 键。如果出现如图 1-10 所示的 Python 安装结果，则表示 Python 安装成功。

```
C:\Users\Administrator>python
Python 3.7.4 (default, Aug  9 2019, 18:34:13) [MSC v.1915 64 bit (AMD64)] :: Anaconda, Inc. on win32

Warning:
This Python interpreter is in a conda environment, but the environment has
not been activated.  Libraries may fail to load.  To activate this environment
please see https://conda.io/activation

Type "help", "copyright", "credits" or "license" for more information.
```

图 1-10　Python 安装结果

（2）测试 Anaconda 是否安装成功。打开 cmd 命令行窗口，输入 conda--version 命令（注意，--为两个-）。如果出现如图 1-11 所示的 Anaconda 版本号，则表示 Anaconda 安装成功。

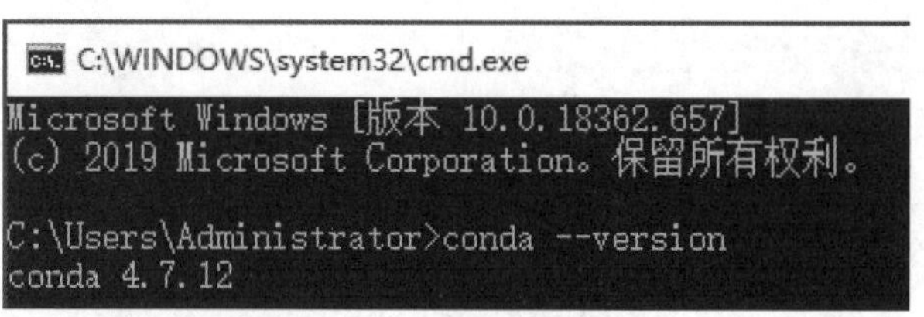

图 1-11　Anaconda 版本号

1.2.5　安装 Jupyter Notebook

在 Anaconda 安装成功后，不需要独立安装 Jupyter Notebook，因为 Anaconda 自带 Jupyter Notebook 编辑器。如果只安装了 Python，则还需要独立安装 Jupyter Notebook。可以使用 pip install jupyter 命令安装 Jupyter Notebook，界面如图 1-12 所示。

```
(base) C:\Users\Administrator>pip install jupyter
Requirement already satisfied: jupyter in e:\anaconda3\lib\si
Requirement already satisfied: notebook in e:\anaconda3\lib\s
Requirement already satisfied: nbconvert in e:\anaconda3\lib\
Requirement already satisfied: qtconsole in e:\anaconda3\lib\
Requirement already satisfied: ipywidgets in e:\anaconda3\lib
Requirement already satisfied: jupyter-console in e:\anaconda
Requirement already satisfied: ipykernel in e:\anaconda3\lib\
Requirement already satisfied: jupyter-client>=5.3.1 in e:\an
Requirement already satisfied: ipython-genutils in e:\anacond
Requirement already satisfied: pyzmq>=17 in e:\anaconda3\lib\
Requirement already satisfied: jupyter-core>=4.4.0 in e:\anac
Requirement already satisfied: jinja2 in e:\anaconda3\lib\sit
```

图 1-12　安装 Jupyter Notebook 界面

启动 Anaconda，将出现如图 1-13 所示的集成环境。

可以查看 Jupyter Notebook、Spyder 等 Python 代码编辑和运行环境，如图 1-14 和图 1-15 所示。

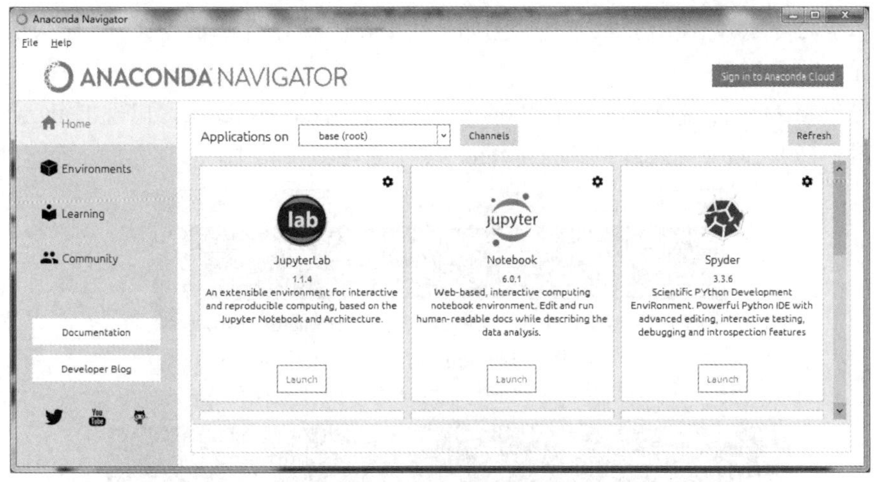

图 1-13　Anaconda 集成环境

图 1-14　Jupyter Notebook 环境

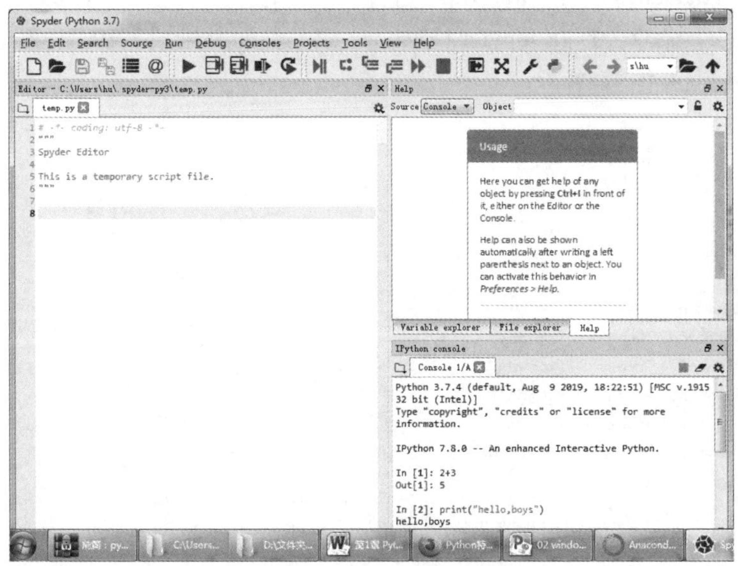

图 1-15　Spyder 环境

1.2.6　IDLE 环境

（1）Spyder 编辑器右下角的窗格为 IDLE（Integrated Development and Learning Environment，

集成开发和学习环境），使用非常方便。例如，在 In[1]: 命令行下输入 2+3，结果 5 会立刻显示在输出行，即 Out[1]:5。

（2）在 cmd 命令行窗口中输入 python（见图 1-16），启动 IDLE，出现 Python interpreter 窗口（见图 1-17），即交互式解释执行 Python 程序的环境，其中，>>>为提示符。

```
管理员: C:\Windows\system32\cmd.exe
Microsoft Windows [版本 6.1.7601]
版权所有 (c) 2009 Microsoft Corporation。保留所有权利。

C:\Users\hu>python
```

图 1-16　cmd 命令行窗口

```
Python interpreter
Python 2.7.10 (default, May 23 2015, 09:40:32) [MSC v.1500 32 bit (Intel)] on wi
n32
Type "help", "copyright", "credits" or "license" for more information.
>>> 2+3
5
>>> print "hello,guys"
hello,guys
>>> import math
>>> math.cos(0.00000001)
1.0
>>> _
```

图 1-17　Python interpreter 窗口

1.3　Python 使用

1.3.1　启动 Jupyter Notebook

首先，启动 Anaconda。在 Windows 中选择“所有程序”→“Anaconda3”（见图 1-18）→“Jupyter Notebook”命令，打开 Jupyter Notebook 启动界面（见图 1-19），单击 Launch 按钮，进入 Jupyter Notebook 编辑器。

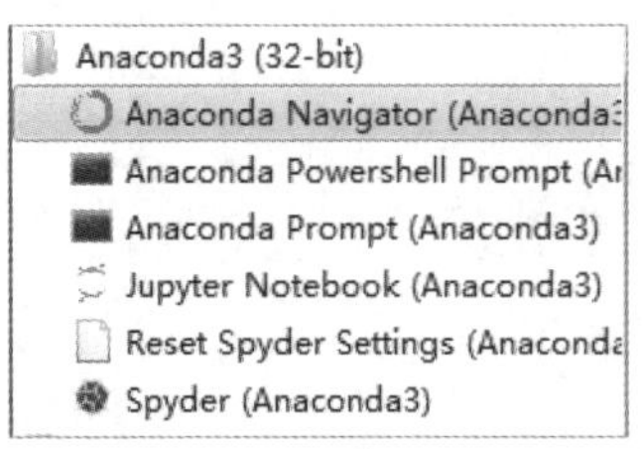

图 1-18　Anaconda 应用程序

图 1-19　Jupyter Notebook 启动界面

在图 1-20 中，选择 New 下拉列表中的 Notebook 选项，可以新建一个默认名称为 Untitled 的文件。单击 Untitled 链接文本，可以修改文件名，如图 1-21 所示。我们可以使用此记事本编辑 Python 代码。

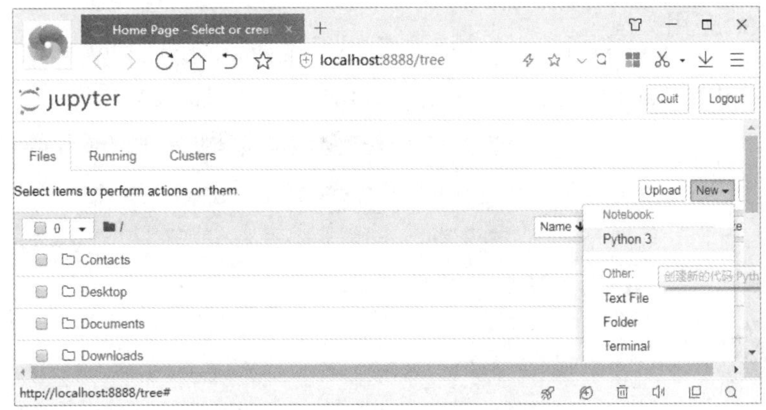

图 1-20　Jupyter Notebook 编辑器

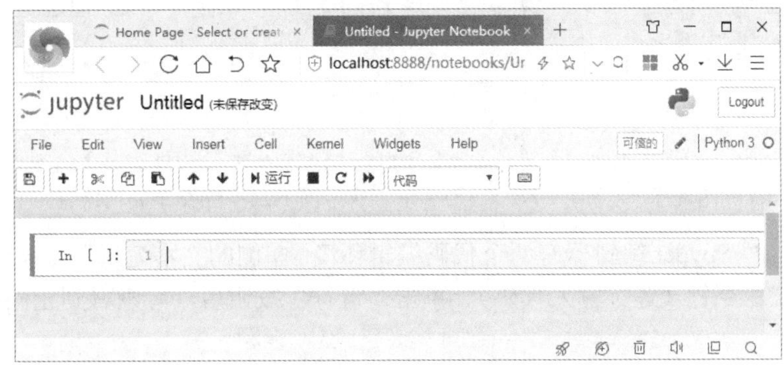

图 1-21　修改文件名

1.3.2　运行第一个程序

例 1-1　求 1+2+3+…+100 之和。程序代码如下：

```
sum=0                        # 这是我的第一个 Python 程序
for i in range(1,101):       # range 格式，i 分别取值 1，2，…，100
    sum=sum+i
print("1+2+3+…+100= ", sum)
```

或者

```
print("1+2+3+…+100=%d "%sum)     # 字符串格式，在第 4 章中详述
```

在图 1-21 中输入上述代码（注意代码的缩进形式），单击“运行”按钮，可以看到运行结果：1+2+3+4+…+100=5050（见图 1-22）。

图 1-22　我的第一个 Python 程序

1.3.3 Spyder 应用

单击图 1-23 中的 Launch 按钮，进入 Spyder 编辑器（见图 1-24）。

图 1-23 Spyder 应用程序

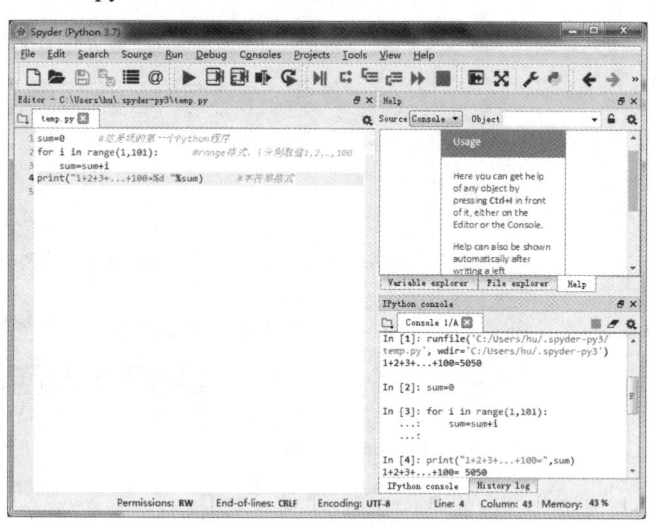

图 1-24 Spyder 编辑器

在图 1-24 中，Spyder 编辑器有两个代码编辑环境：左侧的文本编辑器（一次性输入代码）和右侧的 IDLE 命令行（逐行输入代码）。单击“运行”按钮后，可以看到相同的结果。

习题 1

1．首先从 Python 官网下载适用于 Windows 平台的 Python 3.8，并且要求是 64 位版本，然后将其安装到 D:\python37 目录下。

测试安装成功的步骤是：

（1）________________

（2）________________

检测 Python 版本号的步骤是：

（1）________________

（2）________________

启动 Python IDLE 命令环境的步骤是：

（1）________________

（2）________________

2．在 Anaconda 官网的菜单栏中选择 Products→Individual Edition→Download→Anaconda Installer for Windows 命令，找到 Python 3.8 64-Bit Graphical Installer，下载并安装 Anaconda，最后检测是否安装成功。

3．在 Jupyter Notebook 和 Spyder 两种编辑器下输入下列代码，并查看运行结果。

代码一：

```
age=int(input("请输入年龄："))
if age<21:
    print("你不能买酒。")
    print("不过你能买口香糖。")
print("这句话在 if 语句块的外部。")
```

代码二：

```
age=int(input("请输入年龄："))
if age<21:
    print("你不能买酒。")
    print("不过你能买口香糖。")
print("这句话在 if 语句块的内部。")
```

（1）代码一运行结果：

____

____

____

（2）代码二运行结果：

____

____

____

（3）代码一与代码二运行结果不同的原因是：____

____

4．编辑下列代码，运行程序并解读结果：

```
import platform
def checkPlatformInfo():    # 显示硬件和软件信息
    userName=platform.uname()
    print("username= ",userName)
    arch=platform.architecture()
    print("arch= ",arch)
    machine=platform.machine()
    print("machine= ",machine)
    node=platform.node()
    print("node= ",node)
    platformInfo=platform.platform()
    print("platformInfo= ",platformInfo)
    processor=platform.processor()
    print("processor= ",processor)
    system=platform.system()
    print("system= ",system)
    version=platform.version()
    print("version= ",version)
    print("python_build= ",platform.python_build())
    print("python_compiler= ",platform.python_compiler())
    print("python_version= ",platform.python_version())

if __name__=="__main__":
    checkPlatformInfo();
```

第 2 章 数据类型

Python 的数据类型丰富，如数值和序列。序列是一块用来存储多个值的连续内存空间，类似于其他高级语言中的一维、二维数组等。与其他语言不同的是，Python 中的序列类型具有使用灵活、功能强大、效率高等特点，可分为列表、元组、字符串、字典和集合。本章详细讲解了数值类型，常量、变量与关键字，运算符与表达式，并在此基础上通过案例介绍了序列的用法，如序列的创建、操作和删除等，以及应用广泛的内置函数、切片操作、序列解包等基本知识。

2.1 数值

Python 具有强大的数值计算能力，在交互式 IDLE 模式下，可以像计算器一样进行加法、减法、乘法、除法和函数运算。例如：

```
2020-1949
```

运行结果：

```
71
```

```
4/3*3.14159*6371**3            # 求地球体积，地球半径为 6371km
```

运行结果：

```
1083206001900.0126（平方公里）
```

```
4.0/3.0*3.14159*6371**3        # 注意，结果与上面相同
```

运行结果：

```
1083206001900.0126（平方公里）
```

```
    import math                # 导入 math 模块
    math.sin(3.14159/2)        # 调用 math 模块中的 sin()函数，sin(π/2)=1
```

运行结果：

```
0.9999999999991198
```

Python 数值的表示范围远远超过其他语言（如 C、C#等）。例如：

```
8888888888888888888888888888888888888888888888888888888**2        # 大数计算
```

运行结果：

```
79012345679012345679012345679012345679012345679012345663209876543209876543209876
5432098765432098765432098765443209876544L
```

2.1.1 数值类型

Python 的数值类型主要有整数类型、布尔类型、浮点类型和复数类型。

1. 整数类型

整数类型主要有以下 4 种。

（1）十进制整数，如 0、-1、9、123。

（2）二进制整数，以 0b 或 0B 开头，如 0b1111111、0b10101010。例如：

```
0b1111111                    # 对应十进制整数 127
```

运行结果：

```
127
```

```
0b10101010                   # 对应十进制数 170
```

运行结果：

```
170
```

（3）八进制整数，以 0o 或 0O 开头（注意，第 1 个符号是数字 0，第 2 个符号是小写或大写的字母 O），如 0o777、0O76543210，字母 o 不区分大小写。例如：

```
0o777
```

运行结果：

```
511
```

```
0O777
```

运行结果：

```
511
```

（4）十六进制整数，以 0x 或 0X 开头，如 0x10、0xFFFF，字母 x 不区分大小写。例如：

```
0x101
```

运行结果：

```
257
```

```
0X101
```

运行结果：

```
257
```

```
0xFFFF
```

运行结果：

```
65535
```

2. 布尔类型

Python 中的布尔类型只有两种值：True 和 False（首字母都是大写的）。比如，5>3 比较算式是正确的，在程序世界里被称为“真”，而在 Python 中使用 True 来表示；再如，4>20 比较算式是错误的，在程序世界里被称为“假”，而在 Python 中使用 False 来表示。

布尔类型可以被当作整数来对待，即 True 相当于整数值 1，False 相当于整数值 0。因此，下面这些运算都是可以的：

```
False+1
```

运行结果：

```
1
```

```
True+1
```

运行结果：

```
2
```

但是，这在实际应用中是不妥的，尽量不要这么用。

所有数据类型都自带布尔值：

（1）在 None、0、空（如空字符串、空列表、空字典等）3 种情况下，布尔值为 False。

（2）在其余情况下，布尔值均为 True，也就是 1。

3．浮点类型

浮点数也称小数，如前面提到的 3.14159、0.618、1.0、0.2e−5。其中，e 记数法（科学记数法）用来表示非常大或非常小的浮点数，用 e 代替 10，如 5.5e3。

4．复数类型

Python 中的复数与数学中的复数的形式完全一致，由实部和虚部构成，并且使用 j 或 J 来表示虚部。复数可以直接进行加法、减法、乘法、除法、共轭等运算。如：

```
(3+4j)*(5-6j)                # 两个复数相乘
```

运行结果：

```
39+2j
```

```
(3+4j).conjugate()           # 求复数的共轭复数
```

运行结果：

```
(3-4j)
```

```
(3+4j)*(3+4j).conjugate()    # 求复数的模的平方
```

运行结果：

```
(25+0j)
```

或者：

```
complex(3,4)                 # 由 3、4 生成复数
```

运行结果：

```
(3+4j)
```

```
abs(3+4j)                    # 求复数的模
```

运行结果：

```
5.0
```

```
(3+4j)/(5-6j)                # 两个复数相除
```

运行结果：

```
(-0.14754098360655735+0.6229508196721312j)
```

```
(3+4j).real                  # 取复数实部
```

运行结果：

```
3.0
```

```
(3+4j).imag                  # 取复数虚部
```

运行结果：

```
4.0
```

2.1.2 不同数值类型之间的转换

不同数值类型可以通过一些内置函数来进行转换，如表 2-1 所示。

表 2-1 数值类型转换函数及功能说明

函数	功能说明
int()	转换为整数类型，默认转换为十进制整数
bin()	转换为二进制整数

续表

函数	功能说明
oct()	转换为八进制整数
hex()	转换为十六进制整数
float()	将整数类型转换为浮点类型
complex()	将整数类型转换为复数类型

例如：

```
valint = 31
newval=float(valint)          # 将整数类型转换为浮点类型
print(newval)
```

运行结果：

```
31.0
```

```
val = 31
newval=complex(val,2)         # 将整数类型转换为复数类型
print(newval)
```

运行结果：

```
31+2j
```

2.2 常量、变量与关键字

任何编程语言都需要处理数据。我们可以直接使用数据，也可以将数据保存到常量和变量中，方便以后使用。

2.2.1 常量的概念

常量表示不可变值，是内存中用于保存固定值或者在程序运行过程中不会改变的数值/内容，如数字 3.1415926、布尔值 True、字符串'stiei'，以及文件的默认配置信息、配置路径等。在程序中一般不会直接使用这些值本身，因为它们不利于对代码进行修改，会导致工作量变大。我们通常会通过常量名来访问常量，而常量名只能由大写字母、下画线组成。在 Python 中没有专门的语法规定常量，约定俗成地使用全大写标识符的命名风格来提示使用者——该标识符代表常量。在程序中，常量的定义一般被存放在全局作用域范围内。例如，下面的常量定义：

```
BIR_OF_CHINA = 1949           # 创建常量 BIR_OF_CHINA，并赋值 1949
PATH = 'C:\Users\'            # 创建常量 PATH，并赋值'C:\Users\'
```

例 2-1 编写程序，通过键盘输入圆的半径值，计算并输出圆的周长和面积。

```
PI = 3.1415926                                       # 定义常量 PI 并赋值 3.1415926
radius= eval(input('请输入圆的半径(单位为米)：'))      # 用户输入半径 r 的值
circumOfCircle = 2*PI*radius                         # 计算圆的周长
areaOfCircle = PI*radius*radius                      # 计算圆的面积
print(f'半径{radius}米的圆，周长为{circumOfCircle :.2f}米，面积为{areaOfCircle :.2f}
平方米。')
```

运行结果：

```
请输入圆的半径(单位为米)：3
半径 3 米的圆，周长为 18.85 米，面积为 28.27 平方米。
```

2.2.2 变量的定义及属性

变量表示可变值，用于把程序运算的中间结果临时存放到内存中，以备后面的代码继续调用。变量可以通过变量名访问，通常是可变的。注意，Python 与其他语言不同，不需要事先声明变量名及其类型，直接赋值即可创建（定义）各种类型的变量。例如：

```
city = 'shanghai'              # 创建字符串类型(str)变量 city，并赋值'shanghai'
numOfDistricts =16             # 创建整数类型(int)变量 numOfDistricts，并赋值 16
areaOfCity = 6340.5            # 创建浮点类型(float)变量 areaOfCity，并赋值 6340.5
zComplex = 3+4j                # 创建复数类型(complex)变量 z，并赋值 3+4j
zComplex = complex(3, 4)       # 用函数生成复数
zComplex
flag= True                     # 创建布尔类型(bool)变量 flag，并赋值 True
```

变量的值不是一成不变的，可以随时被修改，只要重新赋值即可。我们可以将不同类型的数据赋值给同一个变量。例如：

```
num = 10                               # 将整数赋值给整数类型变量 num
num = "http://www.***.edu.cn/"         # 将字符串网址赋值给字符串类型变量 num
```

注意，变量的值一旦被修改，之前的值就被覆盖了。换句话说，变量只能容纳一个值。

除了将单个数据赋值给变量，还可以将表达式的运行结果赋值给变量，例如：

```
add=2+3                                # 将表达式 2+3 的计算结果赋值给变量 add
# 将字符串拼接的结果赋值给变量 url
url = "上海电子信息职业技术学院官网：" + " http://www.***.edu.cn/"
```

Python 解释器根据赋值或运算来自动推断变量类型。

例 2-2 使用 type 函数查看上述定义的变量所属的类。

```
type(city)
```

运行结果：

```
str                        # 字符串类型
```

```
type(numOfDistricts)
```

运行结果：

```
int                        # 整数类型
```

```
type(tareaOfCity)
```

运行结果：

```
float                      # 浮点类型
```

```
type(zComplex)
```

运行结果：

```
complex                    # 复数类型
```

```
type(flag)
```

运行结果：

```
Bool                       # 布尔类型
```

提示：与其他程序设计语言不同，Python 认定字符'a'和字符串"a"是一样的，统一被视为字符串类型。

例 2-3 使用内置函数 isinstance()判断对象是否为特定数据类型。

```
isinstance(5.24,int)               # 判断对象是否为 int 类型
```

运行结果：

```
False
```

```
isinstance(5.24,float)            # 判断对象是否为 float 类型
```

运行结果：

```
True
```

```
isinstance('疫情',str)            # 判断对象是否为 str 类型
```

运行结果：

```
True
```

Python 变量的内存分配方法与其他语言不同，比如，在 C 语言中，通过 int a; 语句定义整数变量 a 后，系统会为 a 在内存中分配地址，且该地址不会随着赋值而发生改变，即使使用 a=1 和 a=2 赋值语句可以改变变量 a 的值，但不会改变变量 a 在内存中的地址。Python 则不同，它采用的是基于值的内存管理方式。例如，定义 a=3 后，由于系统为 3 分配了内存地址，因此变量 a 指向该地址，如果此时再定义 b=3，则变量 b 也会指向 3 的地址，即变量 a 与变量 b 指向同一地址，如图 2-1 所示。使用内置函数 id()可以查看变量所指值的内存地址（也为变量地址）。

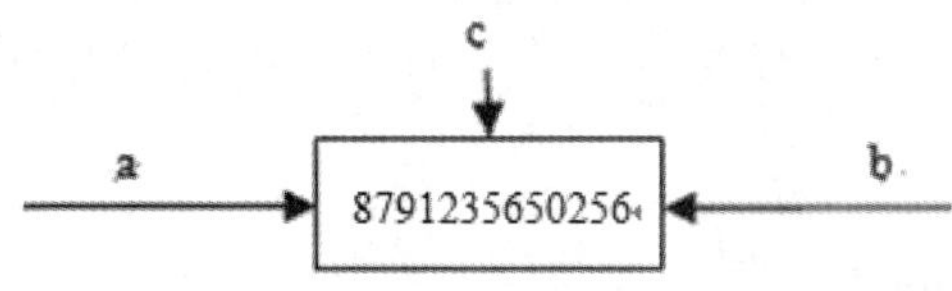

图 2-1　Python 内存管理模式

例 2-4 使用 id()函数显示变量所指值的内存地址。

```
a = 3                       # 创建变量 a，并赋值 3
id(a)                       # 返回 a 指向的内存地址 8791235650256
```

运行结果：

```
8791235650256
```

```
b = 3                       # 创建变量 b，并赋值 3
id(b)                       # 返回 b 指向的内存地址 8791235650256
```

运行结果：

```
8791235650256
```

```
c = a                       # 创建变量 c，并赋值 3
id(c)                       # 返回 c 指向的内存地址 8791235650256
```

运行结果：

```
8791235650256
```

从例 2-4 可以看出，只要 a、b 和 c 三个变量的值一样，其指向的内存地址也是一样的。

Python 具有自动内存管理功能，会跟踪所有的值。如果某个值没有变量指向它，则这个值所占的内存空间将被释放。因此，Python 程序员一般不需要考虑内存管理的问题。不过，使用 del 命令删除不需要的值或变量，释放不需要的资源，仍然是一个好习惯。

例 2-5 删除对象。

```
testStr='Shanghai Disney'
print(testStr)
```

运行结果：

```
Shanghai Disney
```

```
del testStr                    # 删除对象 testStr
print(testStr)
```

运行结果：

```
NameError: name 'testStr' is not defined
```

上述代码表明，字符串变量 testStr 已经被删除。

2.2.3 标识符和关键字

1. 标识符

变量名应符合标识符命名规则，即由字母、数字和下画线“_”组成，第 1 个字符不能是数字。比如，_schoolOfNmae、deptOfComputer、rateOf2017、numerOfStudent 等是合法的，但 3M 是不合法的。例如：

```
3M= "疫情"                                # 第 1 个字符不能是数字
```

运行结果：

```
SyntaxError: invalid syntax               # 显示语法错误
```

变量名中不能有空格及标点符号（括号、引号、逗号、斜线、反斜线、冒号、句号、问号等）。

```
frm()Name = 'Xiao Jia'                    # 特殊符号不能组成变量名
frm-Name = 'Xiao Jia'
```

运行结果：

```
SyntaxError: invalid syntax
```

```
lambda = 2019                             # lambda 为 Python 关键字
```

运行结果：

```
SyntaxError: invalid syntax
```

由于 Lambda 不是关键字，因此 Lambda=2021 是合法的。

Python 中的标识符不限长度，区分大小写，可以使用汉字（但不建议使用）。除了变量名，函数名、类名、模块名和其他对象名也都要符合标识符命名规则。同时，标识符不能使用 Python 保留的关键字。那么，Python 有哪些关键字呢？

2. 关键字

关键字是 Python 规定的特殊标识符，不能作为普通的标识符使用。每一个关键字都有其特殊的含义。Python 3.8 共有 35 个关键字。查看 Python 关键字有两种方法：

```
help("keywords")                # 帮助功能
```

或者

```
import keyword                  # 导入关键字模块
print(keyword.kwlist)
```

可以看到，Python 有 35 个关键字，具体如下：

```
False       class       from        or
None        continue    global      pass
True        def         if          raise
and         del         import      return
as          elif        in          try
assert      else        is          while
async       except      lambda      with
await       finally     nonlocal    yield
break       for         not
```

如果需要进一步查看某关键字的含义，则只需要输入关键字，如查看关键字 and：

```
help()                    # 进入 help 模式
help> and                 # and 为逻辑运算符
```

或者

```
help('and')
```

运行结果：

```
Boolean operations…
```

```
help> quit                # 退出 Help 模式
```

3．预定义标识符

Python 包括许多预定义的内置类、异常、函数，如 float、input、list、dict 等，用户应避免使用它们来为变量、函数、类、对象等命名。使用 dir(__builtins__)可以查看 Python 所有的内置变量和内置函数：

```
dir(__builtins__)                         # 查询内置变量和内置函数名
```

运行结果：

```
'__class__', '__contains__', '__delattr__', '__delitem__', '__dir__', '__doc__',
'__eq__', '__format__', '__ge__', '__getattribute__', '__getitem__', '__gt__',
'__hash__', '__init__', '__init_subclass__', '__iter__', '__le__', '__len__', '__lt__',
'__ne__', '__new__', '__reduce__', '__reduce_ex__', '__repr__', '__setattr__',
'__setitem__', '__sizeof__', '__str__', '__subclasshook__', 'clear', 'copy', 'fromkeys',
'get', 'items', 'keys', 'pop', 'popitem', 'setdefault', 'update', 'values'
```

2.3 运算符与表达式

表达式由运算符（如“*”“/”等）和操作数组成。操作数可以是基本类型或自定义类型的变量、常量。表达式中包含运算符，例如，1*2+3 表达式中的“+”和“*”就是运算符。

Python 运算符包括算术运算符、关系运算符、逻辑运算符和位运算符，其优先级与大多数语言一样。另外，Python 还有一些特有的运算符，如成员测试运算符、集合运算符、同一性测试运算符等。Python 运算符分类如下。

（1）算术运算符：+、 - 、*、/、//、%、**。

（2）赋值运算符：=、+=、-=、*=、/=、%=、**=。

（3）关系运算符：<、<=、>、>=、==、!=。

（4）逻辑运算符：and、or、not。

（5）成员测试运算符：in、not in。

（6）同一性测试运算符：is、is not。

（7）位运算符：|、^、&、<<、>>、~。

（8）集合运算符：&、|、^。

（9）矩阵运算符：@。

Python 运算符功能如表 2-2 所示。

表 2-2　Python 运算符功能

运算符分类	运算符表达式	功能说明
算术运算符	a+b	加法运算，或列表、元组、字符串合并运算
	a-b	减法运算，或求集合差集
	a*b	乘法运算，或序列重复、字符串重复运算

续表

<table>
<tr><th>运算符分类</th><th>运算符表达式</th><th>功能说明</th></tr>
<tr><td rowspan="4">算术运算符</td><td>a/b</td><td>除法运算</td></tr>
<tr><td>a//b</td><td>对两个数的商取整</td></tr>
<tr><td>a%b</td><td>取余数，或字符串格式化</td></tr>
<tr><td>a**b</td><td>求 a 的 b 次幂</td></tr>
<tr><td rowspan="7">赋值运算符</td><td>=</td><td>赋值运算</td></tr>
<tr><td>+=</td><td>自加运算</td></tr>
<tr><td>-=</td><td>自减运算</td></tr>
<tr><td>*=</td><td>自乘运算</td></tr>
<tr><td>/=</td><td>自除运算</td></tr>
<tr><td>%=</td><td>自取余运算</td></tr>
<tr><td>**=</td><td>自求幂运算</td></tr>
<tr><td rowspan="2">关系运算符</td><td>a==b、a!=b</td><td>判断两个数是否相等或不相等</td></tr>
<tr><td>a<b、a<=b
a>b、a>=b</td><td>比较两个数的大小关系，或者比较集合包含关系</td></tr>
<tr><td rowspan="3">逻辑运算符</td><td>a and b</td><td>取逻辑与</td></tr>
<tr><td>a or b</td><td>取逻辑或</td></tr>
<tr><td>not a</td><td>取逻辑非</td></tr>
<tr><td>成员运算符</td><td>a in b、a not in b</td><td>测试成员 a 是否在成员 b 中</td></tr>
<tr><td>同一性测试运算符</td><td>a is b、a is not b</td><td>测试两个对象实体是否相等（内存地址是否一致）</td></tr>
<tr><td rowspan="6">位运算符</td><td>|</td><td>按位取或</td></tr>
<tr><td>^</td><td>按位取异或</td></tr>
<tr><td>&</td><td>按位取与</td></tr>
<tr><td><<</td><td>左移位</td></tr>
<tr><td>>></td><td>右移位</td></tr>
<tr><td>~</td><td>按位取非</td></tr>
<tr><td rowspan="3">集合运算符</td><td>&</td><td>取集合交集</td></tr>
<tr><td>|</td><td>取集合并集</td></tr>
<tr><td>^</td><td>取集合对称差集</td></tr>
<tr><td>矩阵运算符</td><td>@</td><td>矩阵相乘</td></tr>
</table>

2.3.1 算术运算符及表达式

算术运算符也称数学运算符，用于对数字进行数学运算，如加法、减法、乘法、除法运算。由算术运算符和算术对象组成的序列被称为算术表达式。

假设 a=2，b=3，算术表达式及示例如表 2-3 所示。

表 2-3 算术表达式及示例

算术表达式	功　能	示　例	算术表达式结果
a+b	加法运算，或列表、元组、字符串合并运算	a+b	5
a-b	减法运算，或求集合差集	a-b	-1
a*b	乘法运算，或序列重复、字符串重复运算	a*b 'a'*3	6 'aaa'
a/b	除法运算	a/b	0.666…

续表

算术表达式	功 能	示 例	算术表达式结果
a//b	取余（取模），对两个数的商取整	a//b	2
a%b	地板除（floor），取余数，或字符串格式化	a%b print("a=%d"%a)	0 2
a**b	幂运算，求 a^b	a**b	8

提示：（1）与其他语言不同，除法运算符“/”、求余运算符“%”可以对浮点数进行操作。例如：

```
3.1415926/2.0                    # 被除数为浮点数
```

运行结果：

```
1.5707963
```

```
3.1415926%2.0                    # 对浮点数求余
```

运行结果：

```
1.1415926
```

（2）乘法运算符“*”和除法运算符“/”可以用于复数相乘、相除。具体参见 2.1.1 节中“4. 复数类型”的相关内容。

（3）“/”与“//”都是除法运算符。它们之间是有区别的：“/”表示普通除法，其计算结果和数学中的计算结果相同。而“//”表示整除，其计算结果只取不大于结果的整数部分。这两个运算符的关系是：a/b=a//b*b+a%b。例如：

```
2017.0/5
```

运行结果：

```
403.4
```

```
2017.0//5                        # 相除取整
```

运行结果：

```
403.0
```

```
-7.0/3
```

运行结果：

```
-2.3333333333333335
```

```
-7.0//3                          # 相除取整
```

运行结果：

```
-3.0
```

（4）Python 中的很多运算符在作用于不同类型的操作数时会表现出不同的含义，使用灵活。例如：

```
3+4                              # 两个数相加
```

运行结果：

```
7
```

```
"Chinese "+"Taiwan"              # 连接两个字符串
```

运行结果：

```
"Chinese Taiwan"
```

```
[1,2,3]+[4,5,6]                  # 合并两个列表
```

运行结果：

```
[1, 2, 3, 4, 5, 6]
```

```
(1,2,3)+(4,5,6)                        # 合并两个元组
```

运行结果：

```
(1, 2, 3, 4, 5, 6)
```

列表、元组和字符串数据类型将在后面详细叙述。

2.3.2 赋值运算符及表达式

赋值运算符用于把右侧的值（或表达式）传递给左侧的变量（或常量）。Python 中最基本的赋值运算符是等号"="；结合其他运算符，"="还能扩展出更强大的赋值运算符。

由赋值运算符和赋值运算对象组成的序列被称为赋值表达式。例如：

```
a = 2                          # 将字面量（直接量）赋值给变量
b = a                          # 将一个变量的值赋给另一个变量
```

注意："="和"=="是两个不同的运算符，"="用于赋值，而"=="用于判断两边的值是否相等，千万不要混淆。

1．多变量赋同一个值

Python 中的赋值表达式也是有值的，它的值就是被赋予的那个值，或者说是左侧变量的值。如果将赋值表达式的值赋给另一个变量，就构成了连续赋值。例如：

```
a = b = c = 100
```

"="具有右结合性。我们从右到左分析这个表达式。

c = 100 表示将 100 赋值给 c，所以 c 的值是 100。同时，c = 100 这个子表达式的值也是 100。b = c = 100 表示将 c = 100 的值赋给 b，因此 b 的值也是 100。以此类推，a 的值也是 100。最终结果就是，a、b、c 三个变量的值都是 100。

但是，输入表达式 a=b=(c=100)，会提示语法错误。

2．多变量赋不同的值

```
num1, bool1, str1 = 2, False, 'hello'
```

这种赋值方法被称为序列解包，其中，元素个数与变量个数必须相等，否则会出错。实现方法是将右侧的 2、False、'hello'分别赋值给左侧的变量 num1、bool1、str1。

3．快速交换变量值

```
a =2; b=5          # 同时赋值
a,b=b,a            # 两个变量值交换
print(a,b)
```

运行结果：

```
5 2
```

使用 a,b=b,a 这种赋值语句（也属于序列解包赋值方式）可以快速实现变量值的交换。

4．复合运算符

"="还可以与其他运算符（包括算术运算符、位运算符和逻辑运算符）相结合，扩展为功能更加强大的复合运算符，如表 2-4 所示。扩展后的复合运算符将使得表达式的书写更加优雅和方便。

表 2-4　复合运算符

复合运算符	说　　明	用法举例	等价形式
+=	加赋值	x += y	x = x + y
-=	减赋值	x -= y	x = x - y

续表

复合运算符	说　明	用法举例	等价形式
*=	乘赋值	x *= y	x = x * y
/=	除赋值	x /= y	x = x / y
%=	取余数赋值	x %= y	x = x % y
**=	幂赋值	x **= y	x = x ** y
//=	取整数赋值	x //= y	x = x // y
&=	按位与赋值	x &= y	x = x & y
|=	按位或赋值	x |= y	x = x | y
^=	按位异或赋值	x ^= y	x = x ^ y
<<=	左移赋值	x <<= n	x = x << n，这里的 n 指的是左移的位数
>>=	右移赋值	x >>= n	x = x >> n，这里的 n 指的是右移的位数

2.3.3 关系运算符及表达式

关系运算符也称比较运算符，用于对常量、变量或表达式的结果进行大小比较。如果这种比较是成立的，则返回 True（真），否则返回 False（假）。由关系运算符和比较对象组成的序列被称为关系表达式。关系运算符及说明如表 2-5 所示。

表 2-5 关系运算符及说明

关系运算符	说　明
>	大于，如果“>”前面的值大于后面的值，则返回 True，否则返回 False
<	小于，如果“<”前面的值小于后面的值，则返回 True，否则返回 False
==	等于，如果“==”两边的值相等，则返回 True，否则返回 False
>=	大于或等于（等价于数学中的“≥”），如果“>=”前面的值大于或等于后面的值，则返回 True，否则返回 False
<=	小于或等于（等价于数学中的“≤”），如果“<=”前面的值小于或等于后面的值，则返回 True，否则返回 False
!=	不等于（等价于数学中的“≠”），如果“!=”两边的值不相等，则返回 True，否则返回 False

例如：

```
5>=1
```

运行结果：

```
True
```

```
6==7
```

运行结果：

```
False
```

2.3.4 逻辑运算符及表达式

逻辑运算符用于判断逻辑运算对象之间的关系，如表 2-6 所示。由逻辑运算符和逻辑运算对象组成的序列被称为逻辑表达式。

表 2-6 逻辑运算符

逻辑运算符	名　称	示　例	逻辑表达式结果
and	逻辑与	a and b	a 为 True 或非 0，返回 b；否则返回 a
or	逻辑或	a or b	a 为 True 或非 0，返回 a；否则返回 b
not	逻辑非	not a	a 为 True 或非 0，返回 False；否则返回 True

在 Python 中，逻辑表达式中包括 and 和 or 时不一定会计算右边表达式的值，有时只计算左边表达式的值就能得到最终结果。因为逻辑运算符有一个有趣的特性：只有在需要求值时才进行求值。举例来说，表达式 x and y 要求两个变量都为真时才为真，如果 x 为假，则表达式会立刻返回 x 的值，而不管 y 的值；如果 x 为真，则表达式会返回 y 的值。这种行为被称为短路逻辑（Short-Circuit Logic）或惰性求值（Lazy Evaluation）。所以，and 和 or 的运算规则如下。

and 运算规则：只有 and 运算符前面的对象为非 0 时，才会继续计算运算符后面的对象。如果 and 运算符前面的对象为假或 0，则不需要计算后面的对象。

or 运算规则：如果 or 运算符前面的对象为非 0，则不需要计算运算符后面的对象；如果 or 运算符前面的对象为假或 0，则需要计算运算符后面的对象。例如：

```
14<6 and 45< 90    # 45<90 不计算
```

运行结果：

```
False
```

```
100 and 200
```

运行结果：

```
200
```

```
18.5 or (2<3)      # (2<3)不计算
```

运行结果：

```
18.5
```

```
"" or "http://www.***.edu.cn/"
```

运行结果：

```
'http://www.***.edu.cn/'
```

```
not 2
```

运行结果：

```
False
```

```
not False
```

运行结果：

```
True
```

2.3.5 成员运算符及表达式

成员运算符用于判断两个对象之间的关系，如表 2-7 所示。由成员运算符和成员运算对象组成的序列被称为成员运算表达式。

表 2-7 成员运算符

运算符	名称	示例	成员运算表达式结果
in	判断对象在序列中	'0' not in '012'	False
not in	判断对象不在序列中	1 in [1,2,3]	True

例如：

```
's' in 'Shanghai'
```

运行结果：

```
False
```

```
s' not in 'Shanghai'
```

运行结果：

```
True
```

2.3.6　同一性测试运算符及表达式

同一性测试运算符也称身份运算符，用于比较两个对象之间的存储单元，如表 2-8 所示。由身份运算符和身份运算对象组成的序列被称为身份运算表达式。

表 2-8　身份运算符

运　算　符	名　　称	示　　例	身份运算表达式结果
is	判断两个标识符是否引用自同一个对象	a is b	False
is not	判断两个标识符是否引用自不同的对象	a is not b	True

示例代码如下：

```
a = 1, b = 2
a is b
```

运行结果：

```
False
```

```
x = 2, y = x
x is y
```

运行结果：

```
True
```

2.3.7　位运算符及表达式

将两个运算对象按照二进制进行位运算。由位运算符和位运算对象组成的序列被称为位运算表达式。

假设 a=2，b=4，位运算符及示例如表 2-9 所示。

表 2-9　位运算符及示例

<table>
<tr><th>运　算　符</th><th>名　　称</th><th>示　　例</th><th>位运算表达式结果</th></tr>
<tr><td>&</td><td>按位与</td><td>a&b</td><td>0</td></tr>
<tr><td>|</td><td>按位或</td><td>a|b</td><td>6</td></tr>
<tr><td>~</td><td>按位取反</td><td>~a</td><td>-3</td></tr>
<tr><td>^</td><td>按位异或</td><td>a^b</td><td>6</td></tr>
<tr><td>>></td><td>右移</td><td>a>>2</td><td>0</td></tr>
<tr><td><<</td><td>左移</td><td>a<<2</td><td>8</td></tr>
</table>

其在 Jupyter Notebook 中的运行情况如图 2-2。

```
a = 0b010; b = 0b100
print(bin(a&b),bin(a|b),bin(a^b),bin(~a),~a,bin(a>>2),bin(a<<2))
print(int(a&b),int(a|b),int(a^b),int(~a),~a,int(a>>2),int(a<<2))

0b0 0b110 0b110 -0b11 -3 0b0 0b1000
0 6 6 -3 -3 0 8
```

图 2-2　位运算符示例在 Jupyter Notebook 中的运行情况

2.3.8　运算符的优先级

所谓运算符的优先级，就是当多个运算符同时出现在一个表达式中时，先执行哪个运算符。

例如，对于表达式 a + b * c，Python 会先计算乘法再计算加法，说明“*”的优先级高于“+”。

Python 支持几十种运算符，被划分成将近 20 个优先级。其中，有的运算符优先级不同，有的运算符优先级相同。部分常见的运算符的优先级如表 2-10 所示。

表 2-10　部分常见的运算符优先级

优先级别	运　算　符	描　　述
高	**	指数（最高优先级）
	~ + -	按位翻转，一元加号和减号（最后两个的方法名为+@和-@）
	* / % //	乘法、除法、取模、取整除
	+ -	加法、减法
	>> <<	右移、左移运算符
	&	位与运算符
	^ |	位异或运算符
	<= < > >=	比较运算符
	<> == !=	小于、大于、等于、不等于运算符
	= %= /= //= -= += *= **=	赋值运算符
	is, is not	身份运算符
	in, not in	成员运算符
低	not, and, or	逻辑运算符

假设 x = 5，y = 6，z = 7，示例代码如下：

```
(y+x*2)/2
```

运行结果：

```
8.0
```

```
'a' not in 'abcd' or x!=y   # 等价于('a' not in 'abcd') or (x!=y)
```

运行结果：

```
True
```

虽然 Python 运算符存在优先级的关系，但是不推荐过度依赖运算符的优先级。因为这样会导致程序的可读性降低，所以不建议把一个表达式写得过于复杂。如果一个表达式过于复杂，可以尝试把它拆分来书写，或者尽量使用圆括号“()”来控制表达式的执行顺序。

2.4　字符串

若干个字符的集合就是一个字符串（String）。在 Python 中，字符串和数值是最常见的数据类型，如姓名、学号、电话号码、身份证号码、家庭住址等都是典型的字符串。

2.4.1　字符串的创建

字符串一般使用单引号、双引号或三单引号、三双引号进行界定，且单引号、双引号和三引号还可以互相嵌套，用来表示复杂字符串。例如：'stiei'、"stiei"、'''stiei'''和"""I love STIEI." Xiaojia said'''。

注意，当字符串使用双引号界定时，单引号可以出现在字符串中，但双引号不可以出现在字符串中。例如：

```
twOfCh = "'台湾'是中国的一个省"
```

```
print(twOfCh)
```

运行结果：

```
'台湾'是中国的一个省
```

```
twOfCh = ""钓鱼岛"自古是中国领土"
```

运行结果：

```
SyntaxError: invalid syntax
```

同样地，由单引号定义的字符串可以包含双引号，但不能包含单引号。空字符串表示为''、""、""""，即一对不包含任何内容的任意字符串界定符。

需要注意的是，三单引号或三双引号表示的字符串支持换行，支持排版格式较为复杂的字符串，也可以在程序中表示较长的注释。

提示：（1）字符串索引值是从 0 开始的，例如，"Xiong'an"的第 1 个字符'X'的索引值为 0，第 2 个字符'i'的索引值为 1，以此类推。也可以从字符串的最后一个字符'n'开始记数，其索引值为-1，倒数第 2 个字符'a'的索引值为-2，以此类推。例如：

```
xa = "Xiong'an"
xa[0]                    # 第 1 个字符
```

运行结果：

```
'X'
xa[-1]                   # 最后一个字符
```

运行结果：

```
'n'
```

（2）字符串是不可变序列，也就是说，字符串中的任何字符都是不可改变的。例如：

```
xa = "Xiong'an"
xa[0] = 'x'              # 试图把第 1 个字符'X'由大写形式改为小写形式'x'
```

运行结果：

```
TypeError: 'str' object does not support item assignment
```

2.4.2　转义字符和原始字符串

当字符串中出现引号时，我们需要对其进行特殊处理，否则 Python 会解析出错。例如：'I'm a student!'。

由于上面的字符串中包含了单引号，此时 Python 会将字符串中的单引号与第 1 个单引号配对，把'I'当作字符串，而后面的 m a student!'就变成了多余的内容，从而导致语法错误。

这种情况有两种处理方案。一种是采用前面提到过的方法，即使用不同的引号包裹字符串。如果字符串中出现了单引号，则可以使用双引号或三引号包裹字符串，反之亦然。

另一种是可以对引号进行转义，即在引号前面添加反斜杠“\”就可以对引号进行转义，让 Python 把它当作普通文本对待。例如：

```
str1 = 'I\'m a student!'
str2 = "英文双引号是\"\"，中文双引号是“”"
print(str1)
print(str2)
```

运行结果：

```
I'm a student!
```

英文双引号是""，中文双引号是“”。在 Python 中，常用的转义字符描述如表 2-11 所示。

表 2-11　常用的转义字符

转义字符	含　义	转义字符	含　义
\n	换行符，将光标位置移动到下一行开头	\"	双引号
\t	水平制表符，也即 Tab 键，一般相当于 4 个空格	\\	一个反斜线\
\r	回车符，将光标位置移动到本行开头	\ddd	3 位八进制数对应的字符
\'	单引号	\xhh	2 位十六进制数对应的字符

有时候，使用转义字符会有一些麻烦。例如，要表示一个包含路径 D:\Program Files\Python 3.7\Python.exe 的字符串，因为“\”的特殊性，我们需要对字符串中的每个“\”都进行转义，所以需要将字符串写成"D:\\Program Files\\Python 3.7\\Python.exe"形式。

这种写法需要特别谨慎，稍有疏忽就会出错。为了解决转义字符的问题，Python 支持原始字符串。在原始字符串前添加一个 r（或者 R），可忽略转义字符（即“\”不会被当作转义字符），所有的内容都保持原样。例如：strOfPath = r'D:\Program Files\Python 3.7\Python.exe'与 strOfPath = 'D:\\Program Files\\Python 3.7\\Python.exe'一样。

2.4.3　字符串与数值类型数据的转换

与前面讲过的不同数值类型的数据可以相互转换一样，字符串也可以通过一些内置函数实现与数值类型数据之间的转换。

str(x)函数可以将 x 转换为字符串。例如：

```
str(123)          # 将整数 123 转换为字符串'123'
```

运行结果：

```
'123'
```

```
int("123")        # 将字符串'123'转换为整数 123
```

运行结果：

```
123
```

```
float("123")      # 将字符串'123'转换为浮点数 123.0
```

运行结果：

```
123.0
```

```
eval('123')
```

运行结果：

```
123
```

2.4.4　input()函数的使用

input()是 Python 的内置函数，用于从控制台读取用户输入的内容。input()函数总是以字符串的形式来处理用户输入的内容，所以用户输入的内容可以包含任何字符。

input()函数的用法为：

```
str = input(提示信息)
```

说明：

- 此函数等待用户从控制台输入内容，默认按 Enter 键将结束输入。
- str 表示一个字符串类型的变量，input 会将读取的字符串放入 str 中。

- 提示信息会显示在控制台上，告诉用户应该输入什么样的内容。如果不写提示信息，就不会有任何提示信息。

例如：

```
userName = input('请输入用户名：')
```

运行结果：

```
请输入用户名：Cinderella
```

```
print(userName)
```

运行结果：

```
'Cinderella'
```

```
type(userName)
```

运行结果：

```
str
```

注意，如果 input()函数要求输入的值为字符型，例如：

```
ageOfUser=input('请输入年龄：')
```

运行结果：

```
请输入年龄：20
```

这时变量 ageOfUser 的值是字符串'20'，而不是数值 20。因为：

```
type(ageOfUser)
```

运行结果：

```
str
```

此时，可以使用 eval()函数将其转换为数值型，例如：

```
ageOfUser=eval(input('请输入年龄：'))
```

2.4.5 print()函数的使用

print()函数的输出并不仅限于字符串数据。它的语法格式如下：

```
print (value,…, sep='',end='\n', file=sys.stdout, flush=False)
```

value 参数可以接收任意多个变量或值，因此 print()函数完全可以输出多个值。例如：

```
userName = 'Cinderella'
userAge = 8
print("姓名：", userName, "年龄：", userAge)          # 同时输出多个变量和字符串
```

运行结果：

```
姓名： Cinderella 年龄： 8
```

从输出结果来看，使用 print()函数输出多个变量时，print()函数默认以空格分隔多个变量。如果读者希望改变默认的分隔符，可以通过 sep 参数进行设置。例如：

```
print("姓名：" , user_name, "年龄：", user_age, sep='|')  #  指定分隔符为'|'
```

运行结果：

```
姓名：|Cinderella|年龄：|8
```

在默认情况下，print()函数输出之后总会换行，这是因为 print()函数的 end 参数的默认值是“\n”，代表换行。如果希望 print()函数输出之后不会换行，则重新设置 end 参数即可。例如：

```
#  设置 end 参数，指定输出之后不再换行
print(40,'\t', end="")
print(50,'\t', end="")
```

```
print(60,'\t', end="")
```

运行结果：

```
40	50	60
```

2.4.6 字符串的格式化（格式化输出）

print()函数使用以“%”开头的转换说明符对各种类型的数据进行格式化输出，如表 2-12 所示。

表 2-12 转换说明符

转换说明符	转换说明
%s	表示字符串类型的数据
%d(%u)、%o、%x(%X)	分别表示有或无符号十进制、八进制、十六进制整数类型的数据
%f 或%F	表示十进制形式的浮点类型数据，默认小数位数为 6 位
%o	表示八进制整数类型的数据
%%	输出百分号符号“%”。例如："%d%%" % 10 # 10%
%e 或%E	表示以科学记数法表示的浮点数
%c	转换成单个字符
%g 或%G	智能选择%f(%F)或%e(%E)方式来表示

转换说明符（Conversion Specifier）只是一个占位符，它会被后面表达式（变量、常量、数字、字符串等各种形式）的值代替。例如：

```
userName = 'Cinderella'
print('她的名字是%s' %userName)
```

运行结果：

```
她的名字是 Cinderella
```

在 print()函数中，由引号包裹的是格式化字符串，它相当于一个字符串模板，可以放置一些转换说明符（占位符）。上面的格式化字符串中包含一个%s 说明符，该说明符最终会被后面的 userName 变量的值替代。

格式化字符串中也可以包含多个转换说明符。这时需要提供多个表达式，用以替换对应的转换说明符。其中，多个表达式必须使用圆括号“()”包裹起来。例如：

```
userName = 'Cinderella'
userAge = 8
userWeight = 20.87
print('她的名字是%s,年龄是%d 岁,体重是%.2fkg' %(usernName, userAge, userWeight))
```

运行结果：

```
她的名字是 Cinderella,年龄是 8 岁,体重是 20.87kg
```

此外，格式化输出还可以指定最小输出宽度、对齐方式、指定浮点数的小数精度等。

2.5 列表

在 Python 程序开发中，经常需要将一组数据存储起来，以便后面的代码使用。其他编程语言中的数组（Array）可以把多个数据存储到一起，但是 Python 中没有数组，而是加入了更加强大的列表。如果把数组看作一个集装箱，那么列表就是一个工厂的仓库。在列表中，元素可以是任何类型，不要求类型必须一致，而且元素的值是可以被改变的。

列表（List）是 Python 对象的一个可变的有序序列。所谓序列，指的是一块可存放多个值的连续内存空间，这些值按照一定的顺序排列，我们可以通过每个值所在位置的编号（称为索引）访问它们。Python 中的序列包括字符串、列表、元组、集合和字典，它们支持一些通用的操作。

Python 中的序列有很多方法是通用的，而不同类型的序列又有一些特有的方法和内置函数。列表对象的方法和函数说明如表 2-13 所示。

表 2-13　列表对象的方法和函数说明

方法或函数	说　明
len()	求列表中元素的个数
max()	求列表中元素的最大值（元素类型相同）
min()	求列表中元素的最小值（元素类型相同）
sum()	求列表中的元素之和（元素是数字）
count()	求指定对象出现的次数
index()	求指定对象首次出现的索引位置
reverse()	求列表逆序
clear()	清空列表
append()	在列表末端添加元素
extend()	在列表末端添加新列表中的所有元素
insert()	在给定索引位置上插入新元素
remove()	移除首次出现的指定对象
pop()	删除并返回列表指定位置的元素，默认为最后一个元素
del()	移除指定索引位置上的元素
sort()	对列表元素进行排序
copy()	返回列表对象的浅复制，Python 2.x 没有该方法
cmp()	比较两个列表的函数，Python 3.x 中不再支持
zip()	将多个列表或元组对应位置的元素组合为元组的函数
enumerate()	枚举列表、元组或其他可迭代对象元素的函数
+	连接，等同于 extend()方法
*	列表重复

提示：在执行 del()函数或 remove()方法后，列表中被删除元素后的其他元素会依次向左移动一个位置。在执行 insert()方法后，列表中大于或等于给定元素的索引值的其他元素会依次向右移动一个位置。

2.5.1　列表的创建与删除

1．列表的创建

在 Python 中，创建列表的方法可以分为两种。

1）使用[ ]直接创建列表

使用[ ]将所有元素包裹起来，相邻元素之间用逗号分隔。在创建列表后，一般使用“=”将它赋值给某个变量，具体语法格式如下：

```
listName = [element1, element2, element3, … , elementn]
```

其中，listName 表示变量名，element1～elementn 表示列表元素。列表元素可以包含整数、浮点数、字符串等基本类型的元素，也可以包含列表、元组、字典、集合、函数，以及其他任意对象。例如：

```
primeOfMersenne = [3,7,31,127,8191,524287]                  # 梅森素数
messageOfCollege = ['STIEI',8000,[ 'Computer', 'Communication', 'Electronics']]
```

上述对象都是合法的列表对象。

在使用此方式创建列表时，列表中的元素可以有多个，也可以一个都没有。例如：

```
emptylist = [ ]      # emptylist 是一个空列表
```

注意，在使用列表时，虽然可以将不同类型的数据放入同一个列表中，但是在通常情况下，只能在同一列表中放入同一类型的数据，这样可以提高程序的可读性。

2）使用 list()函数创建列表

Python 提供了一个内置函数 list()，可以将其他数据类型，如元组、range 对象、字符串或其他可迭代对象类型的数据转换为列表类型。例如：

```
list('hello world')                                # 将字符串转换成列表
```

运行结果：

```
['h', 'e', 'l', 'l', 'o', ' ', 'w', 'o', 'r', 'l', 'd']
```

```
list()                                             # 创建空列表
```

运行结果：

```
[]
```

```
rangeList = range(1,10,2)                          # range 对象
list( rangeList)
```

运行结果：

```
[1, 3, 5, 7, 9]
```

```
strList=('中业岛属于中国领土')
print(strList)
```

运行结果：

```
中业岛属于中国领土
```

提示：range()函数是非常有用的函数，使用频率高，其语法格式为 range([start,]stop[,step])。其中，[ ]为可选项。第 1 个参数表示起始值（默认为 0），第 2 个参数表示终止值（结果中不包括这个值），第 3 个参数表示步长（默认为 1）。

```
list(range(8))                                     #  range 对象返回可迭代对象
```

运行结果：

```
[0, 1, 2, 3, 4, 5, 6, 7]
```

2．列表的删除

当列表不再使用时，可以使用 del 命令删除整个列表。例如：

```
del strList                                        # 删除前面定义过的列表 strList
strList
```

运行结果：

```
NameError: name 'strList' is not defined
```

2.5.2 列表元素的访问

与字符串类似，列表也可以使用索引（也叫下标）和切片来访问其中的元素。索引包括正向索引和反向索引。

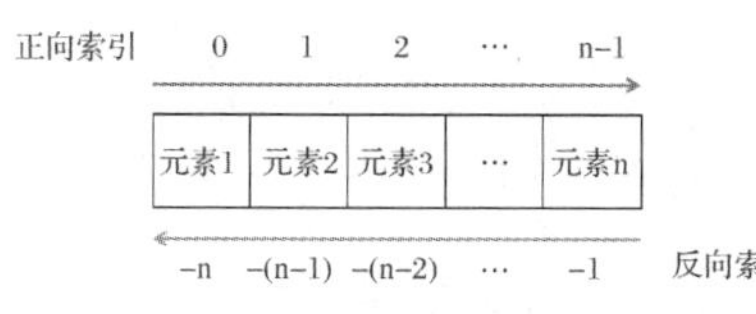

图 2-3 列表的正反向索引

正向索引是把序列中的元素从前往后计数，按照 0,1,2……进行编号，0 表示第 1 个元素，以此类推。反向索引是把序列中的元素从后往前计数，按照-1,-2,-3……进行编号。-1 表示从右边数的第 1 个元素。如图 2-3 所示。

使用索引访问列表元素的语法格式为 listName[i]。其中，listName 表示列表名，i 表示索引值。列表的索引可以是正数，也可以是负数。列表元素可以通过下标修改。如果下标不存在或超出下标范围，则抛出异常。例如：

```
# 孪生素数列表
twinPrimeList = [(3,5),(5,7),(11,13),(17,19),(29,31),(59,61),(71,73),(101,103)]
twinPrimeList[4]                    # 访问第 5 个元素
```

运行结果：

```
(29, 31)
```

```
twinPrimeList[4][1]                 # 访问列表第 5 个元素，即元组(29,31)的第 2 个元素
```

运行结果：

```
31
```

```
twinPrimeList[-2]                   # 访问倒数第 2 个元素
(71,73)
twinPrimeList[8]=(107,109)          # 给第 9 个元素赋值，超出范围
```

运行结果：

```
IndexError: list assignment index out of rang
```

```
twinPrimeList[7]=(107,109)
twinPrimeList
```

运行结果：

```
[(3, 5), (5, 7), (11, 13), (17, 19), (29, 31), (59, 61), (71, 73), (107, 109)]
```

切片操作是访问序列中元素的另一种方法。它可以访问一定范围内的元素，可以生成一个新的序列。使用切片访问列表元素的语法格式如下：

```
listName[start : end : step]
```

各个参数的含义分别是：

listName 表示列表名；start 表示切片的开始索引位置（包括该位置），此参数也可以不指定，会默认为 0，也就是从列表的开头进行切片；end 表示切片的结束索引位置（不包括该位置），如果不指定，则默认为列表的长度；step 表示在切片“步长”，也就是 step 的值大于 1 时，如果进行切片操作来获取列表元素，则会“跳跃式”地获取元素。

切片语法的含义如表 2-14 所示。

表 2-14 切片语法的含义

切片语法	含 义
list[m:n]	得到一个列表，包含 list 中从索引值为 m 到索引值为 n-1 的所有元素
list[:]或 list[::]	得到一个与 list 一样的新列表
list[m:]	得到一个列表，包含 list 中从索引值为 m 到末尾的所有元素
list[:m]	得到一个列表，包含 list 中从开始到索引值为 m-1 的所有元素
list[m:n:k]	得到一个列表，包含 list 中从索引值为 m 的元素开始，每隔 k 个取一次，直到索引值为 n-1 的元素

例 2-6 切片示例。

```
spList=['a','b','c','d','e','f','g','h','i','j','k']
spList[::]                          # 所有元素
```

运行结果：

```
['a', 'b', 'c', 'd', 'e', 'f', 'g', 'h', 'i', 'j', 'k']
```

```
spList[:]                           # 所有元素
```

运行结果：

```
['a', 'b', 'c', 'd', 'e', 'f', 'g', 'h', 'i', 'j', 'k']
```

```
spList[4:9]                         # 从第 5 个元素到第 9 个元素
```

运行结果：

```
['e', 'f', 'g', 'h', 'i']
```

```
spList[:4]                          # 从开始到第 4 个元素
```

运行结果：

```
['a', 'b', 'c', 'd']
```

```
spList[::3]                         # 从开始每隔 3 个抽 1 个
```

运行结果：

```
['a', 'd', 'g', 'j']
```

```
spList[::-1]                        # 从结尾到首个元素
```

运行结果：

```
['k', 'j', 'i', 'h', 'g', 'f', 'e', 'd', 'c', 'b', 'a']
```

```
spList=['a','b','c','d','e','f','g','h','i','j','k']
spList[4:len(spList)]               # 从第 5 个元素到结束元素
```

运行结果：

```
['e', 'f', 'g', 'h', 'i', 'j', 'k']
```

```
spList[4:len(spList)][3]
```

运行结果：

```
'h'
```

提示：（1）与使用下标访问列表元素的方法不同，切片操作不会因为下标越界而抛出异常，而是会简单地在列表尾部截断或返回一个空列表。例如：

```
spList[11::]
[ ]
```

（2）del()函数可以用于从列表中移除一个切片。例如：

```
del spList[3:8]                     # 删除第 4 个到第 8 个元素
spList
```

运行结果：

```
['a', 'b', 'c', 'i', 'j', 'k']
```

（3）切片操作同样适用于元组、字符串、range 对象和字典等类型。

使用切片操作可以快速实现很多功能，如原地修改列表内容，列表元素的增删改查操作，以及列表元素替换等，并不影响列表对象的内存地址。例如：

```
letterList=['a','b','c','d','e','f','g','h','i','j','k']
spList[len(spList):]
```

运行结果：

```
[]
```

```
letterList[len(spList):]=['l','m','n']    # 增加元素
letterList
```

运行结果：

```
['a', 'b', 'c', 'd', 'e', 'f', 'g', 'h', 'i', 'j', 'k', 'l', 'm', 'n']    # 添加成功
```

```
letterList[:4]=[1,2,3,4]                  # 修改元素
letterList
```

运行结果：

```
[1, 2, 3, 4, 'e', 'f', 'g', 'h', 'i', 'j', 'k', 'l', 'm', 'n']           # 修改成功
```

```
letterList[4:]=[]                         # 删除第 5 个元素之后的所有元素
letterList
```

运行结果：

```
[1, 2, 3, 4]                              # 删除成功
```

```
letterList[0]=['a']                       # 修改、替换第 1 个元素
letterList
```

运行结果：

```
[['a'], 2, 3, 4]                          # 修改成功
```

```
picFile[-4::]
```

运行结果：

```
'.jpg'
```

切片操作返回的是列表元素的浅复制，与列表对象的直接赋值不一样。例如：

```
# 列表赋值举例
perfectList=[6,28,496,8128,33550336] # 完美数
sameList=perfectList                      # sameList 与 perfectList 指向同一块内存
sameList
```

运行结果：

```
[6, 28, 496, 8128, 33550336]
sameList==perfectList                     # 比较是否相同
```

运行结果：

```
True
```

```
sameList[0]= 8589869056                   # 在 sameList 变化后，查看 perfectList 是否变化
sameList
```

运行结果：

```
[8589869056, 28, 496, 8128, 33550336]
```

```
perfectList
```

运行结果：

```
[8589869056, 28, 496, 8128, 33550336]
```

```
sameList is perfectList                   # is 逻辑判断
```

运行结果：

```
True
```

```
id(perfectList)==id(sameList)             # 判断首地址是否相同
```

运行结果：

```
True
```

```
# 列表切片浅复制演示
perfectList=[6,28,496,8128,33550336]          # 完美数
sameList=perfectList[::]                       # 浅复制
sameList==perfectList
```

运行结果：

```
True
```

```
sameList is perfectList
```

运行结果：

```
False
```

```
id(sameList)==id(perfectList)                  # 指向的内存地址不同
```

运行结果：

```
False
```

```
sameList[0]= 8589869056                        # 修改 sameList 列表的第 1 个元素值
sameList
```

运行结果：

```
[8589869056, 28, 496, 8128, 33550336]
```

```
perfectList                                    # perfectList 列表没有改变
```

运行结果：

```
[6, 28, 496, 8128, 33550336]
```

2.5.3 列表的序列操作

列表的常用序列操作包含以下几种。

1. 列表元素的增加

从表 2-13 可以看出，针对列表元素的添加，我们可以使用“+”运算、append()方法、extend()方法、insert()方法和“*”运算等。

（1）“+”运算的特点是简单、容易理解。严格来说，使用“+”运算不是真的为列表添加元素，而是创建一个新的列表，并将原列表中的元素和新元素依次复制到新列表的内存空间。因此，在涉及大量元素操作时，“+”运算的速度较慢。例如：

```
resortList=['长江','长城']
resortList+=['黄山','黄河']                    # 注意“+=”运算，字符串连接
print(resortList)
```

运行结果：

```
['长江','长城','黄山','黄河']
```

（2）使用 append()方法可以原地修改表，是真正意义上的在列表尾部添加元素，且速度较快。例如：

```
municipalityCityList=['Beijing','Shanghai','Tianjin']
municipalityCityList.append('Chongqing')       # 字符串添加
municipalityCityList
```

运行结果：

```
['Beijing', 'Shanghai', 'Tianjin', 'Chongqing']
```

注意：append()方法的速度比“+”运算要快很多。

（3）使用 extend()方法可以将另一个迭代对象的所有元素添加到该列表尾部。例如：

```
first_tierCity_List=['Beijing','Shanghai']
first_tierCity_List.extend(['Guangzhou','Shenzheng'])     # 添加
first_tierCity_List
```

运行结果：

```
['Beijing', 'Shanghai', 'Guangzhou', 'Shenzheng']
```

（4）使用 insert(m,n)方法可以将元素 n 插入列表指定位置 m 处。例如：

```
primeList=[2,5,7,11,13,17,19]
primeList.insert(1,3)                                    # 插入元素
primeList
```

运行结果：

```
[2, 3, 5, 7, 11, 13, 17, 19]
```

提示：insert()方法涉及插入位置之后所有元素的移动，会影响处理速度，append()方法比 insert()方法快 20 多倍。类似地，还有 remove()方法，以及使用 pop()函数弹出列表非尾部元素和使用 del 命令删除列表非尾部元素的情况。需要注意的是，除非必要，应优先考虑使用 append()方法和 pop()方法。

（5）使用“*”运算可以将列表与整数相乘，生成一个新列表，新列表会重复原列表中元素。例如：

```
starList=['*','*']
starList=starList*3                               # 字符串重复 3 次
starList
```

运行结果：

```
['*', '*', '*', '*', '*', '*']
```

```
id(starList)                                      # 不同字符串首地址不同
```

运行结果：

```
49649352
```

2. 列表元素的删除

针对列表元素的删除，我们可以使用 del 命令、pop()方法、remove()方法和[:]方法等。

（1）del 命令。使用 del 命令可以删除列表中指定位置上的元素或列表。例如：

```
# 孪生素数列表
twinPrimeList=[(3,5),(5,7),(11,13),(17,19),(29,31),(59,61),(71,73),(101,103)]
del twinPrimeList[-1]                # 删除最后一个元素或列表、元组等
twinPrimeList
```

运行结果：

```
[(3, 5), (5, 7), (11, 13), (17, 19), (29, 31), (59, 61), (71, 73)]
```

```
del twinPrimeList                    # 删除对象 twinPrimeList
twinPrimeList
```

运行结果：

```
NameError: name 'twinPrimeList' is not defined
```

（2）pop()方法。使用 pop()方法可以删除并返回指定（默认为最后一个）位置上的元素，如果给定的索引超出了列表的范围，则抛出异常。例如：

```
# 孪生素数列表
twinPrimeList=[(3,5),(5,7),(11,13),(17,19),(29,31),(59,61),(71,73),(101,103)]
twinPrimeList.pop()                  # 删除最后一个元素
```

运行结果：

```
(101, 103)
```

```
twinPrimeList
```

运行结果：

```
[(3, 5), (5, 7), (11, 13), (17, 19), (29, 31), (59, 61), (71, 73)]
```

```
twinPrimeList.pop(0)                # 删除第 1 个元素
```

运行结果：

```
(3, 5)
```

```
twinPrimeList.pop(10)               # 删除第 11 个元素，超出范围，抛出异常
```

运行结果：

```
IndexError: pop index out of range
```

提示：列表的 pop()方法类似于堆栈（Stack）的弹出操作（后进先出），如果希望列表的 pop 操作如同队列（Queue）（先进先出），则使用 popleft()方法。例如：

```
from collections import deque
queue=deque(['Beijing','Shanghai','Guangzhou','Shenzhen'])
queue.append("chongqing")
queue.popleft()
```

运行结果：

```
'Beijing'
```

（3）remove()方法。使用 remove()方法可以删除首次出现的指定元素，如果列表中不存在要删除的元素，则抛出异常。例如：

```
twinPrimeList=[(3,5),(5,7),(11,13),(17,19),(29,31),(59,61),(71,73),(101,103)]
twinPrimeList.remove((101,103))          # 删除指定元素
twinPrimeList
```

运行结果：

```
[(3, 5), (5, 7), (11, 13), (17, 19), (29, 31), (59, 61), (71, 73)]
```

```
twinPrimeList=[(3,5),(5,7),(11,13),(17,19),(29,31),(59,61),(71,73),(101,103)]
twinPrimeList.remove((107,109))          # 删除不存在的元素，抛出异常
```

运行结果：

```
ValueError: list.remove(x): x not in list
```

（4）[:]方法。使用[:]方法可以删除列表所有元素。例如：

```
twinPrimeList=[(3,5),(5,7),(11,13),(17,19),(29,31),(59,61),(71,73),(101,103)]
twinPrimeList[:]=[]
twinPrimeList
```

运行结果：

```
[]
```

3. 列表元素的索引查找与计数

针对列表元素的索引查找与计数，我们主要使用 index()方法和 count()方法。

（1）index()方法。index()方法用于获取指定元素在列表中第一次出现时的下标（即索引），其语法格式如下：

```
index(value,[start,[stop]])
```

其中，start 和 stop 用来指定搜索范围，start 的默认值为 0，stop 的默认值为列表长度。若列表对象不存在指定元素，则抛出异常。例如：

```
simpList=[1,2,1,2,1,2,1,1,1,1,1,1]
simpList.index(2)                          # 获取元素 2 的下标
```

运行结果：

```
1
```

```
simpList.index(2,4,len(simpList))          # 从第 5 个元素开始到列表结束，获取元素 2 的下标
```

运行结果：

```
5
```

```
simpList.index(3)                          # 获取元素 3 的下标，对象不存在，抛出异常
```

运行结果：

```
ValueError: 3 is not in list
```

（2）count()方法。count()方法用于统计列表对象中指定元素出现的次数。与 index()方法不同，在使用 count()方法时，如果指定元素不在列表中，则显示统计结果为 0。例如：

```
simpList=[1,2,1,2,1,2,1,1,1,1,1,1]
simpList.count(1)                          # 统计元素 1 的个数
```

运行结果：

```
9
```

```
simpList.count(3)                          # 统计元素 3 的个数
```

运行结果：

```
0
```

提示：count()方法也可以用于元组、字符串及 range 对象。例如：

```
range(10).count(3)
```

运行结果：

```
1
```

```
'Shanghai Disney'.count('a')               # 对象为字符串
```

运行结果：

```
2
```

4．成员资格判断

除了使用 count()方法可以判断列表中是否存在指定的元素，还可以使用更加简洁的 in 和 not in 关键字来判断一个元素是否存在于列表中，返回结果为 True 或 False。例如：

```
deficientList=[1,2,3,4,5,7,8,9,10,11,13,14,15,16,17,19,21]    # 亏数
18 in deficientList                        # 18 在列表中
```

运行结果：

```
False
```

```
twinPrimeList=[(3,5),(5,7),(11,13),(17,19),(29,31),(59,61),(71,73),(101,103)]
3 in twinPrimeList                         # 3 在列表中
```

运行结果：

```
False
```

```
(17,19) in twinPrimeList                   # (17,19)在列表中
```

运行结果：

```
True
```

```
abundantList=[12,18,20,24,30,36,40,42,48,54,56,60,66,70,72,78,80,84,88,90,96,100] # 盈数
65 not in abundantList                     # 65 不在列表中
```

运行结果：

```
True
```

in 和 not in 关键字常用于循环语句中，用于遍历序列对象中的元素。使用这种方法可以减少代码的输入量，提高代码的可读性。

提示：in 和 not in 关键字也可以用于其他可迭代对象，包括元组、字符串、字典、range 对象和集合等。

5. 列表排序

排序运算在计算机科学及实际应用中占有重要地位。sort()方法是用于列表排序的重要方法。使用 sort()方法进行的排序又分为升序（默认情况）和降序（reverse=True）两种。reverse()方法是用于列表倒序排列的方法（不是排序方法）；shuffle()方法用于将序列打乱顺序。例如：

```
letterList=['a','b','c','d','e','f','g','h','i','j','k']
import random
random.shuffle(letterList)                          # 打乱顺序
letterList
```

运行结果：

```
['j', 'd', 'g', 'b', 'f', 'c', 'a', 'e', 'i', 'h', 'k']
```

```
letterList.sort()                                   # 默认升序
letterList
```

运行结果：

```
['a', 'b', 'c', 'd', 'e', 'f', 'g', 'h', 'i', 'j', 'k']
```

```
letterList.sort(reverse=True)                       # 降序排序
letterList
```

运行结果：

```
['k', 'j', 'i', 'h', 'g', 'f', 'e', 'd', 'c', 'b', 'a']
```

```
letterList.sort(key=lambda x:len(str(x)))      # 自定义排序
```

在某些应用中，可能需要将列表元素进行倒序排列，也就是将所有元素位置反转，第 1 个元素与最后一个元素交换位置，第 2 个元素与倒数第 2 个元素交换位置，以此类推。倒序排列可以使用 reverse()方法来实现。例如：

```
randomList=[11, 8, 18, 20, 12, 43, 45, 19, 22, 48]
randomList.reverse()                                # 逆排列
randomList
```

运行结果：

```
[48, 22, 19, 45, 43, 12, 20, 18, 8, 11]
```

提示：（1）使用内置函数 sorted()也可以对列表进行排序。与 sort()方法不同，sorted()方法可以返回新列表，并不对原列表进行任何修改。例如：

```
randomList=[28, 43, 34, 39, 44, 49, 19, 40, 10, 19]
sorted(randomList)                                  # 升序排序
```

运行结果：

```
[10, 19, 19, 28, 34, 39, 40, 43, 44, 49]
```

```
sorted(randomList,reverse=True)                     # 降序排序
```

运行结果：

```
[49, 44, 43, 40, 39, 34, 28, 19, 19, 10]
```

```
randomList                                # 列表 randomList 的元素排序没有改变
```

运行结果：

```
[28, 43, 34, 39, 44, 49, 19, 40, 10, 19]
```

（2）同样地，reversed()函数支持对列表元素进行倒序排列，但不对原列表进行任何修改，而是返回一个倒序排列后的迭代对象。

6．列表关系比较

我们可以直接使用关系运算符来比较列表的大小，也可以引入 operator 工具包来比较列表的大小，如表 2-15 所示。

表 2-15　operator 工具包

函　数　名	作　　用	函　数　名	作　　用
operator.lt(a,b)	列表 a 小于列表 b（逐个元素比较）	operator.ne(a,b)	列表 a 不等于列表 b
operator.le(a,b)	列表 a 小于或等于列表 b	operator.gt(a,b)	列表 a 大于列表 b
operator.eq(a,b)	列表 a 等于列表 b	operator.ge(a,b)	列表 a 大于或等于列表 b

例如：

```
[1,2,3]<[1,2,4]                           # 比较两个列表的大小
```

运行结果：

```
True
```

```
import operator
tup1 = ('12','22','233')
tup2 = ('12','22','123')
operator.eq(tup1,tup2)
```

运行结果：

```
False
```

```
operator.gt(tup1,tup2)
```

运行结果：

```
True
```

7．列表内置函数

（1）计算函数 len(list)、max(list)、min(list)和 sum(list)。len(list)函数用于返回列表元素个数；max(list)函数用于返回列表元素最大值；min(list)函数用于返回列表元素最小值；sum(list)函数用于返回列表元素之和。例如：

```
randomInt=[16, 15, 18, 10, 10, 17, 14, 16, 12, 20]
len(randomInt)                            # 求列表元素个数
```

运行结果：

```
10
```

```
max(randomInt)                            # 求列表元素最大值
```

运行结果：

```
20
```

```
min(randomInt)                            # 求列表元素最小值
```

运行结果：

```
10
```

```
sum(randomInt)                            # 求列表元素之和
```

运行结果：

```
148
```

提示：上述函数同样适用于元组、字符串、集合、range 对象和字典等。

（2）组合函数 zip()。zip()函数接收任意多个（包括 0 个和 1 个）序列作为参数，返回一个 tuple 列表。zip()函数的语法格式如下：

```
zip(iterable1,iterable2, …)
```

参数 iterable 表示一个或多个可迭代对象（字符串、列表、元组、字典）。例如：

```
orderList=[1,2,3,4]
cityList=['Beijing','Shanghai','Guangzhou','Shenzhen']
populationList=[2172.90,2415.27,1350.11,1077.89]
mergeList=zip(orderList, cityList, populationList)        # 组合
list(mergeList)
```

运行结果：

```
[(1, 'Beijing', 2172.9), (2, 'Shanghai', 2415.27), (3, 'Guangzhou', 1350.11), (4,
'Shenzhen', 1077.89)]
```

提示：列表元素个数不一定相同。例如：

```
orderList=[1,2,3]
cityList=['Beijing','Shanghai','Guangzhou','Shenzhen']
mergeList=zip(orderList, cityList)
list(mergeList)
```

运行结果：

```
[(1, 'Beijing'), (2, 'Shanghai'), (3, 'Guangzhou')]
```

```
zip(*mergeList)                                # 与 zip()函数的作用相反，相当于解压缩
```

运行结果：

```
<zip object at 0x070870F8>
```

```
list(mergeList)
```

运行结果：

```
[(1, 'Beijing'), (2, 'Shanghai'), (3, 'Guangzhou')]
```

2.6 元组

元组（Tuple）是 Python 中另一个重要的序列结构。和列表类似，元组也是由一系列按特定顺序排列的元素组成的。

元组和列表的不同之处在于：

- 列表的元素是可以更改的，包括修改元素值，删除和插入元素，即列表是可变序列。
- 元组一旦被创建，它的元素就不可更改了。如果确实需要更改，只能删除后再创建一个新的元组。所以，元组是不可变序列。
- 元组的访问和处理速度比列表快。如果定义了一系列常量值，主要用途仅是对它们进行遍历，而不需要对其元素进行任何修改，则建议使用元组而不是列表。元组的元素不可更改是因为进行了“写保护”，使得代码更加安全。

从形式上看，元组的所有元素都放在圆括号“()”中，相邻元素之间使用逗号分隔。

2.6.1 元组的创建与删除

1. 元组的创建

Python 提供了两种创建元组的方法。

1）使用圆括号“()”创建元组

在使用“()”创建元组后，一般使用“=”将它赋值给某个变量。具体语法格式如下：

```
tuplename = (element1, element2, …, elementn)
```

其中，tuplename 表示变量名，element1～elementn 表示元组的元素。例如：

```
myTuple=('祖',)
myTuple=('z','祖','g','国','首都北京')
myTuple=()
```

如果要创建只包含一个元素的元组，则只把元素放在圆括号中是不行的，还需要在元素后面加一个逗号“,”。而创建包含多个元素的元组则没有这个限制。例如：

```
myTuple=('祖')                          # 不是元组，是字符串
type(myTuple)
```

运行结果：

```
str
```

也可以用下列方法定义：

```
myTuple='a',                            # 定义了元组
myTuple
```

运行结果：

```
('a',)
```

```
myTuple=1,2,3
myTuple
```

运行结果：

```
(1, 2, 3)
```

2）使用 tuple()函数创建元组

除了使用“()”创建元组，Python 还提供了一个内置函数 tuple()，用来将其他数据类型转换为元组类型。

tuple()函数的语法格式如下：

```
tuple(data)
```

其中，data 表示可以转换为元组类型的数据，包括字符串、元组、range 对象等。例如：

```
print(tuple('STIEI'))                   # 字符串转为元组
```

运行结果：

```
('S', 'T', 'I', 'E', 'I')
```

```
myCollegeList=['S','T','I','E','I']
tuple(myCollegeList)                    # 将列表转换为元组
```

运行结果：

```
('S', 'T', 'I', 'E', 'I')
emptyTuple=tuple()                      # 空元组
```

元组的特性：

- 元组是不可变序列，因此元组没有在列表中添加元素的 append()、extend()、insert()等

方法，也没有删除元素的 pop()和 del()方法，只能使用 del 命令整体删除元组。

- 虽然元组属于不可变序列，但是如果元组中包含可变序列，情况就略有不同，例如：

```
myTuple=([1,2],3)                   # 为元组赋初始值，第 1 个元素为列表
myTuple[0][0]=4                     # 将列表的第 1 个元素改为 4
myTuple
```

运行结果：

```
([4, 2], 3)
```

```
myTuple[0].append(5)                # 在第 1 个列表元素中添加一个 5
myTuple
```

运行结果：

```
([4, 2, 5], 3)
```

```
myTuple[0]=myTuple[0]+[6]
```

运行结果：

```
TypeError: 'tuple' object does not support item assignment
```

2. 元组的删除

当不再使用创建的元组时，可以通过 del 关键字将其删除。例如：

```
del emptyTuple                 # 删除元组
```

2.6.2 元组的常见操作

虽然列表是可变的，元组是不可变的，但是元组可以进行除列表中可修改的操作以外的其他索引操作，如访问元素的索引/切片、统计元素长度、排序等。例如：

```
tuple1 = ('a','b','c','a','b')
tuple1[2]                      # 按索引/下标查找
```

运行结果：

```
'c'
```

```
tuple1[2:6]                    # 切片查找
```

运行结果：

```
('c', 'a', 'b')
```

```
tuple1.index('a')              # 查找元素'a'在元组中首次出现位置所对应的索引/下标
```

运行结果：

```
0
```

```
tuple1.count('a')              # 计算元素'a'出现的次数
```

运行结果：

```
2
```

```
len(tuple1)                    # 元组长度
```

运行结果：

```
5
```

```
'a' in tuple1                  # 判断'a'是否在元组 tuple1 中
```

运行结果：

```
True
```

```
max(tuple1)                    # 返回 tuple1 中最大的值
```

运行结果：

```
'c'
```

```
tuple1 + ('d','e')              # "+"运算不改变 tuple1 的值
```

运行结果：

```
('a', 'b', 'c', 'a', 'b', 'd', 'e')
```

```
tuple1                          # tuple1 的值未改变
```

运行结果：

```
('a', 'b', 'c', 'a', 'b')
```

```
tuple1 *2                       # "*"运算也不会改变 tuple1 的值
```

运行结果：

```
('a', 'b', 'c', 'a', 'b', 'a', 'b', 'c', 'a', 'b')
```

```
del tuple1                      # 删除 tuple1，并且删除后再次访问 tuple1 时会报错
```

2.6.3　序列封包与序列解包

在实际开发中，可以使用简洁的方式完成复杂的功能。比如，我们可以通过序列封包与序列解包一次性为多个变量赋值，为多个变量进行值交换等，从而大幅度地减少代码的输入量，提高代码的可读性。

序列封包是指在把多个值赋给一个变量时，Python 会自动地把多个值封装成元组。例如：

```
a = 1,2,3                       # 序列封包，把多个值赋给一个元组 a
print (a)
```

运行结果：

```
(1, 2, 3)
```

元组解包是指在把一个元组直接赋给多个变量时，Python 会把序列中的各个元素依次赋给每个变量，但是元素的个数需要和变量个数相同。例如：

```
x,y,z=(1, 2, 3)
```

运行结果：

```
(1, 2, 3)
```

```
y
```

运行结果：

```
2
```

```
x,y,z=1,2,3
y
```

运行结果：

```
2
```

```
comTuple=('XiongAn','2017-04-01',True,1000)
(a,b,c,d)=comTuple
```

或者

```
a,b,c,d=comTuple
b
```

运行结果：

```
'2017-04-01'
```

2.7 字典

字典（Directory）是“键-值（key-value）对”的无序可变序列，其元素包含两部分——“键”和“值”（用冒号“:”分隔），且元素之间用逗号“,”分隔，所有元素放在花括号“{}”中。

字典类型是 Python 中唯一的映射类型，即根据一个元素可以唯一找到另一个元素。字典中的“键”可以是 Python 中的任意不可变数据，如整数、浮点数、复数、字符串、元组等。但是我们不能使用列表、集合、字典作为“键”，因为这些类型的对象是可变的。另外，“键”不允许重复，但“值”允许重复。

使用内置函数 global()可以返回和查看包含当前作用域内所有全局变量和值的字典，使用内置函数 local()可以返回包含当前作用域内所有局部变量和值的字典。例如：

```
a = (1,2,3,4)                    # 全局变量
b = 'XiongAn'                    # 全局变量
def demo():
a=3                              # 局部变量
b=[1,2,3]                        # 局部变量
print('locals:',locals())
print('globals:',globals())
demo()
```

运行结果：

```
locals: {'a': 3, 'b': [1, 2, 3]}
globals: {'__builtins__': {'bytearray': <type 'bytearray'>, 'IndexError': <type
'exceptions.IndexError'>, 'all': <built-in function all>, 'help': Type help() for
interactive help, or help(object) for help about object., 'vars': <built-in
function vars>, 'SyntaxError': <type 'exceptions.SyntaxError'>, 'unicode': <type
'unicode'>, 'UnicodeDecodeError': <type 'exceptions.UnicodeDecodeError'>,
'memoryview': <type 'memoryview'>, 'isinstance': <built-in function isinstance>,
'copyright': Copyright (c) 2001-2014 Python Software Foundation.
```

2.7.1 字典创建与删除

1．字典的创建

创建字典的方式主要有以下两种。

1）使用{ }创建字典

字典中的每个元素都包含两部分，分别是键（key）和值（value）。在创建字典时，键和值之间使用冒号“:”分隔，相邻元素之间使用逗号“,”分隔，所有元素都放在花括号“{}”中。

使用{ }创建字典的语法格式如下：

```
dictname = {'key1':'value1', 'key2':'value2', …, 'keyn':valuen}
```

其中，dictname 表示字典变量名，keyn : valuen 表示各个元素的键-值对。需要注意的是，同一字典中的各个键必须唯一，不能重复。例如：

```
fruitDict1={'b':'banana','a':'apple','l':'lemon','p':'peach'}
fruitDict1
```

运行结果：

```
{'b': 'banana', 'a': 'apple', 'l': 'lemon', 'p': 'peach'}
```

```
fruitDict2={}                      # 创建空字典
fruitDict2
```

运行结果：

```
{}                                 # 表示空字典
```

2）使用 dict()函数映射函数创建字典

使用 dict()函数创建字典的语法格式如下：

```
dictname = dict( key1= value1, key2= value2, …)
```

例如：

```
keys=['b','a','l','p']
values=['banana','apple','lemmon','peach']
fruitDict=dict(zip(keys,values))
print(fruitDict)
```

运行结果：

```
{'a': 'apple', 'p': 'peach', 'b': 'banana', 'l': 'lemmon'}
```

```
emptyDict=dict()                   # 空字典
emptyDict={ }                      # 空字典
dict(name='LinJie',age=20)         # 创建字典
```

运行结果：

```
{'age': 20, 'name': 'LinJie'}
```

此外，我们还可以创建“键”为给定内容，“值”为空的字典。例如：

```
dict.fromkeys(['name','sex','ID'])
```

运行结果：

```
{'ID': None, 'name': None, 'sex': None}
```

2．字典的删除

和删除列表、元组一样，手动删除字典也可以使用 del 命令。例如：

```
del fruitDict1                     # 删除前面创建的字典 fruitDict1
fruitDict1
```

运行结果：

```
NameError: name 'fruitDict1' is not defined
```

需要注意的是，因为 Python 自带垃圾回收功能，会自动销毁不用的字典，所以一般不需要使用 del 命令来手动删除字典。

2.7.2 字典的常见操作

字典的常用操作主要包括：访问元素、添加/修改元素、删除元素、更新字典、计算元素长度和访问元素等。

1．字典元素的访问

与列表和元组类似，我们可以使用下标的方式来访问字典中的元素。不同的是，字典的下标是字典的“键”，如果指定的“键”不存在，则抛出异常。例如：

```
fruitDict={'b':'banana','a':'apple','l':'lemon','p':'peach'}
fruitDict['p']
```

运行结果：

```
'peach'
```

```
fruitDict['m']
```

运行结果：

```
KeyError: 'm'
```

较为安全的字典访问方式是使用字典对象的 get()方法。使用字典的 get()方法可以获取指定“键”对应的“值”，并且可以在指定“键”不存在时返回指定值。如果不指定“键”，则默认为 None。例如：

```
print(fruitDict.get('a'))    # 获取字典中以'a'开头的值
```

运行结果：

```
apple
```

```
print(fruitDict.get('m'))
```

运行结果：

```
None
```

另外，使用字典对象的 items()方法可以返回字典的“键-值对”列表，使用字典对象的 keys()方法可以返回字典的“键”列表，使用字典对象的 values()方法可以返回字典的“值”列表。例如：

```
fruitDict={'b':'banana','a':'apple','l':'lemon','p':'peach'}
for item in fruitDict.items():          # 获取“键-值对”列表
print(item)
```

运行结果：

```
('a', 'apple') ('p', 'peach') ('b', 'banana') ('l', 'lemon')
```

```
for key in fruitDict:                   # 获取键
print (key)
```

运行结果：

```
a p b l
```

```
for key,value in fruitDict.items(): # 获取“键-值对”列表
print(key,value)
```

运行结果：

```
('a', 'apple') ('p', 'peach') ('b', 'banana') ('l', 'lemon')
```

2. 字典元素的添加与修改

当指定以某“键”为下标给字典元素赋值时，若该“键”存在，则表示修改该“键”的值；若该键不存在，则表示添加一个新元素。例如：

```
fruitDict ={'b':'banana','a':'apple','l':'lemon','p':'peach'}
fruitDict['p'] = 'pear'                 # 修改键和值
fruitDict
```

运行结果：

```
{'a': 'apple', 'p': 'pear', 'b': 'banana', 'l': 'lemon'}
```

```
fruitDict['g'] = 'grape'                # 添加键和值
fruitDict
```

运行结果：

```
{'a': 'apple', 'p': 'pear', 'b': 'banana', 'l': 'lemon', 'g': 'grape'}
```

使用字典对象的 update()方法将另一个字典的“键-值对”一次性添加到当前字典对象中。如果两个字典中存在相同的“键”，则以另一个字典中的“值”为准对当前字典进行更新。例如：

```
fruitDict={'b':'banana','a':'apple','l':'lemon','p':'peach'}
fruitDict.update({'p':'plum','h':'honeydew'})
```

```
fruitDict
```

运行结果：

```
{'a': 'apple', 'p': 'plum', 'b': 'banana', 'g': 'grape', 'h': 'honeydew', 'l': 'lemon'}
```

在操作字典对象时，默认会对字典的“键”进行计算。如果需要对字典的“值”进行计算，则需要使用字典对象的 values()方法进行说明。例如：

```
cityList={1:'Beijing',2:'Shanghai',3:'Guangzhou',4:'Shenzhen'}
min(cityList)                                   # 求字典中键的最小值
```

运行结果：

```
1
```

```
min(cityList.values())                          # 求字典中值的最小值
```

运行结果：

```
'Beijing'
```

```
cityPopList={1:2172.9,2:2415.27,3:1350.11,4:1077.89}    # 2016 年的 4 个城市人口
sum(cityPopList)                                          # 求键的和
```

运行结果：

```
10
```

```
sum(cityPopList.values())                                 # 求值的和
```

运行结果：

```
7016.17
```

3. 字典元素的删除

当需要删除字典元素时，可以根据具体要求使用 del 命令删除字典中指定“键”对应的元素，也可以使用字典对象的 clear()方法删除字典中的所有元素，还可以使用字典对象的 pop()方法删除并返回指定“键”的元素，或者使用字典对象的 popitem()方法删除并返回字典中的一个元素。例如：

```
fruitDict={'a': 'apple', 'p': 'plum', 'b': 'banana', 'g': 'grape', 'h': 'honeydew',
'l': 'lemon'}
del fruitDict['g']                  # 根据关键字删除键和值
fruitDict
```

运行结果：

```
{'a': 'apple', 'p': 'plum', 'b': 'banana', 'h': 'honeydew', 'l': 'lemon'}
```

```
fruitDict.pop('h')                  # 根据关键字删除键和值
```

运行结果：

```
'l': 'lemon'
```

```
fruitDict
```

运行结果：

```
{'a': 'apple', 'p': 'plum', 'b': 'banana', 'l': 'lemon'}
```

```
fruitDict.clear()                   # 删除所有值
fruitDict
```

运行结果：

```
{ }
```

```
del fruitDict                       # 删除字典
```

2.8 集合

集合（Set）是无序可变序列，与字典一样使用一对花括号“{}”作为界定符，且每个元素之间使用逗号“,”隔开。和数学中的集合概念一样，Python 中的集合用来保存不重复的元素，即集合中的元素是唯一、不重复的。

集合常用于去重和关系测试（测试两组数据之间的交集、差集、并集、子集等关系）。

2.8.1 集合的创建与删除

1. 集合的创建

1）使用{}创建集合

在创建 set 集合时，可以像列表、元素和字典一样，直接将集合赋给变量，从而实现创建集合的目的，语法格式如下：

```
setname = {element1,element2,…,elementn}
```

其中，setname 表示集合的名称，elementn 表示集合中的元素，个数没有限制。

从内容上看，在同一集合中，只能存储不可变的数据类型，包括整数类型、浮点类型、字符串类型和元组类型，无法存储列表、字典、集合这些可变的数据类型，否则 Python 解释器会抛出 TypeError 错误。例如：

```
automorphicNum={5,6,25,76,625,376}                  # 定义集合
```

2）使用 set()函数创建集合

set()函数是 Python 的内置函数，其功能是将字符串、列表、元组、range 对象等可迭代对象转换成集合。该函数的语法格式如下：

```
setName = set(iteration)
```

其中，iteration 表示字符串、列表、元组、range 对象等数据。如果原来的数据中存在重复元素，则只保留其中一个。例如：

```
set1=set(range(10,20))                              # 定义集合
set1
```

运行结果：

```
{10, 11, 12, 13, 14, 15, 16, 17, 18, 19}
```

```
set2=set([0,1,2,3,0,1,2,3,5,6])                     # 定义集合
set2
```

运行结果：

```
set([0, 1, 2, 3, 5, 6])
```

注意：如果要创建空集合，则只能使用 set()函数实现。如果直接使用一对花括号“{}”，则 Python 解释器会将其视为一个空字典。

2. 集合的删除

del 命令用于删除整个集合。例如：

```
del automorphicNum                                  # 删除集合
```

2.8.2 集合的常见操作

集合的常见操作包括向集合中添加、修改、删除、访问、判断元素等。

1．添加、修改元素：add()、update()方法

add()方法可用于向集合中添加一个元素，而添加的元素为集合中的已有元素则为无效操作。例如：

```
automorphicNum = [5, 6, 76, 625, 376, 25]
automorphicNum.add(9)                          # 添加集合元素
automorphicNum
```

运行结果：

```
{5, 6, 9, 25, 76, 376, 625}
```

update()方法可用于同时添加多个元素。例如：

```
automorphicNum={5,6,25,76,625,376}
automorphicNum.update([9,5,76])                # 同时添加 3 个元素
automorphicNum
```

运行结果：

```
 {9, 5, 6, 76, 625, 376, 25}                   # 对重复的值只保留一个
```

2．删除元素：pop()、remove()、discard()、clear()方法

pop()方法可用于弹出并随机删除其中一个元素。例如：

```
automorphicNum.pop(0)                 # pop()方法不接收索引参数
```

运行结果：

```
TypeError: pop() takes no arguments (1 given)
```

```
automorphicNum.pop()                  # 随机删除一个元素
```

运行结果：

```
6
```

```
automorphicNum
```

运行结果：

```
{15, 25, 76, 376, 625}
```

remove()方法可用于删除指定元素。如果数据不存在，则报错。例如：

```
automorphicNum.remove(25)
automorphicNum
```

运行结果：

```
{15, 76, 376, 625}
```

discard()方法可用于删除指定元素。如果数据不存在，也不会报错。例如：

```
automorphicNum.discard(76)            # 删除元素 76
automorphicNum
```

运行结果：

```
{15, 376, 625}
```

clear()方法可用于删除集合中所有元素，即清空集合。例如：

```
automorphicNum.clear()                # 清空集合
automorphicNum
```

运行结果：

```
set()
```

del()方法可用于删除整个集合。例如：

```
del automorphicNum                    # 删除集合
```

3. 访问元素

由于集合是无序的，而且没有字典中的键，因此不能通过下标和键的方式来访问集合中的元素。Python 通过循环遍历的方式来访问集合中的元素。例如：

```
Num={15,6,25,76,625,376}
for each in Num:                    # 使用 for 循环遍历集合元素
print( each, end=' ')
```

运行结果：

```
15   6   25   76   625   376
```

4. 判断元素

- in: 判断数据在集合中。
- not in: 判断数据不在集合中。

例如：

```
set1 = {2,3,4}
2 in set1
```

运行结果：

```
True
```

2.8.3 集合支持的运算

集合支持的运算包括交集、并集、差集，以及对称差集运算，如表 2-16 所示。

表 2-16 集合支持的运算

函数或方法	其他表示法	说　明
a.intersection(b)	a & b	a 和 b 中都有的元素
a.union (b)	a | b	a 和 b 中全部的唯一元素
a.difference (b)	a - b	a 中不属于 b 的元素
a. symmetric_difference (b)	a ^ b	a 或 b 中不同时属于 a 和 b 的元素
a.issubset (b)	a < b	如果 a 的全部元素都包含于 b，则为 True
a.issuperset (b)	a > b	如果 b 的全部元素都包含于 a，则为 True
a.isdisjoint (b)	N/A	如果 a 和 b 没有公共元素，则为 True

例如：

```
a = {'英语','高数','Python','计算机基础'}
b = {'电路','计算机基础','机械制图','高数'}
a & b            # a 和 b 中都有的元素（也可以写成 a.intersection(b)）
```

运行结果：

```
{'计算机基础', '高数'}
```

```
a | b            # a 和 b 中全部的唯一元素（也可以写成 a.union(b)）
```

运行结果：

```
{'Python', '机械制图', '电路', '英语', '计算机基础', '高数'}
```

```
a - b            # a 中不属于 b 的元素（也可以写成 a.difference(b)）
```

运行结果：

```
{'Python', '英语'}
```

```
a ^ b            # a 或 b 中不同时属于 a 和 b 的元素（也可以写成 a.symmetric.difference(b)）
```

运行结果：

```
{'Python', '机械制图', '电路', '英语'}
```

```
a < b            # 判断 a 是否是 b 的子集（也可以写成 a.issubset(b)）
```

运行结果：

```
False
```

```
{'电路','计算机基础'}.issubset(b)
```

运行结果：

```
True
```

```
a > b            # 判断 a 是否是 b 的父集（也可以写成 a.issuperset(b)）
```

运行结果：

```
False
```

```
b.issuperset({'电路','计算机基础'})      # 判断 b 是否是{'电路','计算机基础'}的父集
```

运行结果：

```
True
```

```
a.isdisjoint(b)                     # 判断 a 和 b 有无公共元素，如果没有，则返回 True
```

运行结果：

```
False
```

2.8.4 4 种数据类型的特性对比

列表、元组、字典和集合 4 种数据类型的特性对比如表 2-17 所示。

表 2-17 Python 4 种数据类型的特性对比

	列　表	元　组	字　典	集　合
类型名称	List	Tuple	Dict	Set
界定符	方括号[ ]	圆括号( )	花括号{ }	花括号{ }
是否可变	是	否	是	是
是否有序	是	是	否	否
是否支持下标	是（使用序号作为下标）	是（使用序号作为下标）	是（使用 key 作为下标）	否
元素分隔符	逗号	逗号	逗号	逗号
对元素形式的要求	无	无	键:值	不可变
对元素值的要求	无	无	key 必须不可变	不可变
元素是否可重复	是	是	key 不允许重复，value 允许重复	否
元素查找速度	非常慢	很慢	非常快	非常快
新增和删除元素速度	尾部操作快 其他位置操作慢	不允许	快	快

习题 2

1．填空题。

（1）变量的命名规则是____。

（2）区分下面哪些是有效的变量名，哪些是无效的变量名，填写在下方的横线上。

Stiei_shanghai　Stiei-shanghai　_stiei1 Stiei shanghai　123 中国　1shanghai　&string888 for　None　True　True　Break　And　import

有效的变量名：

____

无效的变量名：

____

（3）Python 的赋值语句 x=y=5 能否对变量 x、y 同时赋值?________________。

（4）0065=__________________（十进制形式）。

（5）Python 中运算符“//”的含义是__________________。

（6）type()函数的功能是____________；Type()函数的功能是__________________。

（7）判断两个对象是否为同一个对象使用的运算符的标准是________________。

（8）表达式 0 in range(10)的值是________；表达式 10 in range(10)的值是________；表达式 1 in range(0, 10)的值是_______；表达式 10 in range(0, 10)的值是______；表达式[1] in range(10)的值是_______。

（9）列表对象的 sort()方法用于对列表元素进行原地排序，该函数的返回值是__________。

（10）列表对象的____________方法用于删除首次出现的指定元素，如果列表中不存在删除的元素，则抛出异常。

（11）假设列表对象 oddList=[1,3,5,7,9,11,13,15,17,19,21]，那么 oddList[4:7]=___________；oddList[:-7]=_________________。

（12）在 Python 中，字母和集合都是用一对_________作为界定符，字典的每个元素由两部分组成，即_______和_______，其中____________不允许重复。

（13）使用字典对象的______可以返回字典的“键-值对”列表，使用字典对象的______方法可以返回字典的“键”列表，使用对象的________方法可以返回字典的“值”列表。

（14）假设有一个列表对象 numList=range(1,100,2)，现要求从列表 numList 中的每两个元素中获取一个元素，并且将获取的元素组成新的列表 newList，可以使用语句_____________实现。

（15）假设元组 oddList=（1,3,5,7,9,11,13,15,17,19,21），则 del oddList[1]=_______________。

（16）已知变量 info = ['abc',[1,'移动互联',5],(6,7)]，则 ifo[1]=______________________。

（17）已知 y = list('Python')，y[3:-1]=__________________。

（18）如果不使用函数，那么你有什么办法让 int()方法按照“四舍五入”的方式取整呢？请上网查阅资料，分别写出实现“四舍五入”、“向上取整”和“向下取整”的函数有____。

2．请写出下列表达式的运行结果。

1>2>3　　运行结果：____________________

3 ** -2　　运行结果：____________________

2!=9　　运行结果：____________________

(0!=1)　and (2<3)　　运行结果：____________________

1 and 'a' or ''　　运行结果：____________________

(not 2) and 1　　运行结果：____________________

'a' not in 'abc' 运行结果：________________

a = 1

b = 2

a is b 运行结果：________________

x = 5; y = 6; z = 7

not x**2 or z+20 运行结果：________________

not 1 or 0 and 1 or 3 and 4 or 5 and 6 or 7 and 8 运行结果：________________

3．请写出下列语句的运行结果。

tuple('abc') 运行结果：________________

mixTuple=('z','祖','g','国','首都北京')

mixTuple[0:] 运行结果：________________

mixTuple[−1] 运行结果：________________

a = (1, 2, 3, None, (), [])

len(a) 运行结果：________________

(3，) in (1, 2, 3, 4) 运行结果：________________

(1,2,3) == (1.0,2.0,3.0) 运行结果：________________

(1,2) < (1,2,-1) 运行结果：________________

sTuple = (5, ['a',2])

sTuple[1] =['hello',2]

sTuple 运行结果：________________

sTuple = (5, ['a',2])

sTuple[1][0] = 'hello'

sTuple 运行结果：________________

k1,k2,k3,k4 = 'abcd'

k1,k2,k3,k4 = k4,k3,k2,k1

print (k1,k2,k3,k4) 运行结果：________________

k1,k2,k3 = 'abcd' 运行结果：________________

4．请写出下列语句的运行结果。

（1）a = {'one': 1, 'two': 2, 'three': 3}

a.update({'one':4.5, 'four': 9.3})

print(a) 运行结果：________________

len(a) 运行结果：________________

print(a['two']) 运行结果：________________

print(a.get('two')) 运行结果：________________

print(a.get('five')) 运行结果：________________

（2）scores = {'数学': 95, '语文': 89, '英语': 90}

print(scores.keys()) 运行结果：________________

print(scores.values()) 运行结果：________________

print(scores.items()) 运行结果：________________

（3）a = {'数学': 95, '语文': 89, '英语': 90, '化学': 83, '生物': 98, '物理': 89}

```
print(a)                                运行结果：____________________
a.pop('化学')
print(a)                                运行结果：____________________
a.popitem()
print(a)                                运行结果：____________________
```

5．如何通过算术运算符判断一个数是奇数还是偶数？请写出思路和表达式。

6．已知 member = []，那么语句 member.append(['abc', 3.27]) 和 member.extend(['abc', 3.27]) 实现的效果一样吗？为什么？

7．已知 a = 123，请编写代码来计算 123 的逆序数字，即将 123 转换为 321。

8．要求输入一个路径：path ='C:\abc\xyz\ex.txt'，若直接输入，则会报错，请使用两种方法解决这个问题。

9．已知 member = ['A 同学', 68, 'B 同学', 90, 'C 同学', 35, 'D 同学', 90, 'E 同学', 78]，请编写代码，使程序输出结果如下所示。

```
A同学 68
B同学 90
C同学 35
D同学 90
E同学 78
```

10．假设有列表 no=[1,2,3,4]和 univ=['FUDAN','SJTU','TONGJI','ECNU']，请编写代码，将这两个列表的内容转换成字典，并以列表 no 中的元素为"键"，以列表 univ 中的元素为"值"。提示用户输入内容为"键"，然后输出字典中对应的"值"，如果用户输入的"键"不存在，则提示"对不起，你输入的键错误！"。

11．编写代码，如果用户输入一个字母，则显示其十进制 ASCII 码值；如果用户输入 65～90 和 97～122 之间的十进制数，则显示对应的字母；如果用户输入的内容不在这个范围，则提示出错信息。

第 3 章 程序结构

所谓程序结构，即程序中语句执行的次序。无论是面向过程的程序设计语言（如 C 语言），还是面向对象的程序设计语言（如 C++、C#、Java），以及事件驱动或消息驱动应用开发，都离不开 3 种程序结构：顺序结构、选择结构和循环结构。

3.1 程序设计概述

按照设计方法的不同，计算机程序设计分为面向对象的程序设计和面向过程的程序设计。面向过程的程序设计分为 3 种结构：顺序结构、选择结构和循环结构。

如图 3-1 所示，Python 程序设计的基本步骤分为以下 4 步。

（1）分析问题，确定数学模型或方法。

（2）设计算法，画出流程图。

（3）选择编程工具，按算法编写程序。

（4）调试程序，输出结果。

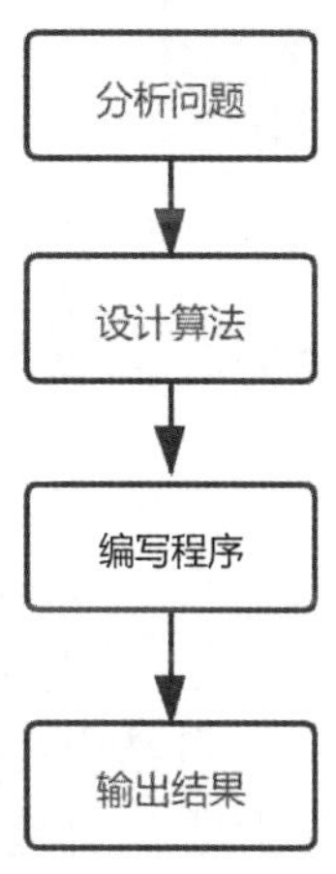

图 3-1　Python 程序设计的基本步骤

3.2 顺序结构

顺序结构，顾名思义，就是程序语句按照编写顺序依次执行，如图 3-2 所示。

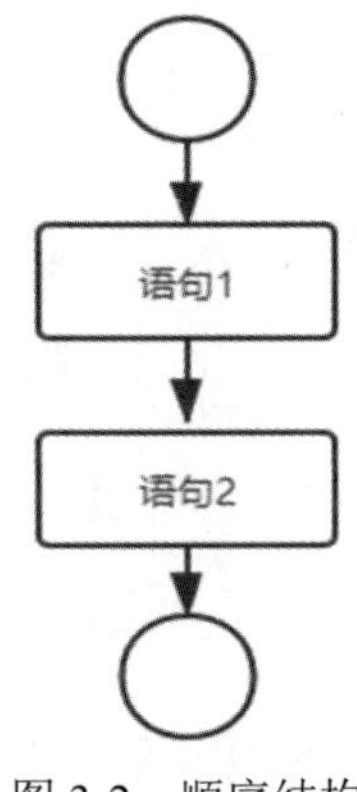

图 3-2　顺序结构

例如：

```
a=1        # 赋值语句
b=3
c=5
print(a+b+c)
print("前 3 个奇数之和为某个数的平方!")
```

运行结果：

```
9
```

注意：前 3 个奇数之和为 3 的平方，事实上，前 *n* 个奇数之和为 *n* 的平方。

再如：

```
a=2
b=3
c=4
a<b<c        # 关系运算，其他语言不合法
```

运行结果：

```
True
```

```
a<b>c        # 其他语言不合法
```

运行结果：

```
False
```

3.3　选择结构

选择是指根据不同条件做出相对应的决定，在生活中随处可见。选择结构也称分支结构，分为单分支、双分支和多分支 3 种类型。这种结构会根据条件得到判断结果，如表达式的值为假（0、条件不满足）或真（非 0、条件满足），并选择执行不同的程序分支。其中，表达式可以是布尔值、关系表达式或逻辑表达式，也可以是算术表达式或测试表达式等。

3.3.1　单分支选择结构

单分支选择结构是最简单的一种形式，如图 3-3 所示。表达式后面的冒号（:）是不可或缺的，表示一个语句块的开始，并且语句块中的多个语句要左对齐。

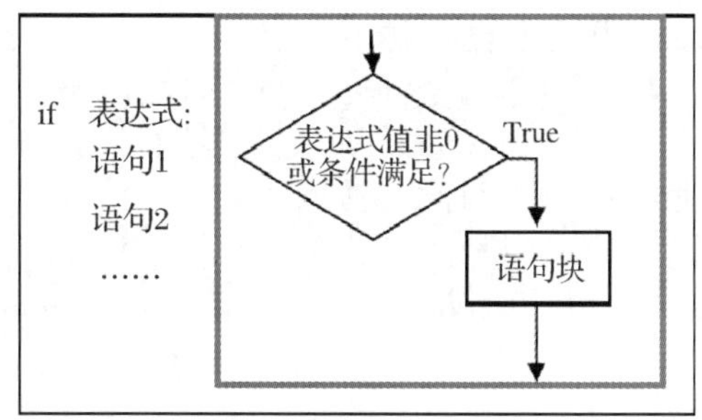

图 3-3　单分支选择结构

当表达式的值为真时，表示满足条件，则语句块会被执行，否则什么都不执行。

例如，在飞机大战游戏中，创建一个 enemy_color 变量，表示敌机颜色；编写一条 if 语句，用于检查敌机是否是绿色（green）的，如果是，则打印一条消息，提示玩家获得了 5 个战斗分：

```
enemy_color='green'
if enemy_color=='green':
    print("你获得了 5 个战斗分。")
```

运行结果：

```
你获得了 5 个战斗分。
```

如果 enemy_color 变量的值不是'green'，则 if 表达式为假，不会打印任何消息提示。

3.3.2　双分支选择结构

双分支选择结构如图 3-4 所示。双分支选择结构的语句表示有两种选择，else 后面的冒号（:）是不可或缺的。

执行规则：先判断表达式的值，当其值为真（True 或非 0）时，执行语句块 1，否则执行语句块 2。

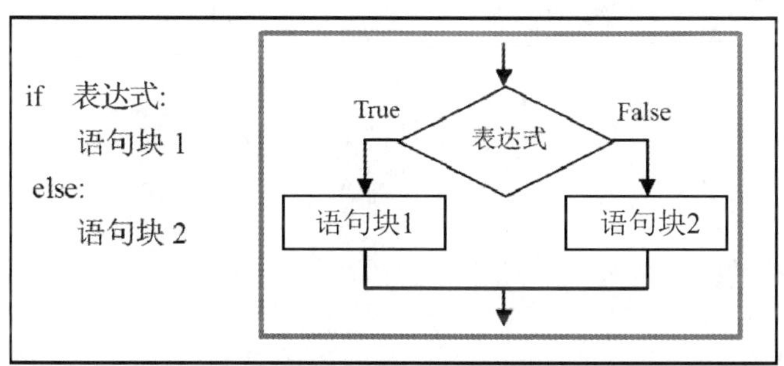

图 3-4　双分支选择结构

例如，在飞机大战游戏中，如果击落的敌机颜色为 green，则打印一条消息，提示玩家获得了 5 个战斗分；如果击落的敌机颜色不是 green，则提示玩家获得了 10 个战斗分。下面使用 if...else 语句实现：

```
enemy_color=input('请输入一个颜色值,green or other color: ')
if enemy_color=='green':
    print("你获得了 5 个战斗分。")
else:
    print("你获得了 10 个战斗分。")
```

如果输入的颜色是 green，则运行结果如下：

```
请输入一个颜色值,green or other color：green
你获得了 5 个战斗分。
```

如果输入的颜色是其他颜色，则运行结果如下：

```
请输入一个颜色值,green or other color：red
你获得了 10 个战斗分。
```

3.3.3 多分支选择结构

多分支选择结构如图 3-5 所示。多分支选择结构的语句表示有超过两种以上的选择。其中，关键字 elif 是 else if 的缩写。

执行规则：先判断表达式 1 的值，当其值为真（True 或非 0）时，执行语句块 1，否则判断表达式 2 的值，当其值为真时，执行语句块 2，否则继续判断下一个分支表达式是否为真。

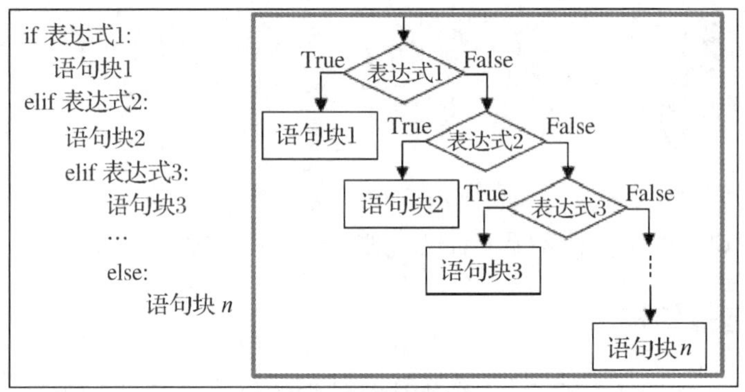

图 3-5 多分支选择结构

例如，先输入学生的成绩，再根据成绩进行分类，84 分以上为优秀，70～84 分为良好，60～69 分为及格，60 分以下为不及格。代码如下：

```
mark=float(input("请输入学生成绩："))
if mark <60:
    print("不及格！")
elif mark <70:
    print("及格！")
elif mark <85:
    print("良好！")
else:
    print("优秀！")
```

运行结果：

```
请输入学生成绩：84
良好！
```

假设输入的成绩是 84 分，则条件 mark <60 不满足（假），继续判断，条件 mark <70 也为假，继续判断，条件 mark <85 满足（真），则执行语句 print("良好！")，所以最后的输出结果为“良好！”。

3.3.4 选择语句嵌套

选择语句可以嵌套使用，即在 if 语句块中可以嵌套 if/if...else 语句，如图 3-6 所示。

执行规则：先判断表达式 1 是否为真，如果为真，则执行 if 语句块，否则执行 else 语句块。

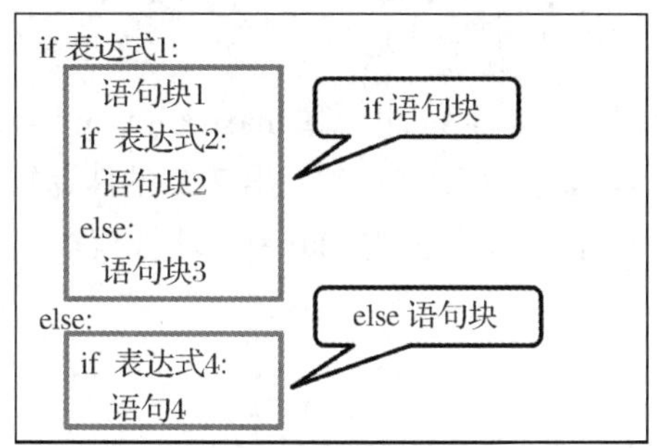

图 3-6 选择语句嵌套

例 3-1 根据用户输入的行李外观长度、是否持有车票信息来判断该乘客能否顺利乘车。

代码如下：

```
have_ticket=False
knife_length=21
if have_ticket:                    # 第一层选择
    print("已有车票，请安检…")
    if knife_length>20:            # 第二层选择
        print("长度为%d：超过限定长度，禁止入内" %knife_length)
    else:
        print("长度为%d：没有超过限定长度，允许入内" %knife_length)
else:
    print("请先买票")
```

运行结果：

```
请先买票
```

因为 have_ticket=False，即条件为假，所以程序会执行外层的 else 语句块，输出“请先买票”。

3.3.5 条件运算

Python 的条件运算有 3 个运算量，其一般语法格式如下：

```
表达式 1   if   表达式   else   表达式 2
```

执行规则：先求 if 后面表达式的值，如果其值为 True，则求表达式 1，并以表达式 1 的值为条件运算的结果。如果 if 后面表达式的值为 False，则求表达式 2，并以表达式 2 的值为条件运算的结果。例如，z=x if x>y else y。

例 3-2 生成 3 个两位随机整数，输出其中最大的数。

代码如下：

```
import random
x=random.randint(1,99)                       # 随机生成 1 到 99 之间的整数
y=random.randint(1,99)
z=random.randint(1,99)
max=x if x>y else y                          # 条件运算表达式
max=max if max>z else z
print("x={0},y={1},z={2}".format(x,y,z))     # 或 print("x=%d,y=%d,z=%d"%(x,y,z))
print("max=",max)
```

运行结果：

```
x=50,y=50,z=58
max= 58
```

这里使用了两个条件运算，第 1 个条件运算 max=x if x>y else y 表示如果 x>y 为 True，则 max=x，否则 max=y，即取 x，y 中较大的一个。第 2 个条件运算 max=max if max>z else z 表示如果 max>z 为 True，则 max 值不变，否则 max=z，这样就取出了 3 个两位随机整数中的最大值。

3.4 循环结构

循环是自然界普遍存在的现象，如每天有 24 个小时、每年有 24 个节气。循环结构是指在给定条件成立时（即表达式为真时），反复执行某语句块，直到条件不成立为止。条件（或表达式）被称为循环控制条件，循环的语句块被称为循环体。Python 的循环结构有 for 循环结构和 while 循环结构。

3.4.1 for 循环结构

for 循环结构用于完成重复执行某个语句块（循环体）的功能，如图 3-7 所示。对于带有 else 子句的循环结构，如果循环因为条件表达式不成立或序列遍历结束而自然结束，则执行 else 后面的语句块 2；如果循环因为执行了 break 语句而提前结束，则不会执行 else 后面的语句块 2。

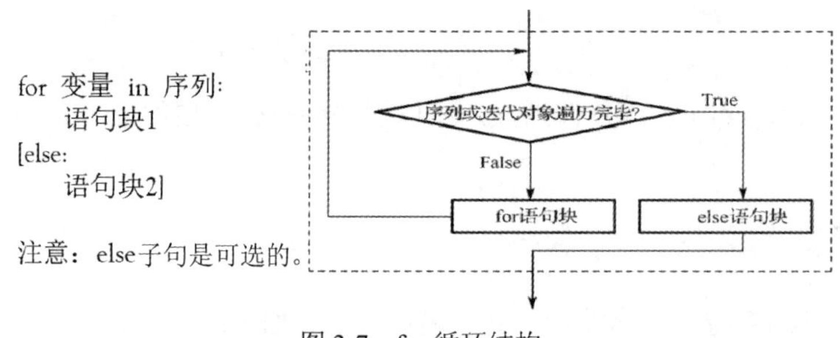

图 3-7　for 循环结构

这里的序列可以是等差数列、字符串、列表、元组或一个文件对象。首先，变量依次被赋值为序列中的每一个值，然后，缩进语句块中的语句将在每一次赋值之后被执行。语句块中的每一条语句都保持相同的缩进形式。

例 3-3 输入一行字符，输出其中的字母、空格、数字和其他字符的个数。

代码如下：

```
char=0                      # 字母计数
space=0                     # 空格计数
dig=0                       # 数字计数
other=0                     # 其他字符计数
sentence=input("请输入一句英文： \n")
for c in sentence:          # sentence 为序列对象
    if((c>'a' and c<'z') or (c>'A' and c<'Z')):
        char+=1
    elif(c==' '):                   # 空格
```

```
        space+=1
    elif(c>='0' and c<='9'):      # 数字
        dig+=1
    else:                         # 其他字符
        other+=1
print("字母:%d"%char,"空格:%d"%space,\
      "数字:%d"%dig,"其他:%d"%other)
```

运行结果：

```
请输入一句英文：
ab323%*  123abcd
字母:4 空格:2 数字:6 其他:4
```

这里的 for 循环语句分别统计字母、空格、数字、其他字符的个数。在遍历完输入的字符串序列后，可以自动结束 for 循环，并输出统计字符的个数。

序列最常见的一种形式是等差数列：range(start,stop,step)。其中，start 和 step 是可选项。比如，若循环控制变量 n 的取值范围为 0～99，则等差数列可以写为 range(0,100,1)，也可以简写为 range(100)。序列 range(n)的起始值是 0，终止值是 n−1，步长为 1。在 Python 3.x 中，range()函数返回的是可迭代对象。Python 专门为 for 循环语句设计了迭代器的处理方法。

例如：

```
for i in range(5):
    print(i,end=' ')
```

运行结果：

```
0 1 2 3 4
```

分析：Python 首先对关键字 in 后的对象调用 iter()函数获得迭代器，然后调用 next()函数获得迭代器的元素，直到抛出 StopIteration 异常。

例 3-4 输出 1～100 之间能被 7 整除但不能被 5 整除的所有整数。

代码如下：

```
for i in range(1,101):
    if i%7==0 and i%5!=0:
        print(i,end=' ')
```

运行结果：

```
7 14 21 28 42 49 56 63 77 84 91 98
```

for 循环语句还可以使用函数或复杂表达式。例如：

```
print([math.log(x) if x>0 else math.exp(x) for x in [-1,2,-3,4,-5,6,-7,8,-9,10]
if x<8])      # 分段函数
```

运行结果：

```
[0.36787944117144233, 0.6931471805599453, 0.049787068367863944, 1.3862943611198906,
0.006737946999085467, 1.791759469228055, 0.0009118819655545162, 0.00012340980408667956]
```

for 循环语句还可以实现支持文件对象迭代的功能。例如：

```
fp=open(r'C:\Python27\mytest\foodgroup.txt','r')                # 打开文件
print([line for line in fp])                                     # 逐行显示
fp.close()
```

运行结果：

```
['~0100~^~Dairy and Egg Products~\n', '~0200~^~Spices and Herbs~\n', '~0300~^~Baby
Foods~\n', '~0400~^~Fats and Oils~\n',…, '~3600~^~Restaurant Foods~']
```

例 3-5 求 100～200 之间的素数（素数是指在大于 1 的自然数中，除 1 和它本身以外不再有其他因数的自然数）。

```
import math
[prime for prime in range(100,200) if 0 not in [prime%r for r in range(2,int(math.sqrt
(prime))+1)]]
```

运行结果：

```
[101, 103, 107, 109, 113, 127, 131, 137, 139, 149, 151, 157, 163, 167, 173, 179,
181, 191, 193, 197, 199]
```

3.4.2 while 循环结构

while 循环结构用于完成重复执行某个语句块（循环体）的功能，如图 3-8 所示。对于带有 else 子句的循环结构，其使用规则同 for 循环结构一样。

执行规则：先判断 while 后面的表达式是否为真，如果为真，则先执行一次循环体，再判断 while 后面的表达式是否为真，如果为真，则继续执行一次语句块 1……直到表达式不成立，则执行 else 后面的语句块 2。

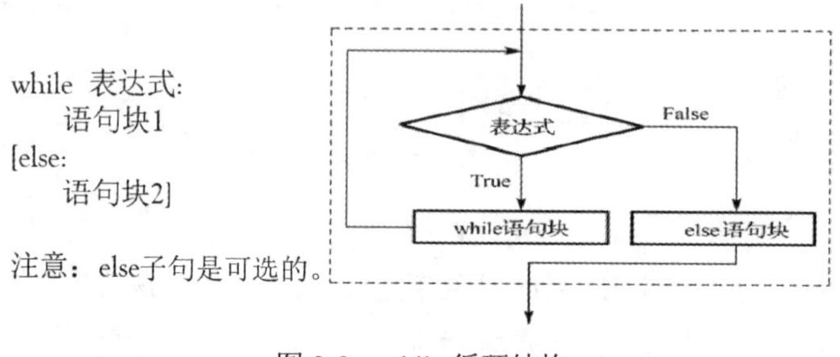

图 3-8 while 循环结构

例 3-6 假设今年父亲 30 岁，儿子 6 岁，求解多少年后父亲年龄是儿子年龄的 2 倍。

代码如下：

```
father=30
son=6
year=0
while((father+year)!=(son+year)*2):
    year+=1
print("经过%d 年后父亲的年龄为儿子的 2 倍！"%year)
```

运行结果：

```
经过 18 年后父亲的年龄为儿子的 2 倍！
```

这里每次执行循环体之前都会判断表达式(father+year)!=(son+year)*2 是否成立，如果成立，则执行循环体，否则结束循环。

3.4.3 循环嵌套结构

循环嵌套结构是指在一个循环内又包含另一个循环。嵌套的循环可以分为多层，每一层循环在逻辑上必须是完整的。在编写程序代码时，循环嵌套语句的书写需要采用缩进形式，内循环中的语句应该比外循环中的语句有规律地向右缩进 4 列。图 3-9 列举了几种常见的循环嵌套结构。

```
while 表达式1:        while 表达式:          for 变量 in 序列:      for 变量 in 序列:
    语句1                 语句1                  语句1                  语句1
    while 表达式2:        for 变量 in 序列:      for 变量 in 序列:      while 表达式:
        语句2                 语句2                  语句2                  语句2
    [else:语句3]          [else:语句3]           [else:语句3]           [else:语句3]
[else:                [else:                 [else:                 [else:
    语句4]                语句4]                 语句4]                 语句4]
```

图 3-9 常见的循环嵌套结构

例 3-7 “百钱买百鸡”问题。我国古代数学家张丘建在《算经》中提出的数学问题叙述如下：鸡翁一值钱五，鸡母一值钱三，鸡雏三值钱一。百钱买百鸡，问鸡翁、鸡母、鸡雏各几何？

分析：

假设 cock、hen、chicken 分别代表鸡翁、鸡母和鸡雏的只数，则 cock、hen、chicken 满足联合方程组：

$$\begin{cases} \text{cock} + \text{hen} + \text{chick} = 100 & (1) \\ 5 \times \text{cock} + 3 \times \text{hen} + \text{chick}/3 = 100 & (2) \end{cases}$$

由式（2）可知，鸡翁至多 20 只（有限数），鸡母至多 33 只（有限数）。因此，运用穷举法，令 cock 分别为 1,2,3,⋯,20，hen 分别为 1,2,3,⋯,33，并将 chick=100−cock−hen 代入式（2）中进行验证。如果式（2）成立，则所得的 cock、hen 和 chick 值就是所要鸡翁、鸡母和鸡雏的只数；如果不存在满足式（2）的 cock、hen 和 chick 值，则本题无解。

代码如下：

```
for cock in range(1,20,1):
    for hen in range(1,33,1):
        chick=100-cock-hen
        if(5*cock+3*hen+chick/3==100):
            print("cock:%d"%cock,"hen:%d"%hen,"chick:%d"%chick)
```

运行结果：

```
cock:4 hen:18 chick:78
cock:8 hen:11 chick:81
cock:12 hen:4 chick:84
```

这里运用了穷举法，使用外层 for 循环遍历所有可能的 cock 值，使用内层 for 循环遍历所有可能的 hen 值，循环体中的两条代码分别对应方程组的式（1）和式（2），如果满足联合方程组，则把 cock、hen 和 chick 值打印出来。

3.4.4 break、continue 语句

break 语句用在循环体内，用于立即终止所在循环，即跳出离它最近的那层循环，继续执行循环结构后面的语句。

continue 语句同样用在循环体内，用于结束本次循环，即忽略当前循环体中还未执行的语句，重新开始下一轮循环。

例 3-8 求 1～100 之间的全部奇数之和。

代码如下：

```
x=y=0
while True:
    x+=1
    if not(x%2):
```

```
        continue        # x 为偶数时，直接进行下一次循环
    elif x>100:
        break           # x>100 时，退出 while 循环
    else:
        y+=x            # 实现累加
print("y=",y)
```

运行结果：

```
y= 2500
```

3.4.5 无限循环

无限循环（Infinite Loop）又称死循环（Endless Loop），顾名思义，其循环控制条件永远为真，导致程序被无限期执行。例如：

```
k=-5
while 2*pow(k,2)-2*k+1>=0:          # 此条件永远成立
    print("%d: endless loop"%k)
    k=k+1
```

结果显示：! Too much output to process，如图 3-10 所示。

```
! Too much output to process
527486: endless loop
527487: endless loop
527488: endless loop
527489: endless loop
527490: endless loop
```

图 3-10 运行结果

提示：当发生无限循环时，可以选择 IDLE 中的“Run（运行）”→“Stop（停止）”命令，或者“File（文件）”→“Close（关闭）”命令结束程序。当然，也可以使用快捷键 Ctrl+F2(^F2)结束程序。

再如，

```
>>> while True:
…    pass
…
```

在进入无限循环后，只能通过键盘中断，即按快捷键 Ctrl+C 退出循环。

3.4.6 列表推导式

列表推导式又称列表解析式，是 Python 程序开发中应用较多的技术之一。列表推导式非常简洁，可以快速生成满足特定需要的列表。其语法格式如下：

```
[Expression for variable  in  List]  or  [Expression for variable in List  if condition satisfied]
```

例如：

```
import random
randomList=[random.randint(1,10) for i in range(5)]       # 生成 5 个随机整数
print(randomList)
```

运行结果：

```
[4, 2, 7, 3, 7]
```

相当于：

```
randomList=[random.randint(1,10) for i in range(5)]
print(randomList)
```

运行结果：

```
[3,1,6,8,2]
```

而

```
fruit=['banana','apple','lemon','peach','pear','grape','plum','apricot','raisins']
fruitList=[fl.strip() for fl in fruit]
print(fruitList)
```

运行结果：

```
['banana', 'apple', 'lemon', 'peach', 'pear', 'grape', 'plum', 'apricot', 'raisins']
```

相当于：

```
fruit=['banana','apple','lemon','peach','pear','grape','plum','apricot','raisins']
for i,v in enumerate(fruit):
    fruitList[i]=v.strip()
```

列表推导式主要可以实现以下功能。

1．实现嵌套列表的平铺

```
matList = [[1,2,3],[4,5,6],[7,8,9]]
mergeList = [n for e in matList for n in e]
print(mergeList)
```

运行结果：

```
[1, 2, 3, 4, 5, 6, 7, 8, 9]
```

2．过滤不符合条件的元素

列表推导式使用 if 语句筛选列表中符合条件的元素。例如，下面的代码可以列出当前目录下的所有 Python 源文件：

```
import os
# 显示当前目录下以 py 为扩展名的文件
[fileName for fileName in os.listdir('.') if fileName.endswith('.py')]
```

运行结果：

```
['dice.py', 'dlg.py', 'fileSplit.py', 'fractal.py', 'GUI.py', 'Hadoop_Map.py',
'Hadoop_Reduce.py', 'IP Address.py', 'listbox.py', 'Map.py', 'Menu.py',
'myaccesstest.py', 'myJython.py', 'myTkinter.py', 'readonly.py', 'receiver.py',
'Reduce.py', 'remove.py', 'Scrollbar.py', 'sender.py', 'speedup.py',
'wxPython_Demo.py']
```

3.4.7 生成器推导式

从形式上看，生成器推导式与列表推导式相似。不同的是，生成器推导式生成的结果是一个生成器对象，而不是列表或元组。在使用生成器对象的元素时，可以根据需要将其转换为列表或元组，也可以使用生成器对象的__next__()方法或内置函数 next()进行遍历，或者直接将其作为迭代器对象来使用。但无论使用哪种方法访问其元素，当对所有元素的访问结束后，如果需要重新访问其中的元素，都必须重新创建该生成器对象。例如：

```
square=(i**2 for i in range(10))
square
```

运行结果：

```
<generator object <genexpr> at 0x0000000003087F30>
```

```
tuple(square)                          # 转换为元组
```

运行结果：

```
(0, 1, 4, 9, 16, 25, 36, 49, 64, 81)
```

```
tuple(square)                          # 遍历结束
```

运行结果：

```
()
```

```
square=(i**2 for i in range(10))       # 重新创建生成器对象
square. __next__()                     # 单步迭代
```

运行结果：

```
0
```

```
square. __next__()
```

运行结果：

```
1
```

```
square. __next__()
```

运行结果：

```
4
```

```
square=(i**2 for i in range(10))
for i in square:                       # 直接循环迭代
   print(i)
```

运行结果：

```
0 1 4 9 16 25 36 49 64 81
```

习题 3

1．下面程序的功能为：输入三角形的 3 条边长 a、b、c，计算三角形的面积。

海伦公式为$S=\sqrt{p(p-a)(p-b)(p-c)}$，其中 a、b、c 分别为三角形的 3 条边长，p 为半周长，S 为三角形的面积。请完成下面代码的填充：

```
import math
a= input('请输入边长 a：')
____________________________ # 输入边长 b
____________________________ # 输入边长 c
____________________________ # 求半周长 p
____________________________ # 利用海伦公式求三角形面积
____________________________ # 使用 print 语句打印面积
```

2．正确连线下面的术语和对应的描述。

选择结构	（1）按照解决问题的顺序写出相应的语句，它的执行顺序是自上而下，依次执行。
顺序结构	（2）判断给定的条件，根据判断的结果来控制程序的流程。
条件表达式	（3）为了反复执行某个功能而设置的一种程序结构。
循环结构	（4）当表达式的值不等于 0 时，它的值是“真”，否则是“假”。

3．体指数（BMI）计算。体指数是目前国际上常用的衡量人体胖瘦程度及是否健康的一

个标准。它的计算公式为：体指数 BMI=体重（kg）/身高 ^{2}(m)。判断体重类型的标准如下：

当 BMI<18 时，体重类型为“偏瘦”。

当 18≤BMI<25 时，体重类型为“正常”。

当 25≤BMI<27 时，体重类型为“超重”。

当 BMI≥27 时，体重类型为“肥胖”。

请完成下面代码的填充：

```
weight=float(input("请输入体重(kg): "))
height=float(input("请输入身高(m): "))

BMI=weight/(height**2)

______________________________ # 如果 BMI 小于 18
     healthSign="偏瘦!"

_______________________________# 如果 BMI 大于或等于 18 且小于 25
     healthSign="正常!"

_______________________________# 如果 BMI 大于或等于 25 且小于 27
     healthSign="超重!"

________________________________# 其他情况
     healthSign="肥胖!"
print("您的健康状况:"+healthSign)
```

4．已知一个字典 dict1 = {'A':55,'B':60,'C':65,'D':70,'E':75,'F':80,'G':90}，请采用两种方法编写程序，以用户输入的内容作为“键”，并输出字典中对应的“值”。如果用户输入的“键”不存在，则输出“您输入的键不存在！”。例如，用户输入 A，输出结果为 55；用户输入 S，则输出“您输入的键不存在！”。请填充如下代码：

①____

____

____

②____

____

____

提示：

① 可以使用字典的操作方法。

② 可以使用 if...else 语句。若 if 后面的条件满足，则执行语句块 1，否则执行语句块 2。

```
if 条件:
      语句块 1
else:
      语句块 2
```

5．统计输入字符中的大小写字母个数，如果输入内容为非字母字符，则跳出程序。请填充如下代码：

```
charLower=0           # 小写字母计数
charUpper=0           # 大写字母计数
```

```
while True:              # 无限循环条件
    ch=input("Please enter a character:")
        ______________________        # 如果字符是小写字母
        print("This is a lowercase!")
        charLower+=1
        _______________________       # 如果字符是大写字母
        print("This is a uppercase!")
        charUpper+=1
    else:
        break
print("Number of lowercases:%d"%charLower)
print("Number of uppercases:%d"%charUpper)
```

6．程序填空。根据福布斯发布的 2019 年度中国富豪榜（见表 3-1），编写一个程序，从所给的文件中读取相关数据，将所属行业为科技的富豪重新分类并打印输出。

表 3-1　2019 年度中国富豪榜

排　　名	姓　　名	财富（亿元）	年　　龄	行　　业
1	马云	2,701.1	55	科技
2	马化腾	2,545.5	48	科技
3	许家印	1,958.6	61	地产
4	孙飘扬家族	1,824.3	61	医药
5	杨惠妍家族	1,689.9	38	地产
6	何享健家族	1,640.4	77	制造
7	黄峥	1,499	39	科技
8	丁磊	1,216.2	48	科技
9	秦英林家族	1,173.8	54	养殖
10	张一鸣	1,145.5	35	科技

请填充如下代码：

```
data=["1\t 马云\t\t2701.1 亿元\t55\t 科技",
      "2\t 马化腾\t\t2545.5 亿元\t55\t 科技",
      "3\t 许家印\t\t1958.6 亿元\t55\t 地产",
      "4\t 孙飘扬家族\t\t1824.3 亿元\t55\t 医药",
      "5\t 杨惠妍家族\t\t1689.9 亿元\t55\t 地产",
      "6\t 何享健家族\t\t1640.4 亿元\t55\t 制造",
      "7\t 黄峥\t\t1499 亿元\t\t55\t 科技",
      "8\t 丁磊\t\t1216.2 亿元\t55\t 科技",
      "9\t 秦英林家族\t\t1173.8 亿元\t55\t 养殖",
      "10\t 张一鸣\t\t1145.5 亿元\t55\t 科技",]
print("*************福布斯科技排行榜*****************")
strlist=[]                                   # 定义空列表

_________________________________________    # 循环遍历所有数据
_________________________________________    # 并选择满足科技行业条件的记录
_________________________________________    # 添加到 strlist[]中
for item in strlist:                         # 打印输出新的列表
    print(item)
```

7．几个同学一起玩“逢七拍手”游戏，从 1 开始依次数数，当数到 7（包括尾数是 7 的情况）或7的倍数时，不要说出该数，而是拍一下手。现编写程序，计算从1数到99，一共要拍多少次手（没人数错），请填充如下代码：

```
total=99
for number in range(1,100):       # 创建1到99的循环
    if number%7==0:               # 判断是否为7的倍数

            ____________________
    else:
        string =str(number)
        if string.endswith('7'): # 判断是否以数字7结尾

____________________
    total-=1
print("从1数到99共拍手",total,"次。")
```

8．编写程序，求1～n之间的素数列表。

9．编写程序，当用户通过键盘输入整数n后，对其进行因式分解（即素数之积），如100=2×2×5×5。

10．编写程序，验证100以内整数的“哥德巴赫猜想”：任意大于2的偶数都可以写成两个素数之和。例如，10=3+7=5+5，12=5+7。

11．编写程序，求所有水仙花数，同时断定有没有4位数的水仙花数。水仙花数是指一个3位数，其个位、十位、百位3个数字的立方和等于这个数本身。

12．A、B、C、D、E共5人夜里去捕鱼，很晚才各自找地方休息。日上三竿，A第1个醒来，他将鱼分成5份，把多余的一条扔掉，拿走自己的一份。B第2个醒来，他也将鱼分成5份，把多余的一条扔掉，拿走自己的一份。C、D、E均以此类推。编写程序，求他们合伙至少捕了多少条鱼。

13．编写程序，计算斐波那契数列的后项与前项之比：1/1、2/1、3/2、5/3、8/5、13/8、…、第n项的值，并观察随着n的增大，比值趋向于什么值。

斐波那契数列的定义为：$F(1)=1$，$F(2)=1$，$F(n)=F(n-1)+F(n-2)$（$n \geqslant 3$），其前9个数为：1、1、2、3、5、8、13、21、34。

14．编写程序，计算卢卡斯数列的后项与前项之比：1/2、3/1、4/3、7/4、11/7、18/11、…、第n项的值，并观察随着n的增大，比值趋向于什么值。

卢卡斯数列的定义为：$L(1)=2$，$L(2)=1$，$L(n)=L(n-1)+L(n-2)$（$n \geqslant 3$），其前9个数为：2、1、3、4、7、11、18、29、47。

第4章 正则表达式及应用

本章主要内容包括字符串及其常用的方法、正则表达式及其应用。字符串是 Python 中一种非常重要的数据类型，由英文字母、数字、中文和其他字符组成。常见的字符串编码格式有 UTF-8、GB2312、GBK 等。Python 2.x 在汉字使用方面不够灵活，需要使用#coding=UTF-8 指定，或者使用 encode('UTF-8')转换。正则表达式是处理字符串的一种技术，它先使用 re 模块预定义特定模式，然后匹配一类具有共同特征的字符串，可以快速、准确地完成复杂查找、替换等操作，可应用于网络编程。最后，本章还介绍了 re 模块提供的正则表达式对象的应用。

4.1 字符串

4.1.1 字符串编码

字符串编码格式有以下几种，不同的编码格式意味着不同的表示和存储形式。

- ASCII（American Standard Code for Information Interchange）：ASCII 为美国标准信息交换码，是最早的字符串码，采用 1 字节表示 10 个数字、26 个大小写字母及一些 printable 字符，共 256 个。
- UTF-8、UTF-16、UTF-32（8、16 or 32-bit Unicode Transformation Format）：国际通用编码格式，内含汉字编码，采用 3 字节表示 1 个汉字。
- GB2312、GBK（Chinese Internal Code Specification）：GBK 为我国制定的中文编码标准（汉字内码扩展规范），采用 1 字节表示 1 个英文字符，采用 2 字节表示 1 个汉字。
- CP936、CP437：微软公司在 GBK 基础上开发的编码格式，采用 2 字节表示 1 个汉字。
- Unicode：不同编码格式之间相互转换的基础。

Python 3.x 支持汉字，比 Python 2.x 方便，默认的编码格式是 UTF-8。

第 2 章已经提到，字符串可以使用单引号、双引号、三单引号或三双引号 4 个界定符定义，并且不同的界定符之间可以相互嵌套。

例如：

```
str1='Better City, Better Life' # 单引号定义，str1[0]='B',str1[1]='e',…,str1[23]='e'
str1[0],str1[1],str1[2],str1[23]
```

运行结果：

```
('B', 'e', 't', 'e')
```

```
str2="Better City, Better Life"                # 双引号定义
str3='''Better City, Better Life'''            # 三单引号定义
str1==str2
```

运行结果：

```
True
```

```
str1==str3
```

运行结果：

```
True
```

```
isinstance(str3,unicode)
```

运行结果：

```
True
```

```
isinstance(str1,unicode)                          # 检验 str1 是否属于 Unicode 字符集
```

运行结果：

```
False
```

```
str2=u'中国雄安'
isinstance(str2,unicode)                          # 检验 str2 是否属于 Unicode 字符集
```

运行结果：

```
True
```

例 4-1 验证不同编码占用的空间。

```
str1= '香港,CHINA,19970701'                        # 定义字符串 str1
print(str1)
str2= '香港,CHINA,19970701'.encode('UTF-8')      # 按 UTF-8 编码
print(str2)
str3= '香港,CHINA,19970701'.encode('CP936')      # 按 CP936 编码
print(str3)
str4=str3.decode('CP936')                         # 按 CP936 解码
print(str4)
```

运行结果：

```
香港,CHINA,19970701
b'\xe6\x9d\x8e\xe6\x96\x87\xe4\xba\xae\xe9\xa6\x99\xe6\xb8\xaf,CHINA,199720200207701'
b'\xc0\xee\xce\xc4\xc1\xc1\xcf\xe3\xb8\xdb,CHINA,19970701
'香港,CHINA,19970701'
```

可以看到，不同的编码占用的空间不同。

4.1.2　字符串运算

常用的字符串运算方式如下。

（1）字符串赋值：将一个字符串赋值给另一个字符串。

例如：

```
str1="岂曰无衣 与子同裳"
str2=str1
```

（2）字符串合并：使用“+”运算符将两个或多个字符串合并。

例如：

```
str1="山川异域 风月同天\n"
str2="岂曰无衣 与子同裳"
str3=str1+str2
print(str3)
```

运行结果：

```
山川异域 风月同天
岂曰无衣 与子同裳
```

（3）求字符串长度。汉字和英文字符、数字一样，长度都为 1。

例如：

```
str='香港 19970701'
print(len(str))
```

运行结果：

```
10
```

4.1.3 字符串性质

字符串具有以下性质。

（1）字符串属于不可变序列，不能对字符串对象进行元素增加、删除等操作。

例如：

```
str="山江异域 风月同天"          # 定义字符串，str[0]='山', str[1]='江'
str[1]='川'                   # 尝试对字符串中的第 2 个字符进行修改
```

运行结果：

```
TypeError: 'str' object does not support item assignment # 报错
```

（2）字符串变量名可以是汉字。

例如：

```
香港回归= '香港,CHINA,19970701'                        # 定义字符串：香港回归
print(香港回归)
```

运行结果：

```
香港,CHINA,19970701
```

（3）字符串可以重复数次。

例如：

```
str="重要的话说三遍"*3
print(str)
```

运行结果：

```
重要的话说三遍重要的话说三遍重要的话说三遍
```

4.1.4 字符串格式化

1. %方法

字符串格式化在 2.4.6 节已经有简单的应用，完整格式如图 4-1 所示。第一个%与第二个%符号之间部分为格式字符串，第二个%之后部分为需要进行格式化的内容。

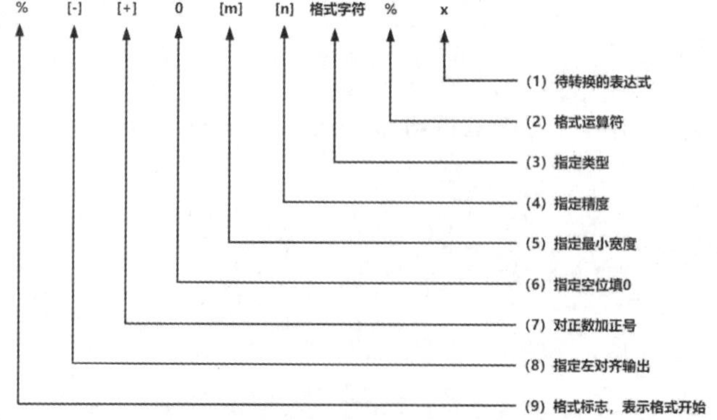

图 4-1 字符串格式化的完整格式

Python 支持大量的格式字符，常见格式字符如表 4-1 所示。

表 4-1　常见格式字符

格式字符	含　义	格式字符	含　义
%s	字符串（采用 str()方法显示）	%x	十六进制整数
%r	字符串（采用 repr()方法显示）	%e	指数（底数为 e）
%c	单个字符	%E	指数（底数为 E）
%b	二进制整数	%f、%F	浮点数
%d、%i	有符号的十进制整数	%g	指数（e）或浮点数
%u	无符号的十进制整数	%G	指数（E）或浮点数
%o	八进制整数	%%	%符号

例如：

```
year=2020                  # year 为十进制形式
yearOctal="%o"%year        # 转换为八进制形式
print(yearOctal)
```

运行结果：

```
3742
```

```
yearHex="%x"%year          # 转换为十六进制形式
print(yearHex)
```

运行结果：

```
7e4
```

```
yearExpo="%e"%year         # 以底数 e 表示
print(yearExpo)
```

运行结果：

```
2.020000e+03
```

```
"%s,%d,%c"%(65,65,65)      # 分别将 65 转换为字符串、十进制整数和对应的 ASCII 字符
```

运行结果：

```
'65',65,A
```

```
a=65
str(chr(a))                #将列表转换为字符串
```

运行结果：

```
'A'
```

2. format()方法

Python 的 format()方法也可以进行格式化。该方法不仅可以使用位置进行格式化，还可以使用与位置无关的参数名进行格式化，并且支持序列解包格式化字符串，非常方便。例如：

```
#{0}、{1}分别表示第 1 个数和第 2 个数，冒号“:”后面的逗号“,”为千分位分隔符
print("{0:,} in hex is:{0:#x}, [1] in oct is {1:#o}".format(1001,101))
```

运行结果：

```
1,001 in hex is:0x3e9, 101 in oct is 0o145
```

```
#{0}、{1}分别表示第 1 个数和第 2 个数，与顺序无关
print(" {1:,} in hex is:{1:#x}, {0} in oct is {0:#o}".format(1001,101))
```

运行结果：

```
101 in hex is:0x65, 1001 in oct is 0o1751
```

```
# {n}、{o}分别用 format()方法中 n、o 的值代替
print("my name is {n}, my office is {o}".format(n="huguosheng",o='304'))
```

运行结果：

```
my name is huguosheng, my office is 304
```

```
name=('huguosheng','Huanghe','Wuxingxin')
# {0}表示元组 name，{0[i]}表示元组 name 的第 i+1 个元素
print("first:{0[0]}, second:{0[1]}, third:{0[2]}".format(name))
```

运行结果：

```
first:huguosheng, second:Huanghe, third:Wuxingxin
```

注意：如果将上面的代码修改为 print("first:{0},second:{1},third:{2}".format(name))，则会出现错误信息“IndexError: tuple index out of range”。

```
ranking=[('胡国胜','1'),('范晓燕','2'),('李露露','3'),('宋振君','4')]
rankFormat="{0[0]}：第{0[1]}名".format
for each in ranking:
    print(rankFormat(each))
```

运行结果：

```
胡国胜： 第 1 名
范晓燕： 第 2 名
李露露： 第 3 名
宋振君： 第 4 名
```

3．map(fun,seq)方法

map()方法接收两个参数：一个是函数，另一个是序列。map()方法将传入的函数依次作用于序列的每个元素，并把结果作为新的列表返回。

例如：

```
lm=map(lambda x: x*x, range(10))
for i in lm:
    print(i,end=' ')
```

运行结果：

```
0 1 4 9 16 25 36 49 64 81
```

```
def f(x): return x*x
lm=map(f, range(10))
for i in lm:
    print(i,end=' ')
```

运行结果：

```
0 1 4 9 16 25 36 49 64 81
```

```
ranking=[('胡国胜','1'),('范晓燕','2'),('李露露','3'),('宋振君','4')]
rankFormat="{0[0]}：第{0[1]}名".format
for each in map(rankFormat,ranking):
print(each)
```

运行结果：

```
胡国胜： 第 1 名
范晓燕： 第 2 名
李露露： 第 3 名
宋振君： 第 4 名
```

4. Formatted String Literals

Python 自 3.6 版本开始支持一种新的字符串格式化方式，即 Formatted String Literals。其含义与 format()方法类似，但格式更加简洁。例如：

```
college='University of Shangdong'
name='Maguanjun'
f'{name} is graduated from {college}'
```

运行结果：

```
'Maguanjun is graduated from University of Shangdong'
```

```
width=10
precision=10
value=22/7
f'PI:{value:{width}.{precision}}'
```

运行结果：

```
'PI: 3.142857'
```

4.2　字符串方法与应用

使用 dir('string')方法可以查看所有字符串的常用方法列表。例如：

```
import string
dir('string')
```

显示字符串的常用方法列表为：

```
['capitalize', 'center', 'count', 'decode', 'encode', 'endswith', 'expandtabs',
'find', 'format', 'index', 'isalnum', 'isalpha', 'isdigit', 'islower', 'isspace',
'istitle', 'isupper', 'join', 'ljust', 'lower', 'lstrip', 'partition', 'replace',
'rfind', 'rindex', 'rjust', 'rpartition', 'rsplit', 'rstrip', 'split', 'splitlines',
'startswith', 'strip', 'swapcase', 'title', 'translate', 'upper', 'zfill']
```

使用 help()方法可以查看单个字符串方法的功能。例如，查看 rfind()方法的功能：

```
help(string.rfind)
Help on function rfind in module string:rfind(s, *args):
rfind(s, sub [,start [,end]]) -> int
Return the highest index in s where substring sub is found, such that sub is
contained within s[start,end]. Optional arguments start and end are interpreted
as in slice notation. Return -1 on failure.
```

字符串常用方法的功能如表 4-2 所示。

表 4-2　字符串常用方法的功能

方　法	功　能	方　法	功　能
find()	查找字符串首次出现的位置	split()	以指定字符为分隔符分割字符串
rfind()	查找字符串最后出现的位置	rsplit()	从右端分割字符串
index()	返回字符串首次出现的位置	partition()	将字符串分割为 3 部分
rindex()	返回字符串最后出现的位置	rpartition()	从右端将字符串分割为 3 部分
count()	返回字符串出现的次数	join()	与 split()方法相反
lower()	将字符串转换为小写形式	replace()	替换字符或字符串
upper()	将字符串转换为大写形式	maketrans()	生成字符映射表
capitalize()	将字符串首字母转换为大写形式	translate()	按映射表转换字符串并替换

续表

方　法	功　能	方　法	功　能
title()	将字符串每个单词首字母转换为大写形式	strip()	删除字符串两端空格或连续指定的字符
swapcase()	将字符串大小写互换	rstrip()	删除字符串右端空格或连续指定的字符
startswith()	判断字符串是否以指定字符串开始	lstrip()	删除字符串左端空格或连续指定的字符
endswith()	判断字符串是否以指定字符串结束	islower()	判断字符串是否由小写字母组成
isalnum()	判断字符串是否由数字或字母组成	center()	返回指定宽度、原字符串居中的新字符串
isalpha()	判断字符串是否由字母组成	ljust()	返回指定宽度、原字符串居左的新字符串
isdigit()	判断字符串是否由数字组成	rjust()	返回指定宽度、原字符串居右的新字符串
isspace()	判断字符串是否由空格组成	eval()	将字符串转换为数值
compress(str)	压缩	decompress()	解压缩

1．find()、rfind()

功能：find()和 rfind()方法分别从左侧和右侧查找字符串首次出现的位置，并从 0 开始计数，如果不存在，则返回-1。例如：

```
fruitStr="apple,apricot,watermelon,honeydew,orange,tangerine,papaya,coconut," \
        " pineapple,watermelon,cherry"
fruitStr.find('p')                         # 从开始位置开始查找'p'
```

运行结果：

```
1
```

```
fruitStr.find('apricot')                   # 从开始位置开始查找'apricot'
```

运行结果：

```
6
```

```
fruitStr.find('watermelon',16)             # 从指定位置开始查找'watermelon'
```

运行结果：

```
76
```

```
fruitStr.find('watermelon',4,30)           # 从指定范围中查找'watermelon'
```

运行结果：

```
14
```

```
fruitStr.rfind('watermelon')               # 从字符串尾部向前查找'watermelon'
```

运行结果：

```
76
```

```
fruitStr.find('watermelon',16,80)          # 未找到'watermelon'
```

运行结果：

```
-1
```

2．index()、rindex()、count()

index()和 rindex()方法用来返回一个字符串在另一个字符串指定范围中首次和最后一次出现的位置，如果该字符串不存在，则返回错误信息。count()方法则用来返回字符或字符串在指定字符串中出现的次数。例如：

```
fruitStr.index('p')                        # 返回首次出现'p'的位置
```

运行结果：

```
1
```

```
fruitStr.rindex('w')                       # 从右侧开始查找'w'
```

运行结果：

```
76
```

```
fruitStr.index('Durinr')                 # 未找到'Durinr'
```

运行结果：

```
ValueError: substring not found
```

```
fruitStr.count('on')
```

运行结果：

```
4
```

3．split()、rsplit()

split()和 rsplit()方法都是以指定字符或字符串为分隔符，将给定的字符串分割成多个字符串，并以列表形式呈现的。两者的不同之处在于，split()方法是从给定的字符串首端开始分割的，而 rsplit()方法是从给定的字符串尾端开始分割的。例如：

```
fruitStr="apple,apricot,watermelon,honeydew,orange,tangerine,papaya,coconut," \
        " pineapple,watermelon,cherry"
fruitSplit=fruitStr.split(",")        # 使用逗号分隔
```

运行结果：

```
['apple', 'apricot', 'watermelon', 'honeydew', 'orange', 'tangerine', 'papaya',
'coconut', 'pineapple', 'watermelon', 'cherry']
```

```
day="2020-05-26"
daySplit=day.split('-')
frint(daySplit)
```

运行结果：

```
['2020', '03', '02']
```

```
print(list(map(int, daySplit)))
```

运行结果：

```
[2020, 3, 2]
```

如果 split()方法不指定字符，则字符串中任何空白字符（包括空格、换行符、制表符等）都将被认为是分隔符。例如：

```
theBookOfSongs="岂曰无衣\t 与子同裳\n\n 王于兴师\t 修我甲兵\n 与子偕行"
theBookOfSongs.split()
```

运行结果：

```
['岂曰无衣', '与子同裳', '王于兴师', '修我甲兵', '与子偕行']
```

4．partition()、rpartition()

partition()和 rpartition()方法以指定字符或字符串为分隔符，将待分割的字符串分割成 3 部分的元组，即分隔符前的字符串、分隔符字符串、分隔符后的字符串。两者的不同在于，partition()方法是从待分割的字符串首端开始分割的，而 rpartition()方法是从待分割的字符串尾端进行分割的。例如：

```
theBookOfSongs="岂曰无衣？\t 与子同裳。\n\n 王于兴师 \t 修我甲兵。\n 与子偕行。"
theBookOfSongs.partition('\t')
运行结果： ('岂曰无衣？', '\t', '与子同裳。\n\n 王于兴师 \t 修我甲兵。\n 与子偕行。')
```

注意：结果是元组。

```
theBookOfSongs.rpartition('\t')
```

运行结果：

```
('岂曰无衣？\t 与子同裳。\n\n 王于兴师 ', '\t', '修我甲兵。\n 与子偕行。')
```

5．join()

join()方法可以被简单地理解为 split()方法的逆运算。它使用指定的字符作为连接符号将列表中多个字符串连接起来。例如：

```
theBookOfSongs=["岂曰无衣","与子同裳","王于兴师","修我甲兵","与子偕行"]
joinSymbol='\t'
songJoin=joinSymbol.join(theBookOfSongs)          # 合并，以“\t”作为连接符号
```

运行结果：

```
'岂曰无衣\t 与子同裳\t 王于兴师\t 修我甲兵\t 与子偕行'     # “\t”为制表符
```

```
print(songJoin)
```

运行结果：

```
岂曰无衣 与子同裳 王于兴师 修我甲兵 与子偕行
```

“+”运算符的运算速度比 join()方法慢。例如：

```
import timeit
str=["The South China Sea has been part of China's territory since ancient times"
for n in range(10000)]        # 使用列表推导式生成 10000 个字符串
def joinMethod():             # 使用 join()方法连接字符串
    return "".join(str)
def plusMethod():             # 使用“+”运算符连接字符串
    result=''
    for each in str:
        result=result+each
    return result
# 显示 join()方法耗时
print('Time for join method: ',timeit.timeit(joinMethod,number=1000))
# 显示“+”运算符耗时
print('Time for plus operator: ',timeit.timeit(plusMethod,number=1000))
```

运行结果：

```
Time for join method: 0.35070502999951714
Time for plus operator: 16.234601050000492
```

6．lower()、upper()、capitalize()、title()、swapcase()

lower()方法用来将字符串中所有字母转换成小写形式；upper()方法用来将字符串中所有字母转换成大写形式；capitalize()方法用来将字符串中第 1 个单词的首字母转换成大写形式；title()方法用来将字符串中每个单词的首字母转换成大写形式；swapcase()方法用来将字符串中的字母大、小写形式互换。例如：

```
str="The South China Sea has been part of China's territory since ancient times"
str.lower()
```

运行结果：

```
"the south china sea has been part of china's territory since ancient times"
```

```
str.upper()
```

运行结果：

```
"THE SOUTH CHINA SEA HAS BEEN PART OF CHINA'S TERRITORY SINCE ANCIENT TIMES"
```

```
str.capitalize()
```

运行结果：

```
"The south china sea has been part of china's territory since ancient times "
```

```
str.title()
```

运行结果：

```
"The South China Sea Has Been Part Of China'S Territory Since Ancient Times "
```

```
str.swapcase()
```

运行结果：

```
"tHE sOUTH cHINA sEA HAS BEEN PART OF cHINA'S TERRITORY SINCE ANCIENT TIMES"
```

7．replace()

replace()方法用来以指定字符或字符串替换原字符串中需要替换的所有重复的字符或字符串。例如：

```
olym="2008 北京奥运会"
olym.replace("2008 北京","2020 东京")
```

运行结果：

```
'2020 东京奥运会'
```

8．maketrans()、translate()

（1）maketrans()方法用来生成字符映射表，它的语法格式如下：

```
str.maketrans(intab, outtab)
```

其中，intab 表示字符串中要替代的字符组成的字符串，outtab 表示相应的映射字符组成的字符串。这两个字符串的长度必须相同，为一一对应的关系。

例如：

```
intab="abcdefg"
outab="@!$%#&*"
mapTable=''.maketrans("abcdefg","@!$%#&*")    # 确定对应关系
```

这样，'a'与'@'对应，'b'与'!'对应，…，'g'与'*'对应。

（2）translate()方法可以按照上述定义的映射表关系 mapTable 转换字符串并替换其中的字符。使用这两个方法的组合可以同时处理多个不同的字符。而这是 replace()方法做不到的。

例 4-2 通过定义映射表关系对字符串进行加密。

```
origin="People's Republic of China"              # 明文
encryption=origin.translate(mapTable)            # 运用上面对应关系转换，生成密文
print(encryption)
```

运行结果：

```
"P#opl#'s R#publi$ of Chin@"
```

9．strip()、rstrip()、lstrip()

（1）strip()方法用来删除字符串两端空格或连续指定的字符。例如：

```
taiwan="  Taiwan is a province of China  "
taiwan.strip()                                   # 删除两端空格
```

运行结果：

```
'Taiwan is a province of China'
```

```
"aaaabaccccdc".strip('abcd')                     # 删除 a、b、c、d
```

运行结果：

```
''
```

```
"aaaabccccd".strip('ac')          # 删除两端的 a、c
```

运行结果：

```
'bccccd'
```

（2）rstrip()方法用来删除字符串右端空格或连续指定的字符。例如：

```
taiwan.rstrip()                   # 删除右端空格
```

运行结果：

```
'  Taiwan is a province of China'
```

```
"aaaabccccdaaaa".rstrip('a')      # 删除右端字符'a'
```

运行结果：

```
'aaaabccccd'
```

（3）lstrip()方法用来删除字符串左端空格或连续指定的字符。例如：

```
taiwan.lstrip()                   # 删除左端空格
```

运行结果：

```
'Taiwan is a province of China  '
```

```
"aaaabccccdaaaa".lstrip('a')      # 删除左端字符'a'
```

运行结果：

```
'bccccdaaaa'
```

10．eval()

eval()方法用来把任意字符串转换为 Python 算术表达式并求值。例如：

```
a=3
b=4
eval("a+b")
```

运行结果：

```
7
```

```
arithExpression=input("please enter an arithmatic expression:")
```

运行结果：

```
please enter an arithmatic expression: 2+3
```

```
eval(arithExpression)
```

运行结果：

```
5
```

11．startswith()、endswith()

（1）startswith()方法用来判断字符串在指定的范围内是否以指定字符串开始（在默认情况下，指整个指定的字符串），如果是，则返回 True，否则返回 False。例如：

```
taiwan="Taiwan is a province of China"
taiwan.startswith('Tai')          # taiwan 字符串以“Tai”开头
```

运行结果：

```
True
```

```
taiwan.startswith('Tai',8)        # 从第 9 个字符处开始查找
```

运行结果：

```
False
```

```
taiwan.startswith('Tai',0,8)      # 在第 1～9 个字符范围内查找
```

运行结果：

```
True
```

```
import os
path="D:\\myPythonTest"          # 获取该目录下以“J”“Py”“P”开头的文件
fileFilter=[fileName for fileName in os.listdir(path) if fileName.startswith(('J',
'Py','P'))]
print(fileFilter)
```

运行结果：

```
['PCA1.py', 'PCA2.py']
```

（2）endswith()方法用来判断字符串在指定的范围内是否以指定字符串结束（在默认情况下，指整个指定的字符串），如果是，则返回 True，否则返回 False。例如：

```
taiwan.endswith('China')          # taiwan 字符串以“China”结束吗
```

运行结果：

```
True
```

12．isalnum()、isalpha()、isdigit()、isspace()、isupper()、islower()

（1）isalnum()方法用来判断字符串是否由数字或字母组成，如果是，则返回 True，否则返回 False。例如：

```
"Motel168".isalnum()
```

运行结果：

```
True
```

（2）isalpha()方法用来判断字符串是否由字母组成，如果是，则返回 True，否则返回 False。例如：

```
"Motel168".isalpha()
```

运行结果：

```
False
```

（3）isdigit()方法用来判断字符串是否由数字组成，如果是，则返回 True，否则返回 False。例如：

```
"3.1415".isdigit()
```

运行结果：

```
False
```

```
'31415'.isdigit()
```

运行结果：

```
True
```

（4）isspace()方法用来判断空字符串是否由空格组成，如果是，则返回 True，否则返回 False。例如：

```
' '.isspace()
```

运行结果：

```
True
```

（5）isupper()方法用来判断字符串是否由大写字母组成，如果是，则返回 True，否则返回 False。例如：

```
'ABC'.isupper()
```

运行结果：

```
True
```

```
'ABCabc'.isupper()
```

运行结果：

```
False
```

（6）islower()方法用来判断字符串是否由小写字母组成，如果是，则返回 True，否则返回 False。例如：

```
'abc'.islower()
```

运行结果：

```
True
```

```
'abc123'.islower()
```

运行结果：

```
False
```

13．center()、ljust()、rjust()

center()、ljust()和 rjust()方法用来生成一个指定宽度的新字符串，且原字符串在新字符串中分别处于居中、居左、居右的位置。如果指定的宽度大于原字符串长度，则使用指定的字符（默认空格）填充；如果指定的宽度小于原字符串长度，则原字符串不变。例如：

```
'Taiwan China'.center(18)
```

运行结果：

```
'   Taiwan China   '
```

```
'Taiwan China'.center(8)
```

运行结果：

```
'Taiwan China'
```

```
'Taiwan China'.center(18,"*")
```

运行结果：

```
'***Taiwan China***'
```

```
'Taiwan China'.ljust(18,"*")
```

运行结果：

```
'Taiwan China******'
```

```
'Taiwan China'.rjust(18,"*")
```

运行结果：

```
'******Taiwan China'
```

14．compress()、decompress()

zlib、gzip、bz2、zipfile 和 tarfile 模块支持数据压缩。例如：

```
import zlib
str='A man becomes learned by asking questions.'
len(str)
```

运行结果：

```
42
```

```
strCompressed=zlib.compress(str.encode())
len(strCompressed)
```

运行结果：

```
50
```

```
strCompressed
```

运行结果：

```
b'x\x9csT\xc8M\xccSHJM\xce\xcfM-V\xc8IM,\xcaKMQH\xaaTH,\xce\xce\xccKW(,M-.\xc9\
xcc\xcf+\xd6\x03\x00@\xd9\x0fh'
```

```
zlib.decompress(strCompressed)
```

运行结果：

```
b'A man becomes learned by asking questions.'
```

```
zlib.decompress(strCompressed).decode()
```

运行结果：

```
'A man becomes learned by asking questions.'
```

注意：如果使用 strCompressed=zlib.compress(str)，则会出现错误信息：

```
Traceback (most recent call last):
TypeError: a bytes-like object is required, not 'str'
```

报错原因是 compress()方法压缩的是字节流，因此需要使用 encode()方法将 str 编码为指定的 bytes 格式。反过来，如果我们从网络或磁盘上读取了字节流，那么读取的数据就是 bytes。要把 bytes 转换为 str，就需要使用 decode()方法。

15．in、not in

与列表、元组、字典、集合一样，我们也可以使用关键字 in 和 not in 来判断一个字符串是否出现在另一个字符串中，并返回 True 或 False。例如：

```
'a' in 'Taiwan'
```

运行结果：

```
True
```

```
'ch' in 'Taiwan China'
```

运行结果：

```
False
```

```
'ch' not in 'Taiwan China'
```

运行结果：

```
True
```

4.3　字符串常量与应用

string 模块中定义了多个字符串常量，包括数字字符、标点符号、英文字母、大写字母、小写字母等。用户可以直接使用这些常量。

4.3.1　字符串常量查询与类型

使用 dir(string)命令可以查看字符串常量。例如：

```
import string
dir(string)
```

运行结果：

```
[……'ascii_letters', 'ascii_lowercase', 'ascii_uppercase', 'capwords', 'digits',
'hexdigits', 'octdigits', 'printable', 'punctuation', 'whitespace']
```

（1）打印字符串常量 printable。

```
string.printable    # 打印字符串常量
```

运行结果：

```
'0123456789abcdefghijklmnopqrstuvwxyzABCDEFGHIJKLMNOPQRSTUVWXYZ!"#$%&\'()*+,-./:;
<=>?@[\\]^_`{|}~ \t\n\r\x0b\x0c'
```

（2）数字常量 digits。

```
string.digits
```

运行结果：

```
'0123456789'
```

（3）八进制常量 octdigits。

```
string.octdigits
```

运行结果：

```
'01234567'
```

（4）标点符号常量 punctuation。

```
string.punctuation
```

运行结果：

```
#$%&\'()*+,-./:;<=>?@[\\]^_`{|}~'
```

（5）字母常量 letters。

```
string.letters
```

运行结果：

```
''abcdefghijklmnopqrstuvwxyzABCDEFGHIJKLMNOPQRSTUVWXYZ''
```

（6）空白字符常量 whitespace。

```
string.whitespace
```

运行结果：

```
' \t\n\r\x0b\x0c'
```

（7）ASCII 字母常量 ascii_letters。

```
string.ascii_letters
```

运行结果：

```
'abcdefghijklmnopqrstuvwxyzABCDEFGHIJKLMNOPQRSTUVWXYZ'
```

（8）ASCII 小写字母常量 ascii_lowercase。

```
string.ascii_lowercase
```

运行结果：

```
'abcdefghijklmnopqrstuvwxyz'
```

（9）ASCII 大写字母常量 ascii_uppercase。

```
string.ascii_uppercase
```

运行结果：

```
'ABCDEFGHIJKLMNOPQRSTUVWXYZ'
```

4.3.2 字符串常量在加密中的应用

例 4-3 在数字常量、字母常量（含大小写）、标点符号常量和指定汉字组成的字符串中，随机抽取 16 个字符组成 16 位密码。

代码如下：

```
import string
charConst='加油,中国'+string.digits+string.ascii_letters+string.punctuation+'加油,武汉!'
charConst
```

运行结果：

```
'加油,中国 0123456789abcdefghijklmnopqrstuvwxyzABCDEFGHIJKLMNOPQRSTUVWXYZ!"#$%&
\'()* +,-./:;<=>?@[\\]^_`{|}~加油,武汉!'
```

```
import random                                  # 从 charConst 集中抽取 16 个字符
''.join([random.choice(charConst) for i in range(16)])
```

运行结果：

```
"2aTa+$国 K;z];Y'mg"
```

```
''.join(random.sample(charConst,16))           # 从 charConst 集中抽取 16 个字符
```

运行结果：

```
'mu 中{;?kM\\Vf 油->.r'
```

例 4-4 编写函数，实现字符串加密、解密，循环使用指定密钥，并采用异或运算。

代码如下：

```
def crypt(source,key):
      from itertools import cycle
      result=''
      temp=cycle(key)
      for ch in source:
         result=result+chr(ord(ch)^ord(next(temp)))
      return result
source="Keep calm and carry on"             # 1939 年第二次世界大战英国口号
key="Just do it!"
print("Before Encrypted: "+source)
encrypted=crypt(source,key)
print('After Encrypted:'+encrypted)
decrypted=crypt(encrypted,key)
print('After Decrypted:'+decrypted)
```

运行结果：

```
Before Encrypted: Keep calm and carry on
After Encrypted:LT@$SAYIO
After Decrypted:Keep calm and carry on
```

例 4-5 检查并判断密码安全强度。

代码如下：

```
import string
def chk(pwd):
      # 密码必须至少包含 8 个字符
      if not isinstance(pwd,str) or len(pwd)<8:
         return "no suitable for password."
      # 密码强度与包含字符种类的对应关系
      d={1:'weak',2:'below middle',3:'above middle',4:'strong'}
      # 分别用来标识密码是否含有数字、小写字母、大写字母和指定的标点符号
      r=[False]*4
      for ch in pwd:
         # 是否包含数字
         if not r[0] and ch in string.digits:
            r[0]=True
```

```
            # 是否包含小写字母
            elif not r[1] and ch in string.ascii_lowercase:
                r[1]=True
            # 是否包含大写字母
            elif not r[2] and ch in string.ascii_uppercase:
                r[2]=True
            # 是否包含指定的标点符号
            elif not r[3] and ch in '~!@#$%^&*':
                r[3]=True
        # 统计包含字符的种类，返回密码强度
        return d.get(r.count(True))
print(chk('A2ed&G123'))
```

运行结果：

```
strong
```

4.4 正则表达式语法与应用

正则表达式（Regex）具有文本模式匹配、抽取、与/或文本形式的搜索和替换功能。它是由字符和特殊符号组成的字符串，用于描述重复的模式或者表述多个字符。也就是说，正则表达式可以按照某种模式匹配一系列具有相似特征的字符串。

Python 通过标准库中的 re 模块来支持正则表达式。re 模块提供了操作正则表达式所需要的功能。正则表达式匹配流程如图 4-2 所示。

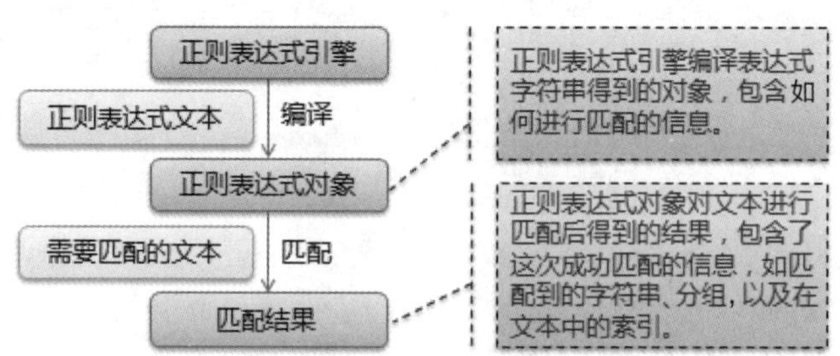

图 4-2 正则表达式匹配流程

4.4.1 正则表达式语法

正则表达式由元字符（特殊符号和字符）及其不同的组合构成，目的是匹配希望得到的字符串。常用的正则表达式元字符如表 4-3 所示。

表 4-3 常用的正则表达式元字符

元 字 符	功 能
.	匹配任意字符（不包括换行符“\n”）
*	匹配 0 次或多次前面出现的字符或子模式，如[a-zA-Z0-9]
+	匹配 1 次或多次前面出现的字符或子模块，如[a-z]+\.com
-	用在[ ]之内，表示范围，如[0-9]、[a-z]、[A-Z]
|	匹配位于“|”之前或之后的字符，如 re1|re2（相当于或）
^	匹配行首，匹配以“^”后面的字符开头的字符串，如^Mr.

续表

元 字 符	功 能
$	匹配行尾，匹配以“$”之前的字符结束的字符串，如/bin/*sh$
?	匹配位于“?”之前的出现 0 次或 1 次的正则表达式，如 goo?
\	转义字符
\num	num 为正整数。例如，(.)\1 可以匹配两个连续的相同字符
\f	匹配换页符
\n	匹配换行符
\r	匹配回车符
\b	匹配单词头或单词尾
\B	与\b 含义相反，不匹配单词头或单词尾
\d	匹配任何数字，相当于[0-9]
\D	与\d 含义相反，相当于[^0-9]，即不包括 0～9 之间的数字，^在方括号里与^在字符串开头的含义不同
\s	匹配任何空白字符，包括空格、制表符、换页符，相当于[\f\n\r\t\v]
\S	与\s 含义相反，相当于[^\f\n\r\t\v]，即不包括空格、制表符、换页符等
\w	匹配任何字母、数字及下画线，相当于[a-zA-Z0-9]
\W	与\w 含义相反，与[^a-zA-Z0-9]等效，即除 a～z、A～Z、0～9 之外的字符
()	将位于括号内的内容当作一个整体来对待
{m,n}	至少重复 m 次，最多重复 n 次{ }前面的字符（串）或子模式(...)
[ ]	匹配位于[ ]中的任意一个字符
[^xyz]	反向字符集，匹配除 x、y、z 之外的任意字符
[a-z]	字符范围，匹配任意小写英文字母
[^a-z]	反向范围字符，匹配除小写英文字母之外的任意字符

关于元字符，我们要注意：

（1）元字符“?”用于匹配位于“?”之前的 0 个或 1 个字符，如果它紧随任何其他限定符（如*、+、?、{n}、{n,}、{n,m}）之后，则匹配模式是“非贪心的”。“非贪心的”模式可以匹配搜索到的、尽可能短的字符串，而默认的“贪心的”模式可以匹配搜索到的、尽可能长的字符串。例如，在字符串 oooooo 中，“o+?”只能匹配单个 o，而“o+”可以匹配所有 o。

（2）如果以“\”开头的元字符与转义字符相同，则需要使用“\\”或者原始字符串，在字符串前加上字符 r 或 R。例如，路径 D:\myPython\data 可以用'D:\\myPython\\data'表示，也可以用 r'D:\myPython\data'表示。

4.4.2 应用示例

下面列举基本的正则表达式的元字符组合。

例 4-6 选择一个匹配符号，匹配多个正则表达式。

（1）Python|Pearl 或 P(ython|earl)：匹配 Python 或 Pearl。

（2）Mr.|Sir|Mrs.|Miss|Madam：匹配 Mr.、Sir、Mrs.、Miss 或 Madam。

（3）(a|b)*c：匹配多个（包含 0 个）a 或 b，后面紧跟一个字母 c，如 c、ac、bc、aac、abc、abbbc 等。

例 4-7 匹配任意单个字符。

（1）f.r：匹配在字母 f、r 之间的任意一个字符，如 fur、far、for、f&r。

（2）..：匹配任意两个字符。

（3）.end：匹配在字符串之前的任意一个字符，如 bend、fend、lend、mend、pend、rend、send、tend、vend、wend、$end。

例 4-8 从字符串开头或者结尾匹配。

（1）^http：匹配所有以 http 开头的字符串，如 http://www.***.com 等。

（2）^[a-zA-Z]{1}([a-zA-Z0-9._]){4,19}$：匹配长度为 5～20，以 1 个字母开头，以([a-zA-Z0-9_])为子模式，表示可取字母、数字、.、_的字符为 4～19 个。

（3）* /$$：匹配以美元符号结束的字符串。

（4）^(\w){6,20}$：匹配长度为 6～20 的字符串，可以包含字母、数字或下画线。

（5）^(\-)?\d+(\.\d{1,2})?$：检查给定字符串是否为最多带有 2 位小数的正数或负数。

（6）^[a-zA-z]+$：检查给定字符串是否只包含大写和小写英文字母。

例 4-9 创建字符集。

（1）[PIW]ython：匹配 Python、Iython 或 Wython。

（2）[a-zA-Z0-9]：匹配一个任意的大写字母、小写字母或数字。

（3）[^abc]：匹配一个除 a、b 和 c 之外的任意字符。

（4）b[aeiu]t：匹配 bat、bet、bit、but。

（5）[ab][te][12]：匹配一个包含 3 个字符的字符串，第 1 个字符是 a 或 b，第 2 个字符是 t 或 e，第 3 个字符是 1 或 2。

例 4-10 限定范围和否定。

（1）z.[0-9]：字母 z 后面先跟任何一个字符（“\n”除外），再跟一个数字。

（2）[r-u][env-y][us]：字母 r、s、t 或 u 后面先跟 e、n、v、w、x 或 y，再跟 u 或 s。

（3）[^\t\n]：不匹配制表符“\t”或者换行符“\n”。

（4）[' '-a]：在 ASCII 表中，所有字符都位于空格和 a 之间，即 34～97 范围内。

（5）[\u4e00-\u9fa5]：匹配给定字符串中的所有汉字，采用 UTF-8 编码格式。

例 4-11 表示字符集的特殊字符。

（1）\d{4}-\d{1,2}-\d{1,2}：匹配指定格式的日期，如 2017-4-29。^[a-zA-Z]{3}\.-(\0)?\d{1,2}-\d{4}也是匹配指定格式的日期，但月份采用英文略写表示，如 Apr.-01-2017。

（2）(?!.*[\'\"\/;=%?]).+"：如果给定字符串中包含'、"、/、;、=、%、?，则匹配失败。

（3）(.)\\1+：匹配 2 次或多次连续重复出现的任意字符。

（4）ab{1,}：等价于 ab+，匹配以字母 a 开头，后面带 1 个或多个字母 b 的字符串。

（5）^\d{1,3}\.\d{1,3}\.\d{1,3}\.\d{1,3}：检查给定字符串是否为合法 IP 地址。

（6）^(13[4-9]\d{8})|15[01289]\d{8})：检查给定字符串是否为合法手机号。

（7）^\w+@(\w+\.)+\w+：检查给定字符串是否为合法电子邮件地址。

（8）^\d{18}|\d{15}：检查给定字符串是否为合法身份证格式。

（9）^(?=.*[a-z])(?=.*[A-Z])(?=.*\d)(?=.*[,._]).{8,}：检查给定的字符串是否为强密码。强密码要求同时包含小写字母、大写字母、数字或特殊符号，并且长度至少为 8 位。“?=”表示只有模式包含小写字母、大写字母、数字和其他字符时才能匹配。

例 4-12 使用()指定分组。

（1）在子模式后面加上“?:”表示可选，如 r'(http://)?(www\.)?python\.org'匹配 http://www.python.org、http//python.org、www.python.org、python.org。

（2）\d+(\.\d*)?：匹配简单浮点数的字符串，即任意十进制数，后面可接一个小数点、0 个

或多个十进制数，如 3.14159、123 等。

（3）(Mr?s?\.)?[A-Z][a-z]*[A-Za-z-]+：匹配名字和姓氏，以及对名字的限制（如果有，则首字母必须大写，后续字母小写）。在全名前，可以将可选的 Mr.、Mrs.、Ms.或 M.作为称谓，而灵活可选的姓氏可以包括多个单词、横线及大写字母。

（4）(pattern)*：允许模式重复 0 次或多次。

（5）(pattern)+：允许模式重复 1 次或多次。

（6）(pattern){m,n}：允许模式重复 m～n 次。

例 4-13 扩展表示法。

（1）(?:\w+\.)*：匹配以点结尾的字符串，如 google.、twitter.、facebook.，但是这些匹配不会被保存下来以供后续使用和数据检索。

（2）(?#comment)：此处并不会进行匹配操作，只是作为注释。

（3）(?=.com)：只有一个字符串后面跟着.com 时才能进行匹配操作。

（4）(?!.net)：只有一个字符串后面没有紧跟着.net 时才进行匹配操作，符号“！”表示否定。

（5）(?<=86-)：只有字符串之前为“86-”时才进行匹配操作，符号“=”表示必须有。

（6）(?<!192\.168\.)：只有字符串之前不是 192.168 时才进行匹配操作，可以用于过滤一组 C 类 IP 地址，符号“！”表示否。

4.5 re 模块

使用 re 模块提供的常用方法形成的正则表达式可以用于处理字符串操作。其中，re 是英文 regular expression 的缩写，意为“正则表达式”。那么，re 模块有哪些方法呢？我们可以通过 dir(re)命令查看：

```
import re
dir(re)
```

运行结果：

```
['DEBUG', 'DOTALL', 'I', 'IGNORECASE', 'L', 'LOCALE', 'M', 'MULTILINE', 'S',
'Scanner', 'T', 'TEMPLATE', 'U', 'UNICODE', 'VERBOSE', 'X', '_MAXCACHE', 'compile',
'copy_reg', 'error', 'escape', 'findall', 'finditer', 'match', 'purge', 'search',
'split', 'sre_compile', 'sre_parse', 'sub', 'subn', 'sys', 'template']
```

4.5.1 re 模块的常用方法及功能

re 模块的常用方法及功能如表 4-4 所示。在使用过程中，我们既可以直接使用 re 模块的方法来处理字符串，又可以先将模式编译为正则表达式对象，再使用正则表达式对象的方法来操作字符串。

表 4-4 re 模块的常用方法及功能

方　法	功　能
compile(pattern[,flags])	创建模式对象
search(pattern,string[,flags])	在整个字符串中寻找模式，返回 search 对象或 None

续表

方　法	功　能
match(pattern,string[,flags])	从字符串首端匹配模式，返回 match 对象或 None
findall(pattern,string[,flags])	返回字符串中模式的所有匹配项的列表
finditer(pattern,string[,flags])	与 findall()方法相同，但返回的不是一个列表，而是一个迭代器。对于每一次匹配，迭代器都返回一个匹配对象
split(pattern,string[,maxsplit=0])	根据正则表达式的模式分隔符，split()方法将字符串分割为列表，并返回成功匹配的列表，最多分割 max 次（默认分割所有匹配成功的位置）
sub(pattern,repl,string[,count=0])	使用 repl 替换在字符串中出现的所有正则表达式的模式，除非定义了 count
subn(pattern,repl,string)	使用 repl 替换在字符串中出现的所有正则表达式的模式
escape(string)	将字符串中所有特殊正则表达式字符转义
purge()	清除隐式编译的正则表达式模式
group(num=0)	返回整个匹配对象，或者编号为 num 的特定子组
groups(default=None)	返回一个包含所有匹配子组的元组（如果没有成功匹配，则返回一个空元组）
groupdict(default=None)	返回一个包含所有匹配子组的字典，并将所有的子组名称作为字典的键（如果没有成功匹配，则返回一个空字典）

其中，参数 flags 的含义如表 4-5 所示。

表 4-5　参数 flags 的含义

参数 flags	含　义
re.I、re.IGNORECASE	忽略大小写的匹配
re.L、re.LOCALE	根据使用的本地语言环境，通过\w、\W、\b、\B、\s、\S 实现匹配
re.M、re.MULTILINE	“^”和“$”分别匹配目标字符串中行的起始和结尾，而不是严格匹配整个字符串本身的起始和结尾
re.S、re.SCANNER	“.”通常匹配除“\n”之外的所有单个字符，该标记表示“.”能够匹配全部字符
re.U、re.UNICODE	根据 Unicode 集解析字符，这个标志影响\w、\W、\b、\B 的含义
re.X、re.VERBOSE	可以把正则表达式写成多行，并且自动忽略空格

Python 主要通过两种方法完成字符串匹配：搜索（Searching）和匹配（Matching）。搜索是指在字符串任意部分中搜索匹配的模式；而匹配是指判断一个字符串能否从起始处全部或部分地匹配某个模式。搜索通过调用 search()方法来实现，而匹配则通过调用 match()方法来实现。

4.5.2　re 模块方法的使用

1. split()方法

功能：split()方法通过指定分隔符对字符串进行切片操作，并返回分割后的字符串列表。

例如：

```
import re
greekLetter='Alpha&Beta&&Gamma&&&Delta&&&&Epsilon&Zeta&Eta&Theta&Lambda&Mu&Nu&Xi&Pi&Rho&Sigma&Tau&Upsilon&Phi&Chi&Psi&Omega'
re.split('[\&]+',greekLetter)      # 以一个“&”和任意个“&”符号作为分隔符
```

运行结果：

```
['Alpha', 'Beta', 'Gamma', 'Delta', 'Epsilon', 'Zeta', 'Eta', 'Theta', 'Lambda', 'Mu', 'Nu', 'Xi', 'Pi', 'Rho', 'Sigma', 'Tau', 'Upsilon', 'Phi', 'Chi', 'Psi', 'Omega']
```

```
re.split('[\&]+',greekLetter,maxsplit=4)
```

运行结果：

```
['Alpha', 'Beta', 'Gamma', 'Delta', 'Epsilon&Zeta&Eta&Theta&Lambda&Mu&Nu&Xi
&Pi &Rho&Sigma &Tau&Upsilon&Phi&Chi&Psi&Omega']
```

```
grL=' Alpha Beta  Gamma   Delta    Epsilon  '
' '.join(grL.split())
```

运行结果：

```
'Alpha Beta Gamma Delta Epsilon'
```

```
''.join(re.split('[\s]+',grL.strip()))
```

运行结果：

```
'AlphaBetaGammaDeltaEpsilon'
```

```
' '.join(re.split('[\s]+',grL.strip()))
```

运行结果：

```
'Alpha Beta Gamma Delta Epsilon'
```

```
greekLetter='Alpha&Beta  Gamma&Delta..Epsilon.  Zeta=Eta&Theta'
re.split('[\& .=]+',greekLetter)        # 以“&”、空格、“.”和“=”作为分隔符
```

运行结果：

```
['Alpha', 'Beta', 'Gamma', 'Delta', 'Epsilon', 'Zeta', 'Eta', 'Theta']
```

2．findall()、finditer()方法

功能：findall()方法用于查询字符串中某个正则表达式模式所有非重复出现的情况，并返回列表。这与 search()方法执行字符串搜索时类似，但与 match()和 search()方法的不同之处在于，findall()方法总是返回一个列表。如果没有匹配成功，则返回一个空列表；如果匹配成功，则返回的列表将包含所有成功匹配的部分。finditer()方法与 findall()方法类似，但它更节省内存空间。两者之间，以及它们和其他变体方法之间的差异在于，和返回的匹配字符串相比，finditer()方法可以在匹配对象中迭代。

例如：

```
import re
re.findall('car','carry the barcardi to the car') # 查找'car'字符串
```

运行结果：

```
['car', 'car', 'car']
```

```
pattern='[a-zA-Z]+'
greekLetter='Alpha&Beta&Gamma&Delta&Epsilon&Zeta&Eta&Theta&Lambda&Mu&Nu&Xi&Pi&Rho
&Sigma&Tau&Upsilon&Phi&Chi&Psi&Omega'
re.findall(pattern,greekLetter)                         # 查找所有单词
```

运行结果：

```
['Alpha', 'Beta', 'Gamma', 'Ddelta', 'Epsilon', 'Zeta', 'Eta', 'Theta', 'Lambda',
'Mu', 'Nu', 'Xi', 'Pi', 'Rho', 'Sigma', 'Tau', 'Upsilon', 'Phi', 'Chi', 'Psi', 'Omega']
```

```
permanentFive='United State of America,British Empire,The French Republic,The
Russian Federation,Peoples Republic of China'
re.findall('\\bF.+?\\b',permanentFive)                  # 查找以 F 开头的单词，“?”表示非贪心模式
```

运行结果：

```
['French', 'Federation']
```

```
re.findall('\\b\w.+?\\b',permanentFive)                 # 注意空格
```

运行结果：

```
['United', 'State', 'of', 'America', 'British', 'Empire', 'The', 'French', 'Republic',
'The', 'Russian', 'Federation', 'Peoples', 'Republic', 'of', 'China']
```

```
re.findall('\d\.\d\.\d+','Python 2.7.13,Python 3.6.1') # 查找并返回×.×.×形式的数字
```

运行结果：

```
['2.7.13', '3.6.1']
```

```
str="Taiwan and Tibet are inalienable parts of China's territory."
re.findall(r'(t\w+) and (t\w+)',str,re.I)          # 根据正则表达式查找
```

运行结果：

```
[('Taiwan', 'Tibet')]                              # 注意，列只有一个元素，该元素是元组
```

3．sub()方法、subn()方法

功能：sub()方法使用给定的替换内容将匹配模式的子字符串替换，subn()方法返回替换结果和替换次数的元组。

例如：

```
import re
print(re.sub('name','Mr.Hu','attn:name\n\nDear name:\n'))
```

运行结果：

```
attn:Mr.Hu Dear Mr.Hu:
```

```
print(re.subn('name','Mr.Hu','attn:name,\n\nDear name\n'))# 使用原字符串，减少需要的符号
```

运行结果：

```
('attn:Mr.Hu,\n\nDear Mr.Hu\n', 2)
```

```
re.sub('{name}','Mr.Hu','attn:{name}')                         # 字符串替换
```

运行结果：

```
'attn:Mr.Hu'
```

```
persons='Female Male Ladyboy Transsexual'
re.sub('Female|Male|Ladyboy|Transsexual', 'respected',persons)# 字符串替换
```

运行结果：

```
'respected  respected  respected  respected'
```

```
str='Keep calm and and carry on '
re.sub(r'(\b\w+) \1',r'\1',str)                    # 删除连续的 and 和空格
```

运行结果：

```
'Keep calm and carry on '
```

```
re.sub('a',lambda x:x.group(0).upper(),str)  # repl 可调用对象
```

运行结果：

```
'Keep cAlm And And cArry on'
```

4．escape()方法

功能：escape()方法用于对字符串中所有可能被解释为正则表达式的字符进行转义。

例如：

```
re.escape("http://www.***.edu.cn")                # 转义字符串
```

运行结果：

```
'http://www\\.***\\.edu\\.cn'
```

5．group()、groups()和 match()方法

功能：在处理正则表达式时，除了正则表达式对象，还有另一个对象类型——匹配对象，即 match 对象。它是成功调用 match()或 search()方法时返回的对象。匹配对象有两个主要方法：group()和 groups()。group()方法要么返回整个匹配对象，要么根据要求返回特定子组字符串。groups()方法则仅返回一个包含唯一或全部子组的元组。如果没有子组的要求，则 groups()方法会返回一个空元组。match()从字符串起始部分对模式进行匹配。如果匹配成功，就返回一个匹配对象；如果匹配失败，就返回 None。匹配对象的 group()方法能够用于显示成功的匹配。例如：

```
import re
print(re.match('Taiwan','Taiwan of China'))        # 匹配成功
```

运行结果：

```
<re.Match object; span=(0, 6), match='Taiwan'>
```

```
import re
print(re.match('Taiwan of China','Taiwan'))        # 匹配失败
```

运行结果：

```
None
```

下面说明如何使用 group()方法访问每个独立的子组，以及使用 group()方法获取一个包含所有匹配子组的元组。例如：

```
import re
fireCall=re.match('(\w\w\w\w):(\d\d\d)','fire:119')
fireCall.group()                # 完整匹配
```

运行结果：

```
'fire:119'
```

```
fireCall.group(1)               # 子组 1
```

运行结果：

```
'fire'
```

```
fireCall.group(2)               # 子组 2
```

运行结果：

```
'119'
```

```
fireCall.groups()               # 全部子组的元组
```

运行结果：

```
('fire', '119')
```

```
m=re.match('(ab)','ab')         # 一个子组
m.groups()
```

运行结果：

```
('ab',)
```

```
m=re.match('(a(b))','ab')       # 两个子组
m.groups()                      # 全部子组
```

运行结果：

```
('ab', 'b')
```

```
pattern='\w+@(\w+\.)?\w+(\.com|.cn)'                    # 生成正则表达式
re.match(pattern,'huguosheng@stiei.edu.cn').group()   # 匹配
```

运行结果：

```
'huguosheng@stiei.edu.cn'
```

6．search()方法

功能：search()方法使用字符串参数，在任意位置对给定的正则表达式模式搜索第一次出现的匹配情况。如果匹配成功，则返回一个匹配对象，否则返回 None。search()方法的工作方式与 match()方法的工作方式几乎完全一致。

例如：

```
import re
print(re.match('Taiwan of China','Taiwan'))          # 匹配失败
```

运行结果：

```
None
```

```
ma=re.search("China","Taiwan of China")              # 搜索成功
```

运行结果：

```
<re.Match object; span=(10, 15), match='China'>
```

```
re.search('Taiwan|China','Tai!wan!|Taiwan')          # 搜索成功
```

运行结果：

```
<re.Match object; span=(9, 15), match='Taiwan'>
```

```
print(re.match('Taiwan|China','Ta!iwan!|Taiwan'))    # 匹配失败
```

运行结果：

```
None
```

例 4-14 统计《瓦尔登湖》小说中单词的频次，《瓦尔登湖》小说的文件名为 walden.txt。

```
#统计《瓦尔登湖》小说中单词的频次
import re
fp=open('C:\\users\\hu\\desktop\\walden.txt','r')
txt=fp.read()
fp.close()

txt=txt.lower()
txt=re.sub('[,.?:"\'!-]','',txt)      # 删除标点符号
words=txt.split()                     # 单词分割
word_sq={}
for each in words:
    if each not in word_sq.keys():
        word_sq[each]=1
    else:
        word_sq[each]=word_sq[each]+1
print(word_sq)
res=sorted(word_sq.items(),key=lambda x:x[1],reverse=True)
print(res)
```

运行结果：

```
{'when': 423, 'i': 2006, 'wrote': 4, 'the': 7339, 'following': 11, 'pages': 5, 'or':
885, 'rather': 45, 'bulk': 2, 'of': 3488, 'them': 318, 'lived': 47, 'alone': 39,
'in': 2057, 'woods': 148, 'a': 3031,…, ('embraced', 1), ('fulfilled', 1)]
```

4.6　正则表达式对象的应用

Python 代码最终会被编译成字节码并在解释器上执行，或者说，解释器在执行字符串代码前必须把字符串编译成代码对象。因此，使用预编译的代码对象比直接使用字符串快。同样地，对正则表达式来说，在模式匹配发生前，正则表达式模式必须被编译成正则表达式对象。由于正则表达式在执行过程中将进行多次比较操作，因此强烈建议使用预编译。re.compile()提供预编译功能，首先将正则表达式编译成正则表达式对象，然后进行字符串处理，提高字符串处理速度。

模块方法会对已编译的对象进行缓存，因此不是所有使用相同正则表达式模式的 search()和 match()方法都需要编译。这样既节省了缓存查询时间，又不必对相同的字符串反复进行方法调用。purge()方法可以用于清除这些缓存。

4.6.1　正则表达式对象的 match()、search()和 findall()方法

正则表达式对象的 match(string[,pos[,endpos]])方法从字符串的起始位置或指定位置进行搜索，模式必须出现在字符串的起始位置或指定位置；search(string[,pos[,endpos]])方法在整个字符串或指定范围内进行搜索；findall(string[,pos[,endpos]])方法在字符串中查找所有符合正则表达式的字符串并以列表形式返回。例如：

```
import re
permanentFive='United State of America,British Empire,The French Republic,' \
              'The Russian Federation,Peoples Republic of China'
pattern=re.compile(r'\bR\w+\b')           # 模式定义，以 R 开头的单词
pattern.findall(permanentFive)            # 匹配
```

运行结果：

```
['Republic', 'Russian', 'Republic']
```

```
pattern=re.compile(r'\w+a\b')             # 模式定义，以 a 结尾的单词
pattern.findall(permanentFive)            # 匹配
```

运行结果：

```
['America', 'China']
```

```
pattern=re.compile(r'\b[a-zA-Z]{3}\b')    # 字母个数为 3 的单词
pattern.findall(permanentFive)
```

运行结果：

```
['The']
```

```
pattern.match(permanentFive)              # 从字符串起始位置开始匹配，匹配不成功，没有返回值
pattern.search(permanentFive)             # 在整个字符串中搜索，匹配成功
```

运行结果：

```
<_sre.SRE_Match object at 0x000000000305CE68>
```

```
pattern=re.compile(r'\b\w*n\w*\b')        # 所有含有字母 n 的单词
pattern.findall(permanentFive)
```

运行结果：

```
['United', 'French', 'Russian', 'Federation', 'China']
```

```
re.findall(r"\w+tion",permanentFive)      # 所有以 tion 结尾的单词
```

运行结果：

```
['Federation']
```

```
re.purge()                                # 清空正则表达式模式缓存
```

4.6.2 正则表达式对象的 sub()和 subn()方法

正则表达式对象的 sub(repl,string,count)方法根据正则表达式的模式用 repl 替换 string 中相应的 count 个字符；而 subn(repl,string)方法则根据正则表达式的模式用 repl 替换 string 中相应的字符，并返回替换次数。例如：

```
str='The nineteen Congress of the Communist Party of China was held at the ' \
    'Great Hall of the people in Beijing in October 8, 2017.'
pattern=re.compile(r'\\ba\w*\b',re.I)     # 将以字母 a 或 A 开头的单词替换为*
print(pattern.sub('*',str)
```

运行结果：

```
* nineteen Congress of * Communist Party of China was held at * Great Hall of *
people in Beijing in October 8, 2017.
```

```
print(pattern.sub('*',str,1))             # 只替换 1 次
```

运行结果：

```
* nineteen Congress of the Communist Party of China was held at the Great Hall of
the people in Beijing in October 8, 2017.
```

```
print(pattern.subn('*',str))              # 替换并显示次数
```

运行结果：

```
('* nineteen Congress of * Communist Party of China was held at * Great Hall of *
people in Beijing in October 8, 2017. ',4)
```

```
print(pattern.subn('*',str)[1])           # 只显示替换次数
```

运行结果：

```
4
```

4.6.3 正则表达式对象的 split()方法

正则表达式对象的 split(string)方法按照正则表达式的模式规定的分隔符将字符串 string 进行分割，返回列表。例如：

```
number=r'one,two`three.four/five\six?seven[eight%nine|ten'
pattern=re.compile(r'[,./\\?\|%~]') # 指定[、,、.、/、\\、?、\、|、%、~、]作为分割符
pattern.split(number)
```

运行结果：

```
['one', 'two','three', 'four', 'five', 'six', 'seven', 'eight', 'nine', 'ten']
```

```
number=r'1.one2.two3.three4.four5.five6.six7.seven8.eight9.nine10.ten'
pattern=re.compile(r'\d\.+')          # 指定数字和点作为分割符
pattern.split(number)
```

运行结果：

```
[ 'one', 'two', 'three', 'four', 'five', 'six', 'seven', 'eight', 'nine1', 'ten']
```

```
number=r'one two,three4.four/five[six%seven,eight,nine,ten'
pattern=re.compile(r'[\s,.\d\./[%]+')
```

```
pattern.split(number)
```

运行结果：

```
['one', 'two', 'three', 'four', 'five', 'six', 'seven', 'eight', 'nine', 'ten']
```

4.7　子模式与 match 对象

圆括号“()”表示一个子模式，圆括号内的内容可作为一个整体重复任意多次。例如，"(dupli)+"相当于"dupli"*n，可以匹配 dupli、duplidupli 等。

正则表达式的模式或正则表达式对象的 match()方法和 search()方法匹配成功后都会返回 match 对象。match 对象的主要方法如表 4-6 所示。

表 4-6　match 对象的主要方法

方　法	功　能
group(n,m)	返回匹配的第 n 个、第 m 个子模式的内容
groups()	返回一个包含匹配的所有子模式内容的元组
groupdict()	返回包含匹配的所有命名子模式内容的字典
start()	返回指定子模式内容的起始位置
end()	返回指定子模式内容结束位置的前一个位置
span()	返回一个包含指定子模式内容起始位置和结束位置的前一个位置的元组

使用 re 模块的 search()方法返回的 match 对象删除字符串指定内容：

```
email='huguosheng@stiei#$%.edu.cn'
newMatch=re.search("#$%&",email)
email[:newMatch.start()]+email[newMatch.end():]
```

运行结果：

```
'huguosheng@stiei.edu.cn'
```

下面演示 match 对象的 group()、groups()、groupdict()方法的使用，以及综合应用。

1．group()方法

```
import re
groupMatch=re.match(r"(\w+) (\w+)","Hongkong Macao Taiwan")
groupMatch.group()        # 不带参数，相当于 group(0)
```

运行结果：

```
'Hongkong Macao'
```

```
groupMatch.group(0)
```

运行结果：

```
'Hongkong Macao'
```

```
groupMatch.group(1)
```

运行结果：

```
'Hongkong'
```

```
groupMatch.group(2)
```

运行结果：

```
'Macao'
```

```
groupMatch.group(1,2)
```

运行结果：

```
('Hongkong', 'Macao')
```

2．groups()方法

```
groupsMatch=re.match(r"(\d+)\-(\d+)","021-57131333")
groupsMatch.groups()    # 注意与.group()比较
```

运行结果：

```
('021', '57131333')
```

```
groupsMatch.groups(1)    # 注意与.group(1)比较
```

运行结果：

```
('021', '57131333')
```

```
groupsMatch.groups(2)    # 注意与.group(2)比较
```

运行结果：

```
('021', '57131333')
```

3．groupdict()方法

```
import re
groupMatch=re.match(r"(?P<first>\w+) (?P<second>\w+) (?P<third>\w+)","Hongkong
Macao Taiwan, all belong to China")
groupMatch.groupdict()
```

运行结果：

```
{'second': 'Macao', 'third': 'Taiwan', 'first': 'Hongkong'}
```

4．综合应用

```
import re
m = re.match(r'(\w+) (\w+)(?P<sign>.*)', 'hello Tokyo!')
print "m.string:", m.string
print "m.re:", m.re
print "m.pos:", m.pos
print "m.endpos:", m.endpos
print "m.lastindex:", m.lastindex
print "m.lastgroup:", m.lastgroup
print "m.group(1,2):", m.group(1,2,3)
print "m.groups():", m.groups()
print "m.groupdict():", m.groupdict()
print "m.start(2):", m.start(2)
print "m.end(2):", m.end(2)
print "m.span(2):", m.span(2)
print r"m.expand(r'\2\1\3'):", m.expand(r'\2 \1 \3')
```

运行结果：

```
m.string: hello London 2020
m.re: <_sre.SRE_Pattern object at 0x01E91760>
m.pos: 0
m.endpos: 17
m.lastindex: 3
m.lastgroup: sign
m.group(1,2,3): ('hello', 'Tokyo ', ' 2020')
m.groups(): ('hello', ' Tokyo ', ' 2020')
m.groupdict(): {'sign': ' 2020'}
m.start(2): 6
```

```
m.end(2): 12
m.span(2): (6, 12)
m.expand(r'\2 \1\3'): Tokyo  hello 2020
```

例 4-15 使用正则表达式提取字符串中的电话号码。

代码如下：

```
import re
telNo='''huguosheng':021-57131333,'Huanghe':0716-4189386,'Xiaojia':0519-830587\
70,'Wuxingxing':0572-5311618,'fanxiaoyan':020-39956888.'''
pattern=re.compile(r'(\d{3,4})-(\d{7,8})')       # 生成正则表达式
index=0
print('-'*100)
print('Search Result:')
while True:
   matchResult=pattern.search(telNo,index)       # 查找
   if not matchResult:
      break
   print('Searched content:',matchResult.group(0),'Start form: \
',matchResult.start(0),'End at: ',matchResult.end(0),'Its span is: \
',matchResult.span(0))
   index=matchResult.end(2)
```

运行结果：

```
---------------------------------------------------------------------------------
-------------------
Search Result:
('Searched content:', '021-57131333', 'Start form: ', 13, 'End at: ', 25, 'Its
span is: ', (13, 25))
('Searched content:', '0716-4189386', 'Start form: ', 36, 'End at: ', 48, 'Its
span is: ', (36, 48))
('Searched content:', '0519-83058770', 'Start form: ', 59, 'End at: ', 72, 'Its
span is: ', (59, 72))
('Searched content:', '0572-5311618', 'Start form: ', 86, 'End at: ', 98, 'Its
span is: ', (86, 98))
('Searched content:', '020-39956888', 'Start form: ', 112, 'End at: ', 124, 'Its
span is: ', (112, 124))
```

习题 4

1．指出下列代码报错的原因。

```
city='新型冠状病毒肺炎 2021'
city[12]='0'
TypeError: 'str' object does not support item assignment
```

2．把下列格式字符与对应功能连起来。

%F	有符号的十进制整数
%c	二进制整数
%i	八进制整数
%x	浮点数

%e	有符号的十进制整数
%o	指数（底数为 e）
%s	十六进制整数
%d	单个字符
%r	字符串（采用 repr()方法显示）
%b	字符串（采用 str()方法显示）

3．把下列字符串方法与对应功能连起来。

find()	将字符串分割为 3 部分
index()	与“+”运算符功能相似
count()	将字符串转换为小写形式
lower()	将字符串首字母转换为大写形式
capitalize()	将字符串每个单词首字母转换为大写形式
title()	生成字符映射表
joint()	按映射表转换字符串并替换
maketrans()	返回字符串首次出现的位置
partition()	查找字符串首次出现的位置
translate()	返回字符串出现的次数

4．把下列字符串方法与对应功能连起来。

strip()	将字符串转换为数值
rstrip()	判断字符串是否为数字或字母
eval()	删除字符串两端空格或连续指定的字符
startswith()/endswith()	判断字符串是否以指定字符串开始/结束
isalnum()	删除字符串右端空格或连续指定的字符
isalpha()	判断字符串是否由大写字母组成
isupper()	判断一个字符串是否出现在另一个字符串中
center()	返回指定宽度、原字符串居右的新字符串
rjust()	判断是否由字母组成
compress/decompress()	压缩/解压缩
in/not in	返回指定宽度、原串居中的新串

5．在前文介绍中，maketrans()方法使用两个参数。而在下面的代码中，maketrans()方法只使用一个字典参数，请认真阅读，并填写运行结果：

```
encryTab = {'a':'@','b':'!','c':'$','d':'%','e':'#','f':'&'}
maptab =''.maketrans(d)
origin="People's Republic of China"
print(origin.translate(maptab))
```

运行结果：____。

6．eval()方法可以用于计算任意合法表达式的值。如果用户巧妙地构造输入的字符串，则可以执行任意外部程序。例如，下面的代码可以启动记事本程序、显示当前目录、打开指定文件和删除指定文件等：

```
a= input("please input: ")
please input: __import__('os').startfile(r'C:\windows\notepad.exe') # 启动记事本程序
```

```
print eval(a)
```

运行结果如图 4-3 所示。

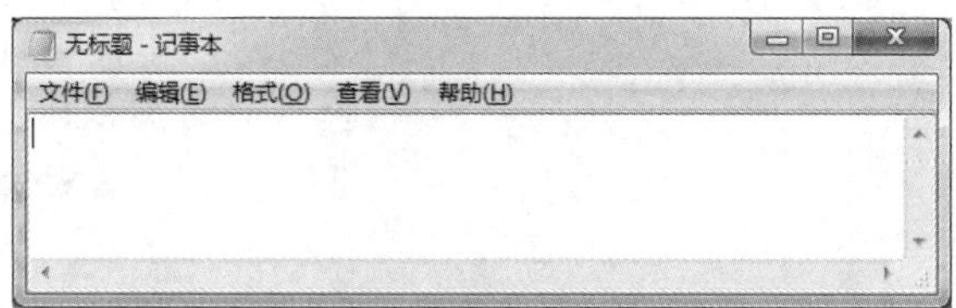

图 4-3　启动记事本程序

```
a= input('please input:')
please input: __import__('os').system('dir')              # 显示当前目录
print eval(a)
```

运行结果：

```
    D:\myPythonTest ��Ŀ¼

    2017/09/22  08:50    <DIR>          .
    2017/09/22  08:50    <DIR>          ..
    2017/03/26  09:59    <DIR>          .idea
    2017/05/27  15:03            13,588 0.jpg
    2017/03/26  10:47               584 anotherdeletingFile.py
    2017/03/26  13:09               501 arithmatic.py
    2017/07/16  07:38               439 ArithmeticOperaton.py
```

```
a=raw_input("please input: ")
please input: >? open('abc.py').read()                   # 打开指定文件
print eval(a)
    __author__ = 'hu'

    start=0
    end=0
    …
a=raw_input("please input: ")
please input: >? __import__('os').system('del 123.py /q') # 删除指定文件
print eval(a)
```

运行结果：

```
0
```

请你仿照上面的代码写两段代码。

（1）

（2）

7. 现在有 3 次输入密码并验证的机会。如果密码正确，则显示验证通过；如果密码不正确，则提示重新输入。假设密码为 STIEI，且输入时不区分大小写。请填充空白处。

代码如下：

```
i=0      #计数
while (________):
     (                    )
    if i<=3:                                            # 控制输入密码的次数不超过 3 次
        key=input("please enter your password: ")       # 输入密码
        if key.upper()== (____________):                # 检验密码是否正确
            print("Success!")
             (__________)
        else:
            print("access denied!")
            print("please try again.")
             (______________)
    else:
        print("sorry!times you tried more than 3")
        break
```

8．把下列正则表达式的元字符与对应功能连起来。

•	匹配 1 次或多次前面出现的字符或子模块，如[a-z]+\.com
*	匹配任意字符（不包括换行符“\n”）
+	匹配行首，匹配以“^”后面的字符开头的字符串，如^Mr.
-	匹配位于“|”之前或之后的字符，如 re1|re2（相当于或）
|	匹配 0 次或多次前面出现的字符或子模式，如[a-zA-Z0-9]
^	匹配位于“?”之前的出现 0 次或 1 次的正则表达式
$	num 为正整数。例如，(.)\1 可以匹配两个连续的相同字符
?	用在[ ]之内，表示范围，如[0-9]、[a-z]、[A-Z]
\num	与\b 含义相反，不匹配单词头或单词尾
\b	匹配单词头或单词尾
\B	匹配行尾，匹配以“$”之前的字符结束的字符串，如/bin/*sh$
\d	匹配任何字母、数字及下画线，相当于[a-zA-Z0-9]
\D	匹配任何数字，相当于[0-9]
\s	与\d 含义相反，相当于[^0-9]，即不包括 0～9 之间的数字
\w	匹配任何空白字符，包括空格、制表符、换页符，相当于[\f\n\r\t\v]
()	匹配位于[ ]中的任意一个字符
{m,n}	至少重复 m 次，最多重复 n 次{ }前面的字符（串）或子模式(…)
[ ]	将位于括号内的内容当作一个整体来对待

9．填写下列代码的运行结果，并说明原因。

（1）grL=' Alpha Beta   Gamma   Delta   Epsilon   '

```
re.split('[\s]',grL)
```

运行结果：______________________________

```
re.split('[\s]+',grL)
```

运行结果：______________________________

```
re.split('[\s]+?',grL)
```

运行结果：______________________________

```
re.split('[\s]+',grL.strip())
```

运行结果：________________

```
' '.join(re.split('\s+',grL.strip()))
```

运行结果：________________

```
greekLetter='Alpha&Beta  Gamma&Delta..Epsilon.  Zeta=Eta&Theta'
re.split('[\&  .=]+',greekLetter,maxsplit=4)      # 最多分割 4 次
```

运行结果：________________

```
re.findall('\\bF.+\\b',permanentFive)
```

运行结果：________________

```
re.findall('\\b\w*\\b',permanentFive)
```

运行结果：________________

```
re.findall(r'\b\w.+?\b',permanentFive)
```

运行结果：________________

```
re.findall('\\Bi.+?\\b',permanentFive)
```

运行结果：________________

```
person=' Female  Male   Ladyboy   Transsexual     '
re.sub('\s+','',person)
```

运行结果：________________

```
re.sub('\s+',' ',person)
```

运行结果：________________

```
re.sub('[a-zA-Z]',lambda x:chr(ord(x.group(0))^32),str)
```

运行结果：________________

```
str='<html><head>《孟子·尽心上》</head><body>穷则独善其身 达则兼济天下</body></html>'
pattern=r'<html><head>(.+)</head><body>(.+)</body></html>'
result=re.search(pattern,str)
result.groups()
result.group(1)
result.group(2)
```

运行结果：________________

10．编写程序，要求统计 walden.txt 文件中字母出现的频次，以字典形式呈现。

11．编写程序，要求输入一段英文，输出字符个数最多的单词。

12．编写程序，要求输入一段英文，以及此段英文中的一个单词和另外一个单词，然后显示用第 2 个单词替换第 1 个单词后的句子。

第 5 章

函数

函数是一段预先定义的、由若干代码构成的代码段，用于执行完全相同的逻辑，实现特定的功能，可以设定不同的初始条件并被多次调用。函数大大提高了代码的重用性、可读性和可靠性。Python 包含内建函数、库模块中的函数、自定义函数和使用方便的 lambda 表达式（函数）。本章重点讲解函数的引用、函数的自定义与调用，以及 lambda 函数，并通过案例讲解运用函数的递归方法来简单、方便地解决复杂、困难的问题。

5.1 Python 函数分类

5.1.1 内建函数

Python 有许多内建函数，它们既像完成某个功能的小程序或模块，又像一个黑盒子，有输入、内部处理和输出结果的功能。表 5-1 列出了部分内建函数名及其功能。

表 5-1 部分内建函数名及其功能

函　数	功　能
abs(number)	返回一个实数的绝对值
chr(number)	返回 ASCII 码值为给定数字的字符
int(number)	将数字转换为整数
ord(char)	返回给定字符的 ASCII 码值
round(float[,n])	将给定的浮点数四舍五入，小数点后保留 n 位（默认为 0）
max(n1,n2,…)	返回最大值
print(str)	显示字符

例如：

```
ord('A')            # 'A'的ASCII码值为65
```

运行结果：

```
65
```

```
ord('a')            # 'a'的ASCII码值为97
```

运行结果：

```
97
```

```
chr(66)             # ASCII码值66为字符'B'
```

运行结果：

```
'B'
```

```
chr(98)             # ASCII码值98为字符'b'
```

运行结果：

```
'b'
```

```
abs(-1.23)        # 求绝对值
```

运行结果：

```
1.23
```

```
int(4.56)         # 取整数
```

运行结果：

```
4
```

```
round(2.3456,2) # 四舍五入
```

运行结果：

```
2.35
```

有些函数在调用时，必须先使用关键字 import 导入包含该函数的模块。例如，log()函数包含在 math 模块中，如果没有导入 math 模块就直接调用 log()函数，则会出错。例如：

```
log(2.718281828)      # 没有导入 math 模块，出错
```

运行结果：

```
NameError: name'log' is not defined
```

```
import math           # 导入 math 模块，正确
math.log(2.718281828)
```

运行结果：

```
0.9999999998311266
```

函数由函数名、形式参数（简称形参）和返回值的类型 3 个要素组成，函数参数可以有一个、两个或多个。例如，max(n1,n2,…)函数的参数为任意多个，chr(66)中的 66 是实际参数（简称实参）。

5.1.2　库模块

Python 通过被称为库模块的文件支持函数的重用。库模块是一个扩展名为.py 的文件，包含可以被其他任何程序使用（可以称为 imported）的函数和变量。

Python 自带了一组库模块，也就是标准库。表 5-2 列举了常见的标准库模块。

表 5-2　常见的标准库模块

模　　块	其中函数处理的任务
os	删除和重命名文件
os.path	确定指定的目录下是否存在文件。此模块是 os 的子模块
pickle	在文件中存储对象（如字典、列表和集合），并且能够从文件中取出对象
random	随机选择数字和子集
tkinter	支持程序拥有一个图形化用户界面
turtle	支持图形化 turtle

查看 os 库模块中的函数：

```
import os
dir(os)
```

要想访问库模块中的函数和变量，可以在程序的开始位置编写如下形式的语句：

```
import 模块名
```

模块中的函数可以在程序中通过在函数名前附加模块名和点号的方式来使用。

import 语句的一种变形格式是：

```
from 模块名 import *
```

在执行这样的语句之后，模块中的函数就可以直接使用且不需要附加模块名和点号。这种用法经常用在一个程序使用模块中的很多函数时。例如：

```
from math import *        # 可以调用 math 模块中的 sin()、cos()函数
sin(3.1415926/2)          # ≈1
```

运行结果：

```
0.9999999999999997
```

```
cos(3.1415926/2)          # ≈1
```

运行结果：

```
2.6794896585028633e-08
```

当程序有多个库模块可供使用时，程序员更喜欢采用第 1 种 import 语句，因为它给出了一种特定的函数来自哪个模块的明确信息。

5.2 自定义函数与调用

函数可以将复杂的问题分解为若干个子问题，并一一解决。函数的优点是可以被其他模块和程序多次调用，提高开发效率和程序的可读性。为了发挥函数的作用，Python 允许我们自己定义函数来完成特定的功能。

5.2.1 自定义函数

Python 函数的定义包括对函数名、函数参数与函数功能的描述。在定义函数时，不需要声明函数的返回值类型，因为在使用 return 语句结束函数执行的同时会返回任意类型的值，而函数返回值类型与 return 语句返回表达式的类型一致。return 语句是可选的，如果没有 return 语句，则默认返回 None。函数的定义格式如下：

```
def  函数名([形参 1,形参 2,…]):     # 函数头
       语句块（函数体）
       [return 表达式]             # 函数返回值
```

① def 为定义函数的关键字。

② 函数名不应与内建函数和变量重名，应符合变量命名规则。

③ 形参写在函数名后面的圆括号内，可以有多个（用逗号分隔）。形参和 return 语句都是可选的。

④ 函数头必须以冒号结束。

⑤ 函数体中每条语句都要缩进相同数量的空格（通常为 4 个空格）。

⑥ 函数体中可以有多条 return 语句，可以出现在程序的任意位置。一旦第 1 个 return 语句得到执行，函数就会立即终止。

⑦ 函数运行结束后，程序运行流程就会返回调用此函数的程序段，继续执行。

⑧ 允许嵌套定义函数：在函数体内部可以再定义另外一个函数。

⑨ 允许定义空函数，即函数体是 pass。

⑩ 函数可以返回任意多个任何类型的值，包括数值、字符串、布尔值、列表值等，也可以没有返回，即没有 return 语句。

例如：自定义温度转换函数，实现华氏温度向摄氏温度转换的功能。

代码如下：

```
def fToC(t):                        # 函数头，一个形参
    print("请输入华氏温度")
    ft=eval("input()")              # 输入华氏温度并转换为数值型
    t=(5.0/9)*(t-32)                # 将华氏温度转换为摄氏温度
    return t
```

5.2.2　函数调用

有了函数定义，在需要完成该函数功能的地方，就可以调用该函数来完成。函数调用的一般语法格式如下：

```
函数名(实际参数表)
```

如果调用的是无参数函数，则语法格式如下：

```
函数名()
```

例如：在上面自定义温度转换函数的基础上，调用此函数。

代码如下：

```
def fToC(t):
    t=(5.0/9)*(t-32)          # 将华氏温度转换为摄氏温度
    return t
ft = float(input('请输入华氏温度：'))
c=fToC(ft)                    # 调用自定义函数
print("相应的摄氏温度：%c"%c+"℃")
```

运行结果：

```
请输入华氏温度：100
相应的摄氏温度：37.77777777777778℃
```

例如：编写函数，从全名中提取姓氏。

代码如下：

```
def familyName(fullName):
    firstSpace=fullName.index(" ")     # 找到空格
    return fullName[firstSpace:]       # 截取空格之后的姓，并返回
fullName=input("请输入你的全名：")      # 名和姓之间用空格隔开
print("姓："+familyName(fullName))
```

运行结果：

```
请输入你的全名：国胜 胡
姓： 胡
```

当然，我们稍作修改，就可以输入“胡国胜”，也可以提取出“胡”姓。

5.2.3　lambda 函数的定义

lambda 函数可以用来声明匿名函数，但是只可以包含一个表达式。该表达式的计算结果可以被看作函数的返回值，不允许包含复合语句，但在表达式中可以调用其他函数。匿名函数默认返回表达式的值。lambda 函数的语法格式如下：

```
函数名= lambda  [参数1,[参数2,[…,参数n]:  表达式
```

这种函数默认返回表达式的值，例如：

```
s=lambda  x, y:  x+y
```

```
s(2,3)
```

运行结果：

```
5
```

lambda 函数的参数可以预先设置默认值，例如：

```
s=lambda x, y, z=10:x+y+z
s(20,20)
```

运行结果：

```
50
```

```
s(20,20,20)
```

运行结果：

```
60
```

```
(lambda x=0,y=0,z=0:x*x+y*y+z*z)(3,4,5)
```

运行结果：

```
50
```

再如，运用 lambda 函数求圆面积的代码如下：

```
import math
r=10
result=lambda r:math.pi*r*r
print("半径为",r,"的圆面积为: ",result(r))
```

运行结果：

```
半径为 10 的圆面积为： 314.1592653589793
```

lambda 函数也可以用在 def 函数中。例如：

```
import math
def triangle_area(a):          # 求三角形面积，a 为底边长
    return lambda h:a*h/2      # h 为高度
triangle_area(3)(2)            # a=3, h=2
```

运行结果：

```
3.0
```

```
(triangle_area(3))(2)
```

运行结果：

```
3.0
```

上述定义的 triangle_area()函数返回了一个 lambda 函数，其中 lambda 函数获取了上层 def 作用域的变量名 b 的值。这里也可以把 def 直接写成 lambda 形式，例如：

```
triangle_area=lambda b:lambda h:b*h/2
triangle_area(3)(2)
```

运行结果：

```
3.0
```

5.2.4 列表解析

当用户想要对列表中的每个元素执行一个特定的函数时，最常见的方法是使用 for 循环。然而，更加简单的方法是使用列表解析。如果 list()是一个列表，那么下面的语句会创建一个新的列表 list1，并将 list()中的每个元素放入列表中，而 f()函数可以是 Python 内建函数，也可以是自定义函数。

```
list1=[f(x) for x in list()]
```

例如：求一个列表中所有元素的平方根。

代码如下：

```
import math
list0=[1,4,9,16,25,36]
list1=[math.sqrt(x) for x in list0]
print (list1)
```

运行结果：

```
[1.0, 2.0, 3.0, 4.0, 5.0, 6.0]
```

此例中的内建函数 math.sqrt()也可以被替换为自定义函数，例如:

```
def g(x):
   return (x**2)
print(g(x) for x in list0)
```

运行结果：

```
[1,16,81,256,625,1296]
```

列表解析中的 for 子句能够可选地跟随一个 if 子句。例如，使用上面的 g(x)和 list1，那么[g(x) for x in list0 if x%2==1]的运行结果为：

```
[1, 81, 625]
```

5.2.5 模块

模块是一个包含 Python 定义和语句的文件。文件名是以.py 作为扩展名的模块名。在一个模块内，模块名（作为一个字符串）作为全局变量__main__的值是可用的。例如，假设我们已经编写好 fibo.py 的文件（模块），并将其保存在当前目录下，内容如下：

```
#Fibonacci numbers module
def fib(n):     # write Fibonacci series up to n
   a,b=0,1
   while b<n:
      print b,
      a,b=b,a+b

def fib2(n):    # return Fibonacci series up to n
   result=[]
   a,b=0,1
   while b<n:
      result.append(b)
      a,b=b,a+b
   return result
```

现在可以导入模块，并调用其函数：

```
>>> import fibo
>>> fibo.fib1(1000)
1 1 2 3 5 8 13 21 34 55 89 144 377 610 987
>>> fibo.fib2(100)
[1, 1, 2, 3, 5, 8, 13, 21, 34, 55, 89]
>>> fibo.__main__
'fibo'
>>> fib=fibo.fib1
```

```
>>> fib(500)
0  1  1  2  3  5  8  13  21  34  55  89  144  233  377
```

提示：（1）我们也可以使用下列方式导入模块并调用其函数。

```
>>> from fibo import fib1,fib2
>>> fib(100)
1  1  2  3  5  8  13  21  34  55  89
>>> from fibo import *
>>> fib(100)
1  1  2  3  5  8  13  21  34  55  89
>>> import fibo as fib
>>> fib.fib(100)
1  1  2  3  5  8  13  21  34  55  89
>>> from fibo import fib1 as Fibonacci
>>> fibonacci(100)
1  1  2  3  5  8  13  21  34  55  89
```

（2）我们还可以把模块当作脚本来运行。例如，我们希望在命令模式下运行下列模块：

```
c>python37>Python fibo.py <整数参数>
```

那么只需要在模块的后半部分加上以下内容：

```
if __name__=="__main__":
    import sys
    fib(int(sys.argv[1]))
c>python37>Python fibo.py 100
1  1  2  3  5  8  13  21  34  55  89
```

5.2.6 函数的嵌套调用

Python 允许在一个函数的定义中出现对另一个函数的调用，这就是函数的嵌套调用，即在被调用函数中又调用了其他函数。

例 5-1 编写代码，求 $(1!)^2+(2!)^2+...+(6!)^2$ 之和。

代码如下：

```
def main():
    sumFac=0
    i=1
    while i<=6:
        sumFac=sumFac+squareFac(i)
        i=i+1
    print("前 6 个整数的阶乘之和：",sumFac)
def squareFac(n):          # 阶乘平方
    return factorial(n)*factorial(n)
def factorial(k):          # 自定义阶乘函数
    fac=1
    i=1
    while i<=k:
        fac=fac*i
        i=i+1
    return fac             # 返回 k 阶乘值
main()
```

运行结果：

```
前 6 个整数的阶乘之和： 533417
```

在此例中，用户自定义函数 main()调用 squareFac()函数，而 squareFac()函数又调用了 factorial()函数，这就是函数的嵌套调用。

5.2.7 函数的递归调用

一个函数在函数体内调用它自身被称为递归调用，这种函数被称为递归函数。Python 允许函数的递归调用。在函数的递归调用中，主调函数又是被调函数。执行递归函数将反复调用其自身，每调用一次就进入新的一层。

例 5-2 通过函数的递归调用求 $n!$。

解析：

这里将 n 阶乘问题转换为 $n-1$ 阶乘问题，即 factorial(n)= n ×factorial($n-1$)，这就是递归表达式。可以看出：当 $n>1$ 时，求 $n!$ 的问题可以转换为求 $n\times(n-1)!$ 的新问题，而求 $(n-1)!$ 的方法与原来的求 $n!$ 的方法完全相同，只是所处理的对象递减 1，由 n 变成了 $n-1$。以此类推，直至所处理对象的值减至 0（即 $n=0$ ）时，阶乘的值为 1，递归不再进行下去，至此，求 $n!$ 的这个递归算法结束。总之，这说明每次循环的结果都依赖于上一次循环的结果，递归总有一个"结束条件"，如 $n!$ 的结束条件为 $n=0$。

代码如下：

```
def main():
    n=int(input("请输入一个整数 n："))
    if n<0:
        print("输入错误！")
    else:
        print (factorial(n))
def factorial(k):      # 使用递归方法求阶乘
    if(k==0 |k==1):
        return 1
    else:
        return k*factorial(k-1)
main()
```

运行结果：

```
请输入一个整数 n：10
3628800
```

5.3 函数的参数值传递

在定义函数时，既可以指定固定个数的参数，又可以指定可变长参数（即参数可以是 0 个，也可以是任意多个）。实参向形参传送数据的方式是"值传递"，也就是说，将实参的值传递给形参是一种单向传递方式。

形式参数：简称形参。在定义函数时，我们不需要声明其参数类型，解释器会根据实参的类型自动推断形参类型。

实际参数：简称实参。在调用函数时，我们向其传递实参，可以根据不同的参数类型，将实参的引用传递给形参。

5.3.1 位置参数

位置参数是比较常用的形式，在调用函数时，实参和形参的顺序必须严格一致，并且实参和形参的数量必须相同。

例如：

```
def func(a, b, c):
    print(a, b, c)
func(1, 2, 3)
```

运行结果：

```
1 2 3
```

```
func(1, 2, 3, 4)           # 实参和形参的数量必须相同
```

运行结果：

```
TypeError: demo() takes 3 positional arguments but 4 were given
```

这里出错的原因是在调用函数时传递的实参多于 3 个。

5.3.2 带默认值的参数

在自定义函数时，可以给一个或几个参数指定默认值，这是一种非常有用的定义方式。对不可变类型的参数而言，默认值只在定义时一次性有效。但是如果参数是可变对象，如列表、字典或实例，则情况会有所不同。

当参数是不可变对象时：

```
def func(name,welcome=' ,Welcome to STIEI.'):    # Welcome 有默认值
     print(name+welcome)
func ('Hu')
```

运行结果：

```
Hu ,Welcome to STIEI.
```

```
func ('Hu', ' ,Welcome to SJTU.')                  # 实参覆盖了 welcome 的默认值
```

运行结果：

```
Hu ,Welcome to SJTU.
```

注意：当多次调用函数并且不为带默认值的参数传递值时，带默认值的参数只在定义时进行一次解释和初始化，对于列表、字典这样可变类型的带默认值的参数来说，这一点可能会导致很严重的逻辑错误。

当参数是可变对象时：

```
def func(i,L=[]):         # L 是可变对象。在函数体内给 L 中添加/删除元素时，之前的元素都会被保留
     L.append(i)
     return L
func("乔丹")
```

运行结果：

```
['乔丹']
```

```
func("邓肯")                # 注意不是["邓肯"]
```

运行结果：

```
['乔丹', '邓肯']
```

```
func("帕克")                # 注意不是["帕克"]
```

运行结果：

```
['乔丹', '邓肯', '帕克']
```

在上述代码中每调用一次 func()函数，都会在列表 L 中添加一个元素。所以，一般来说，要避免使用列表、字典、集合或其他可变序列作为函数参数的默认值。对于上面的函数来说，我们更建议使用下面的写法：

```
def func(i,L=None):
    if L is None:
        L=[]
    L.append(i)
    return L
```

5.3.3　关键字参数

关键字参数主要指调用函数时的参数传递方式，与函数定义无关。在使用关键字参数时，可以按照参数名传递值，并明确指定哪个值传递给哪个参数，同时实参顺序可以和形参顺序不一致，但不影响参数值的传递结果。这样就避免了用户需要牢记参数位置和顺序的麻烦，使得函数调用和参数传递更加灵活、方便。例如：

```
def func(person, height, weight=90):            # 关键字参数的形式为“形参名=实参值”
    print(person, height, weight)
func("路人甲", 165)
```

运行结果：

```
路人甲 165 90
```

```
func(person="路人乙", height=178, weight=70)  # 明确形参的实参值
```

运行结果：

```
路人乙 178 70
```

```
func(weight=85, person="路人丙", height=180)  # 明确形参的实参值
```

运行结果：

```
路人丙 180 85
```

5.3.4　可变长参数

可变长参数主要有两种形式：在参数名前加一个星号“*”或两个星号“**”。

（1）*parameter 用来接收多个位置参数并将其放在一个元组中。

（2）**parameter 用来接收多个关键字参数并存放到字典中。

例如：

```
def myfunc(x,y=10,*z1,**z2):
    t=x+y
    for i in range(0,len(z1)):
        t+=z1[i]
    for j in z2.values():
        t+=j
    return t
result=myfunc(1,1,2,1,0,6,y1=3,y2=4)  #z1=(2,1,0,6)  z2={y1:3,y2:4}
print(result)
```

运行结果：

```
18
```

5.3.5 参数是序列解包

参数是序列解包指的是可以在实参序列前添加一个星号将其解包，然后传递给多个单变量形参。

如果函数实参是字典，则可以在其前面添加两个星号进行解包，等价于关键字参数。

在调用函数时，对实参序列使用一个星号进行解包后的实参将会被当作普通位置参数对待，并且会在关键字参数和使用两个星号进行解包的参数之前进行处理。

例如，对列表和元组实参进行解包：

```
def demo(a, b, c):
    print(a+b+c)
seq = [1, 2, 3]
demo(*seq)
```

运行结果：

```
6
```

```
tup = (1, 2, 3)
demo(*tup)
```

运行结果：

```
6
```

对字典和集合实参进行解包：

```
dic = {1:'a', 2:'b', 3:'c'}
demo(*dic)
```

运行结果：

```
6
```

```
Set = {1, 2, 3}
demo(*Set)
```

运行结果：

```
6
```

```
demo(*dic.values())
```

运行结果：

```
abc
```

```
dic = {'a':5, 'b':6, 'c':7}
demo(**dic)
```

运行结果：

```
18
```

5.3.6 修改形参的值是否会影响实参

情况 1：当传递的参数是不可变对象时，在函数内部直接修改形参的值不会影响实参的值，而是会创建一个实参的副本（即新的变量）并赋给形参去修改。

情况 2：当传递给函数的实参是可变序列时，并且在函数内部使用下标或可变序列自身的方法增加、删除或修改元素时，实参会得到相应的修改。

例如：

```
def max(a,b):          # 交换两个参数值
```

```
    a,b=b,a
    return a,b

c=5;d=6
max(c,d)                # 调用函数
print("c= ",c,'\nd= ',d)
```

运行结果：

```
c=  5
d=  6
```

可以看出，实参 c、d 的值没有交换。

当实参是列表和字典等可变对象时，修改形参的值会影响实参的值。

例如：

```
def func(d):            # 使用下标修改列表元素值
    d[0] = d[0]+1
a = [3]
func(a)
a
```

运行结果：

```
[4]                     # a 列表中的元素被修改成了 4
def func(L, w):         # 使用列表的方法为列表增加元素
   L.append(w)
a = [3]
func(a,4)
a
```

运行结果：

```
[3, 4]                  # a 列表中的元素增加了一个
```

5.4　变量的作用域

变量的作用域是指变量起作用的代码范围。不同作用域内的变量名可以相同，互不影响。根据变量在代码中定义的位置不同，可以将变量分为局部变量和全局变量。

在某函数体中定义的变量一般只能在该函数体内部使用，这种只能在程序的特定范围内使用的变量被称为局部变量。在一个文件中所有函数体外部定义的变量可以供该文件中的任何函数使用，这种变量被称为全局变量。

5.4.1　局部变量

局部变量是指在函数体内部定义的普通变量，只能被同一函数体内部的语句访问，并且在退出这个函数后，就不存在了（每次函数被调用时，都会重新创建变量）。局部变量的引用比全局变量的引用速度快，应当考虑优先使用。

例如，下面的程序产生了一个 NameError 的回溯错误，原因是 f_demo()函数创建的变量 message 无法在函数体外部被访问：

```
def  f_demo():
    message="与祖国同行，更易出彩、更易成才。"
    print('局部变量 message=',message)       # 输出局部变量的值
```

```
f_demo()
print('局部变量 message=',message)          # 在函数体外部输出局部变量的值
```

运行结果：

```
NameError: name 'message' is not defined
```

如果想要 message 能够在函数体外部被访问，可以使用关键字 global 来修饰变量 message，代码修改如下：

```
def f_demo():
    global message                         # 将 message 声明为全局变量
    message="与祖国同行，更易出彩、更易成才。"
    print('全局变量 message=',message)      # 输出全局变量的值
f_demo()
print('全局变量 message=',message)          # 在函数体外部输出全局变量的值
```

运行结果：

```
全局变量 message= 与祖国同行，更易出彩、更易成才。
全局变量 message= 与祖国同行，更易出彩、更易成才。
```

5.4.2 全局变量

全局变量被定义在一个文件中所有函数体外部，可以被所有函数访问。

全局变量有两种定义方式。

方式一：定义在所有函数体外部或代码的顶部。

方式二：使用 global 定义。

① 可以在函数体内部将一个变量用 global 定义为全局变量。

② 如果局部变量与全局变量同名，则在函数体内部优先使用局部变量。

③ Python 3.x 引入了关键字 nonlocal，在内层函数中被声明为 nonlocal 的变量，可以让解释器在外层函数中修改变量的值。

例如，先定义一个全局变量 message，再定义一个函数，并在函数体内部和外部输出全局变量 message 的值，代码如下：

```
message="与祖国同行，更易出彩、更易成才。"
def f_demo():
    print('函数体内部，全局变量 message=',message)    # 在函数体内部输出全局变量的值
f_demo()
print('函数体外部，全局变量 message=',message)        # 在函数体外部输出全局变量的值
```

运行结果：

```
函数体内部，全局变量 message= 与祖国同行，更易出彩、更易成才。
函数体外部，全局变量 message= 与祖国同行，更易出彩、更易成才。
```

在函数体内部定义一个同名的局部变量，输出它们的值，代码如下：

```
message="与祖国同行，更易出彩、更易成才。"
print('函数体外部，message=',message)                # 在函数体外部输出全局变量的值
def f_demo():
    message="家国天下，责任担当，春华秋实，人的一生只有一次青春。" # 局部变量
    print('函数体内部，message=',message)            # 在函数体内部输出局部变量的值
f_demo()
print('函数体外部，message=',message)                # 在函数体外部输出全局变量的值
```

运行结果：

```
函数体外部，message= 与祖国同行，更易出彩、更易成才。
函数体内部，message= 家国天下，责任担当，春华秋实，人的一生只有一次青春。
函数体外部，message= 与祖国同行，更易出彩、更易成才。
```

从运行结果来看，函数体内部定义的局部变量与全局变量重名，但不会影响全局变量的值。如果要在函数体内部改变全局变量的值，则需要使用 global 定义局部变量。

例如：

```
message="与祖国同行，更易出彩、更易成才。"
print('函数体外部，message=',message)          # 在函数体外部输出全局变量的值
def f_demo():
    global message                            # 将 message 声明为全局变量
    message="家国天下，责任担当，春华秋实，人的一生只有一次青春。"
    print('函数体内部，message=',message)      # 在函数体内部输出全局变量的值
f_demo()
print('函数体外部，message=',message)          # 在函数体外部输出全局变量的值
```

运行结果：

```
函数体外部，message= 与祖国同行，更易出彩、更易成才。
函数体内部，message= 家国天下，责任担当，春华秋实，人的一生只有一次青春。
函数体外部，message= 家国天下，责任担当，春华秋实，人的一生只有一次青春。
```

5.4.3　命名常量

在大型程序中，应当避免使用全局变量，因为这样会使得程序的可读性降低，并且容易引起错误。不过，有一类被称为命名常量（Named Constant）的全局变量，经常被使用。比如，用常量表示的圆周率 3.1415926 或最小年龄 18。我们习惯上使用大写字母的命名方式来创建一个这样的全局变量，使用下画线分隔，并赋给其一个常量值。

例如：

```
CIRCLE_PI=3.1415926
MINIMUM_VOTING_AGE=18
```

在程序执行过程中，不可以对上述全局变量赋值。例如：

```
CIRCLE_PI=3.1415926
r=10
def main():
    print("PI=",CIRCLE_PI)
    perimeter()
    print("SQUARE=",CIRCLE_PI*r*r)          # 求面积
def perimeter():
    global r                                # 声明全局变量 r
    print("PERIMETER=",2*CIRCLE_PI*4)       # 求周长
main()
```

运行结果：

```
PI=3.1415926
PERIMETER=62.831852
SQUARE=314.15926
```

习题 5

1．把下列函数与对应功能连起来。

abs()	对序列进行求和计算
int()	返回给定字符的 ASCII 码值
ord()	创建一个字典
round()	返回一个实数的绝对值
max()	将给定的浮点数四舍五入
dict()	将对象转换为字符串形式
str()	返回最大值
sum()	将数字转换为整数
sorted()	对所有可迭代的对象进行排序操作

2．把下列术语与对应描述连起来。

可变参数	在定义函数时，函数名后面括号中的参数
关键字参数	在调用一个函数时，函数名后面括号中的参数
形式参数（形参）	在调用函数时，参数的数量和位置必须和定义时一致
位置参数	使用形参的名字来确定输入的参数值
实际参数（实参）	传入函数中的实际参数可以是 0 个、1 个、2 个或任意个
值传递	在调用函数时，将实际参数复制一份并传递到函数中

3．利用内建函数把一个数字列表[5,8,10,-22,9,-6,1,7,3]中的负数取正，进行排序，并求和。

4．程序填充。编写一个函数，将“黑客”发送的信息转换为暗语输出，如果在发送的信息中含有数字 0，就把数字 0 替换为暗语字母 O；含有数字 2，就把数字 2 替换为暗语字母 Z。“黑客”暗语规则如表 5-3 所示。

表 5-3 “黑客”暗语规则

数字	0	1	2	3	4	5	6	7	8	9
暗语（字母）	O	I	Z	E	Y	S	G	L	B	P

解析：

（1）创建一个字典，将数字作为 key，将暗语作为 value。

（2）自定义一个函数，其形参为键盘输入的数字字符串。在函数内找到每个数字字符对应的 value，并把 value 添加到一个列表中，返回列表，即暗语输出。

请填充如下代码：

```
______________________________        # 定义字典 Dict

________________                      # 定义 hacker()函数，形参为 str
    List=[]
    for i in str:
        if i in Dict.keys():
            List.append(Dict[i])
        else:
            List.append(i)
    ________________                  # 返回列表
```

```
str=input("请输入一串数字：")
________________________                # 获得函数的返回值并以字符串形式输出暗语
```

运行结果：

```
请输入一串数字：1233444
IZEEYYY
```

5．若 func()函数定义如下：

```
def func(welcome='welcome to STIEI!',name):
    print(welcome, name)
func('Hu')
```

运行结果：________________________________。

6．程序分析：给出下面程序的运行结果，并分析结果产生的原因。

```
def f_demo():
    global message
    message='与祖国同行，'
    def g():
        global message
        message+='更易出彩，更易成才'
        return message
    return g()
print(f_demo())
```

运行结果：____。

7．编写自定义函数，实现从屏幕输入 3 个数，并求出最大值。

8．编写程序，求$1+\frac{1}{1!}+\frac{1}{2!}+\frac{1}{3!}+\cdots+\frac{1}{n!}$之和。函数形参为 n，n 由用户在主函数中输入。

9．编写程序，使用递归方法判断一个数是否是回文数。回文数是指正向和逆向都相同的整数，如 1234321、2002 等。

10．使用牛顿迭代法求方程$f\left(x\right)=x-e^{-x}$在区间[0，1]中的根。使用牛顿迭代法解非线性方程的根的迭代公式为

$$x_{n+1}=x_n-\frac{f\left(x_n\right)}{f'\left(x_n\right)}$$

其中，$f'\left(x\right)$是$f\left(x\right)$的导数。结束条件为$\left|x_{n+1}-x_n\right|<10^{-6}$。

第 6 章 文件操作

内存中存放的数据在计算机关机后就会消失。如果想要长久地保存数据，就需要使用硬盘、光盘、U 盘等设备。为了便于数据的管理和检索，系统引入了“文件”的概念。例如，我们平时编辑的 Word 文档、图像、语音、视频等都可以以“文件”的形式存储，并赋予其一个文件名。因此，文件定义为存储在外部介质上的一组相关信息的集合（数据流）。

从数据存储的角度来看，文件本质上由 0、1 比特串组成。不同文件呈现出不同的表现形态（如文本、图像、视频等），这是人们事先约定好的文件格式。所谓“格式”，就是关于文件中每一部分的内容代表什么含义的一种编码方式。文件通常分为文本文件和二进制文件。文本文件（也称 ASCII 文件，扩展名通常是“.txt”）能够在 Windows 的“记事本”程序中打开，并且打开后能看出文件的内容。但是如果使用“记事本”程序打开二进制文件，则看不出文件的内容（乱码），如 dat 数据文件、图像、视频、可执行文件等。

6.1 文件对象

文件的基本操作包括判断文件是否存在、打开、修改、关闭、删除和复制等。文件的打开与关闭是指建立程序中的文件对象和文件的一种关联关系。文件的格式、类型不同，它的打开方式和读/写方式也不同。

1. 文本文件

文本文件也称 ASCII 文件，存储的是字符串，且字符串中每个字符对应 1 字节。例如，将整数 5678 的存储形式修改为 ASCII 码，则得到 00110101 00110110 00110111 00111000，占用 4 字节。文本文件由若干文本行组成，通常每行以换行符“\n”结尾。常规字符串是指能够在“记事本”程序或其他文本编辑器中正常显示、编辑且能够被直接阅读和理解的字符串，如英文字母、汉字、数字字符串。

2. 二进制文件

二进制文件是指按二进制的编码方式来存放内容的文件。例如，将整数 5678 以二进制形式存储，则得到 00010110 00101110，占用 2 字节。二进制文件无法用“记事本”程序或其他普通文本处理软件进行编辑，通常也无法被直接阅读和理解。我们需要使用专门的软件对二进制文件进行解码后，才能读取、显示、修改或执行它。常见的图形/图像文件、音/视频文件、可执行文件、资源文件、各种数据文件、各类 Office 文档等都属于二进制文件。系统在处理这些文件时，并不区分类型，都将它们看作字符流，按字节进行处理。输入/输出字符流的开始和结束只由程序控制而不受物理符号（如回车符）的控制。因此，这种文件也被称为“流式文件”。

一个文件可以以文本模式或二进制模式打开。这两种打开模式的区别是：在文本模式中，“回车”会被当成一个字符，即'/n'；而在二进制模式中，“回车”会被当成两个字符，即 0x0D、0x0A。如果在文件中读到 0x1B，则文本模式会认为它是文件结束符，而二进制模式不会对它进行处理。

无论是文本文件还是二进制文件，其操作流程基本都是一致的，即首先打开文件并创建文件对象，然后通过该文件对象对文件内容进行读取、写入、删除、修改等操作，最后关闭文件并保存文件内容。Python 内置了文件对象，使用 open()函数即可以指定模式打开指定文件并创建文件对象，语法格式如下：

```
文件对象名=open(文件名[, 打开方式[, 缓冲区]])
```

其中，如果文件名不在当前目录中，还需要指定完整路径。例如，D:\\myPython37\mytext.txt，或正则表达式 r'D:\myPython37\mytext.txt'。

文件打开模式指定了打开文件后的处理方式，如只读（r）、写（w）、追加（a）、二进制（b）和读/写（+），如表 6-1 所示。

表 6-1 文件打开模式

模　式	说　明
r	只读模式
w	写模式
a	追加模式
b	二进制模式（可与其他模式组合使用）
+	读/写模式（可与其他模式组合使用）

其中，缓冲区指定了读/写文件的缓存模式：数值 0 表示不缓存，数值 1 表示缓存，大于 1 表示缓冲区大小，默认值是缓存模式。

如果打开文件正常，则 open()函数会返回一个文件对象。我们通过该文件对象可以对文件进行各种操作，如果因指定文件不存在、访问权限不够、磁盘空间不足或其他原因导致创建文件对象失败，则会抛出异常。例如，下列代码执行失败的原因是 mytext.txt 文件不存在：

```
fp=open('mytext.txt', 'r')                              # 以只读模式打开不存在的文件
```

运行结果：

```
IOError: [Errno 2] No such file or directory: 'mytext.txt' # 抛出异常
```

但是对于不存在的文件，我们是可以以写模式创建它的：

```
fp=open('mytext.txt ', 'w')                             # 以写模式创建不存在的文件
```

接下来，我们可以查看在当前目录下已经生成的大小为 0KB、文件名为 mytext.txt 的文件。使用“记事本”程序打开该文件，可以看到内容为空，如图 6-1 所示。

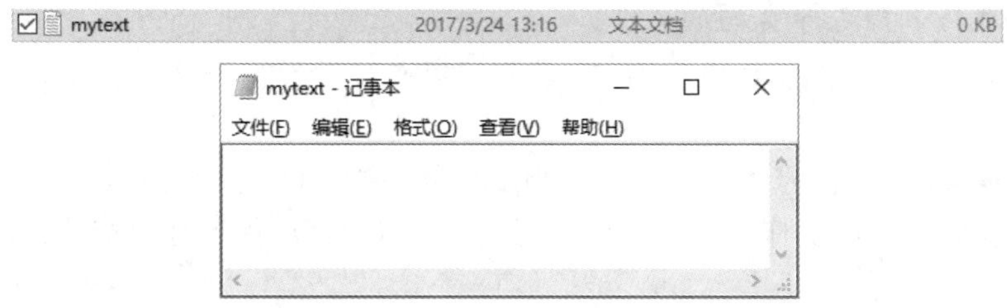

图 6-1 使用“记事本”程序打开 mytext.txt 文件（1）

6.2 文件对象的常用属性和方法

文件对象的常用属性如表 6-2 所示。

表 6-2 文件对象的常用属性

属　性	说　明
closed	判断文件是否被关闭，若文件被关闭，则返回 True
mode	返回文件的打开模式
name	返回文件名称

文件对象的常用方法如表 6-3 所示。

表 6-3 文件对象的常用方法

模　式	说　明
open(filename, mode)	按指定模式打开文件
write()	将内容写入文件中
flush()	把缓冲区内容写入文件中，但不关闭文件
close()	把缓冲区内容写入文件中，同时关闭文件，并释放文件对象
read([size])	从文件中读取 size 字节的内容作为结果返回，如果省略 size，则表示一次性读取所有内容
readline()	从文本文件中读取一行内容并作为结果返回
readlines()	把文本文件中的每行文本作为一个字符串存入列表中，并返回该列表
seek(offset[, whence])	把文件指针移到新的位置，offset 表示相对于 whence 的位置。whence 为 0 表示从文件头开始计算；whence 为 1 表示从当前位置开始计算；whence 为 2 表示从文件尾开始计算；默认为 0
tell()	返回文件指针的当前位置
truncate([size])	删除从当前指定位置到文件末尾的内容。如果指定了 size，则无论指针在什么位置，都只留下前 size 字节，将其余的字节删除
write(s)	把字符串 s 的内容写入文件中
writelines(s)	把字符串列表写入文本文件中，不添加换行符
writable()	测试当前文件是否可写
readable()	测试当前文件是否可读
isatty(self):	判断文件是否是 tty 设备
seekable(self)	判断文件指针是否可操作
fileno()	返回文件描述符（File Descriptor，FD）。这是一个整数

注意：文件描述符在形式上是一个非负整数，在本质上是一个索引值。当程序打开一个现有文件或者创建一个新文件时，内核会向进程返回一个文件描述符。在读/写文件时，也需要使用文件描述符来指定待读/写的文件。

例如，图 6-1 中打开的文件内容为空，我们可以通过对象的 write()方法向 mytext.txt 文件中写入内容：

```
fp.write("Shanghai introduced")      # 向文件中写字符串"Shanghai introduced"
```

当完成对文件内容的操作后，一定要关闭文件，以保证所做的任何修改都得到保存：

```
fp.close()                           # 关闭文件
```

接下来，我们再次查看 mytext.txt 文件，可以看到其大小为 1KB。使用“记事本”程序打开该文件，可以看到刚写入的内容，如图 6-2 所示。

图 6-2 使用“记事本”程序打开 mytext.txt 文件（2）

当然，我们也可以通过函数来查看文件内容：

```
fp=open("mytext.txt",'r')
fp.read()                          # 读文件内容
```

运行结果：

```
'Shanghai introduced'
```

```
fp.close()                         # 关闭文件
fp=open("mytext.txt",'r')
fp.read(5)                         # 从当前指针读取 5 个字符
```

运行结果：

```
'Shang'
```

```
fp=open("foodgroup.txt",'r')       # 以只读模式打开 foodgroup.txt 文件
fp.readline()                      # 读第 1 行内容，参见表 6-3
```

运行结果：

```
'~0100~^~Dairy and Egg Products~\n'
```

```
fp.readline()                      # 读第 2 行内容
```

运行结果：

```
'~0200~^~Spices and Herbs~\n'
```

```
fp.readlines()                     # 读剩余所有内容，参见表 6-3
```

运行结果：

```
['~0300~^~Baby Foods~\n', '~0400~^~Fats and Oils~\n', '~0500~^~Poultry Products~\n',
'~0600~^~Soups, Sauces, and Gravies~\n', '~0700~^~Sausages and Luncheon Meats~\n',
'~0800~^~Breakfast Cereals~\n', '~0900~^~Fruits and Fruit Juices~\n', '~1000~^~Pork
Products~\n', '~1100~^~Vegetables and Vegetable Products~\n', …]
```

检查文件的可读性和可写性：

```
fp=open("foodgroup.txt",'r')
readableTest = fp.readable()       # 参见表 6-3
writealbeTest=fp.writable()        # 参见表 6-3
print(readableTest)
```

运行结果：

```
True
```

```
writealbeTest
```

运行结果：

```
False
```

```
fp.close()
```

查看文件描述符：

```
fp=open("foodgroup.txt",'r')
FD=fp.fileno()        # 参见表 6-3
```

```
FD
```

运行结果：

```
3
```

```
fp.close()
```

下面我们会经常用到表 6-2、表 6-3 中的常用属性和方法。

6.3 文本文件操作

6.3.1 文本文件的基本操作方式

文本文件的基本操作方式有两种。

方式一：三部曲，如图 6-3 所示。

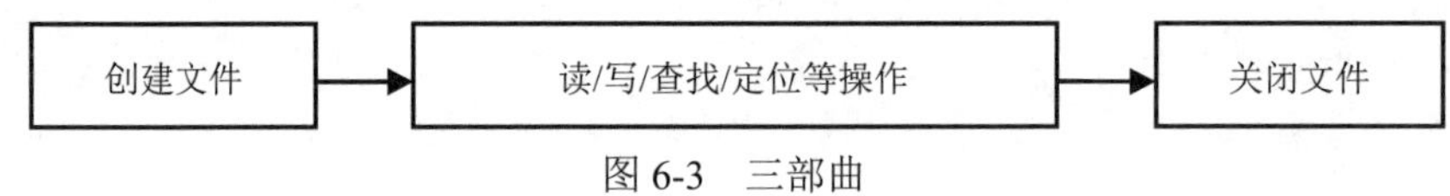

图 6-3　三部曲

方式二：二部曲，如图 6-4 所示。

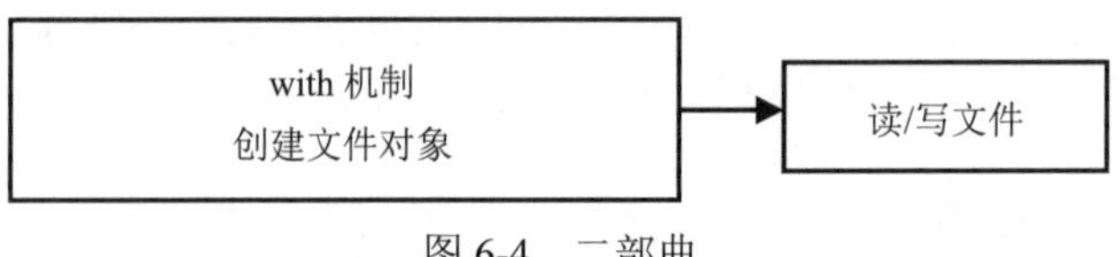

图 6-4　二部曲

在实际开发过程中，读/写文件应当优先考虑使用上下文管理语句 with。with 语句可以实现资源自动管理，无论因为什么原因跳出 with 语句，都能保证文件被正确保存和关闭，而不需要执行 fp.close()方法来保存和关闭文件。

下面通过几个实例来演示文本文件的读/写操作。在使用 read()、write()及其他读写方法时，当读/写操作完成之后，都会自动移动文件指针进行定位。当然，我们也可以使用 seek()方法。如果需要获知文件指针的当前位置，则可以使用 tell()方法。

例 6-1 使用 write()方法向文本文件中写入指定字符串。

形式一：

```
fp=open('mytext.txt', 'w')# 若文件不存在，则创建该文件；若文件存在，则可能覆盖该文件的原内容
fp.write("Shanghai introduced\n Shanghai, is located shore of the East China Sea,
\nIt has an area of about 6,340 square kilometre.\nThe population of shanghai is
about fourteen million.")
fp.close()
```

或者

```
fp=open("mytext.txt",'w')
shIntro="Shanghai introduced\nShanghai, is located shore of the East China Sea,
\nIt has an area of about 6,340 square kilometre.\nThe population of shanghai is
about fourteen million."
fp.write(shIntro)                    # 写入多行
fp.close()
```

运行结果如图 6-5 所示。

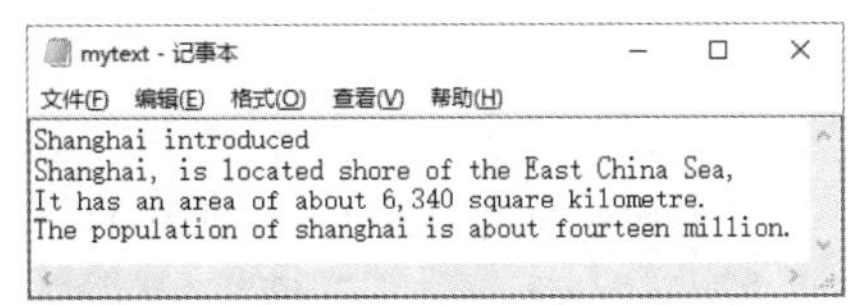

图 6-5 向文本文件中写入指定字符串

例 6-2 显示写模式与追加模式的区别。在写模式下，如果文件不存在，则会生成新的文件并向文件中写入相应内容，如例 6-1。如果文件存在，并用写模式打开，写入其他内容，则文件的原内容会被覆盖。

形式二：

```
dyIsland="Diaoyu islands are China's inherent territory."
with open('mytext.txt','w') as fp:   # 覆盖原内容
    fp.write(dyIsland)
```

mytext.txt 文件的原内容会被新的内容替代。例如，图 6-6 所示的内容与图 6-5 所示的内容不同。

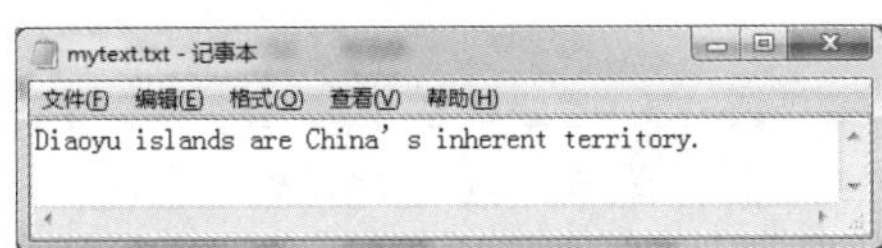

图 6-6 mytext.txt 文件的原内容被覆盖

追加模式与写模式的区别有两点：①被追加文件要存在；②被追加内容只会被添加在已有文件的尾部，并不会改变文件的原内容。代码如下：

```
fp=open("mytext.txt",'a+')              # 以 a+方式追加内容
lines="\n 山川异域，风月同天。\n 岂曰无衣，与子同裳。\n"
fp.write(lines)                         # 不会覆盖
fp.close()
```

运行结果如图 6-7 所示。

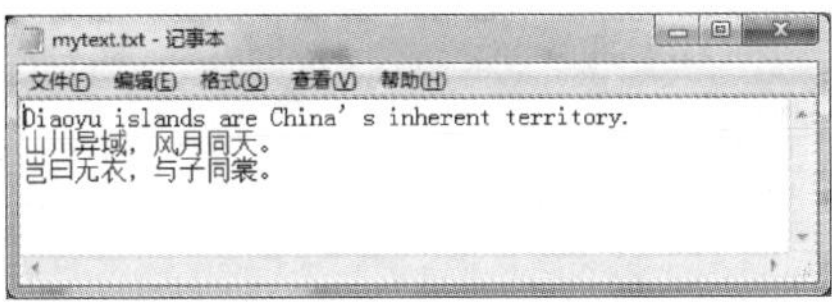

图 6-7 向 mytext.txt 文件中追加内容

例 6-3 查看文件内容。

```
with open('mytext.txt', 'r') as fp:
    for s in fp.readlines():            # 读取文件所有行
        print(s, end='')
```

例 6-4 读取 D 盘根目录下文本文件 data.txt 中的所有整数（见图 6-8），并将其按升序排列后写入 data_asc.txt 文件中。

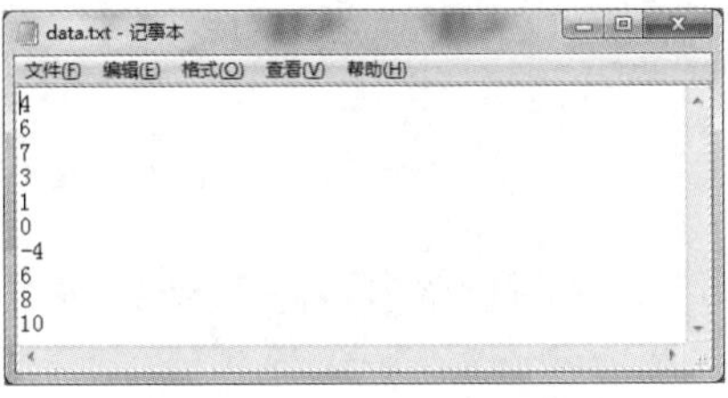

图 6-8 data.txt 文件内容

代码如下：

```
with open('D:\\myPython3\\data.txt','r') as fp:
    source=fp.readlines()       # 若使用列表 source 存储文件内容，则每个元素代表文件的一行内容
data=[int(line) for line in source]  # 读取列表 source 中的每个元素
data.sort()                          # 升序排列
data=[str(i)+'\n' for i in data]
with open('D:\\myPython3\\data_asc.txt','w') as fp:
     fp.writelines(data)
```

运行结果如图 6-9 所示。

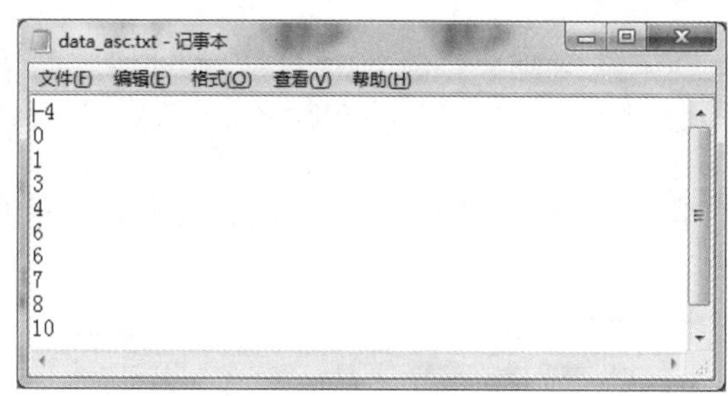

图 6-9　按升序排列

6.3.2　文件定位

我们可以通过文件指针来控制文件开始读/写的位置，功能是更改当前的文件位置。文件指针的语法格式如下：

```
    seek(offset[参考点,whence=0])
```

参数 offset 代表文件指针要移动的字节数。注意，移动时以设定的参考点为基准。

参考点指定移动的基准位置，参数 whence 的可取值为 0、1、2。其中，0 表示在文件开始位置；1 表示当前位置；2 表示文件末尾。

此外，文件指针还有几个常用的函数。

1．判断文件指针是否可操作

```
文件对象.seekable()
```

2．返回文件的当前位置

```
文件对象.tell()
```

例 6-5 先判断文件指针是否可操作，再利用文件指针读取 mytext.txt 文件的第 1 个字符：

```
fp=open("mytext.txt",'r')
seekableTest=fp.seekable()        # 判断指针是否可操作
seekableTest
```

运行结果：

```
True
```

```
fp.read(1)                        # 从文件当前位置读取一个字符
```

运行结果：

```
'D'
```

此时文件指针指向文件的第 2 个字符'i'。

```
fp.read(6)                        # 从文件当前位置读取 6 个字符
```

运行结果：

```
'iaoyu '
```

此时文件指针指向文件的第 8 个字符'i'。

```
fp.seek(0)                              # 指针移动到文件开始位置
```

此时文件指针移动到文件的第 1 个字符'D'处。

```
print(fp.read(14))                      # 从文件当前位置开始读取 14 个字符
```

运行结果：

```
Diaoyu islands
```

```
fp.close()
```

6.4 二进制文件操作

二进制文件不能使用“记事本”程序或其他文本编辑器来正常读/写，也无法通过 Python 文件对象直接读取。只有正确地理解了二进制文件的结构和序列化规则，才能准确地理解其内容并设计正确的反序列化规则。所谓序列化，就是把内存中的数据在不丢失其类型信息的情况下转换成对象的二进制形式的过程，并且对象序列化后的形式经过正确的反序列化过程应该能够准确地恢复为原来的对象形式。

Python 中常用的序列化模块有 struct、pickle、json、marshal 和 shelve。其中，pickle 模块包括 C 语言实现的 cPickle 模块，速度大约提高了 1000 倍，应考虑优先使用。下面主要介绍 pickle 和 struct 模块在对象序列化和二进制文件操作方面的应用。

6.4.1 二进制文件的基本操作

二进制文件的基本操作方式与文本文件的一样。需要注意的是，在使用 open()方法打开或创建一个二进制文件时，需要指定打开模式为'b'。二进制文件的创建、读/写、关闭操作和文本文件的相应操作一样。

例如，将字符串"Fear not for the future, weep not for the past.--Percy Bysshe Shelley"写入二进制文件 myBinaryData.dat 中，并保存在目录 D:\python37 下。

1. 写操作

```
with open(r'D:\python37\myData.dat', 'wb') as fp:
    fp.write(b'Fear not for the future,')                         # 写入字节流
    fp.write(b'weep not for the past.--Percy Bysshe Shelley')     # 再次写入字节流
fp.close()
```

注意：如果将第 2 行改为 fp.write('Fear not for the future,')，则会出现错误提示“TypeError: a bytes-like object is required, not 'str'”。这是因为二进制文件要以字节流格式写入，所以需要在字符串前添加 b，将字符串变成字节流。

2. 读操作

```
with open(r'D:\python37\myData.dat', 'rb') as fp:
    lines= fp.read()       # lines 为字节流
      print(type(lines))
    print(lines)
fp.close()
```

运行结果：

```
<class 'bytes'>
```

```
b'Fear not for the future,weep not for the past.--Percy Bysshe Shelley'
```

6.4.2 二进制文件的随机访问

与文本文件一样，二进制文件对象的 seek()方法用于文件指针定位，tell()方法用于查询文件指针的位置。例如：

```
import os                                    # 导入 os 模块
fp=open(r'D:\python37\myData.dat', 'w+b')    # 以二进制写模式打开指定文件
fp.seek(0)                                   # 将文件指针定在最开始处
fp.write(b'Fear not for the future,')        # 写入字节流
fp.write(b'weep not for the past.--Percy Bysshe Shelley')    # 写入字节流
fp.seek(-7, os.SEEK_END)                     # 定位到文件倒数第 7 行的位置
line = fp.read()                             # 从当前位置到结束位置的所有字节流
print(line.decode())                         # 显示字节流
```

运行结果：

```
Shelley
```

```
fp.tell()                                    # 查询当前指针位置
```

运行结果：

```
68
```

6.4.3 pickle 模块的使用

pickle 是较为常用且速度非常快的二进制文件序列化模块。序列化是指将任意一个 Python 对象转换成一系列字节并存储到文件中，而反序列化则相反，是指从文件中读取信息并用来重构上一次保存的对象。Python 的 pickle 模块实现了基本类型变量（如布尔类型、整数类型、浮点类型、复数类型、字符串类型等）、由基本类型组成的对象（如列表、元组、字典、集合等）和其他对象（如函数、类、类的实例等）的序列化功能。

在使用 import pickle 语句导入该模块后，我们就可以利用 pickle 接口进行开发了。pickle 模块提供的 dump(object, file, [,protocol])方法可以将对象 object 写入文件 file 中。参数 protocol 是序列化模式，默认值为 0，表示以文本的形式序列化。protocol 的值还可以是 1 或 2，表示以二进制的形式序列化。load(file)可以从文件 file 中读取一个字符串，并将它重构为 pickle 模块的对象。

例 6-6 使用 pickle 模块向二进制文件中写入数据，其中包括整数、浮点数、列表、元组、集合、字典、字符串等不同类型的数据。

代码如下：

```
import pickle as pk
i=10                                         # 定义各种对象，整数
f=100.001                                    # 浮点数
s="Shanghai  Disney opend on June 16 2016!"  # 字符串
lst=[[1,1,2],[3,5,8],[13,21,34],[55,89,144]] # 列表
tu=(1,2,4,8,16,32,64,128,256,512,1024)       # 元组
st=(1,6,15,20,15,6,1)                        # 集合
dic={'a':'HU GUOSHENG','b':''FAN XIAOYAN','c':'LI LULU'}      # 字典
fp=open(r'D:\myPickle.dat','wb')             # 打开文件
pk.dump(i,fp)                                # 将整数序列化，并写入二进制文件中，协议模式为 0
pk.dump(f,fp)
pk.dump(s,fp)
```

```
pk.dump(lst,fp,1)                    # 采用二进制形式序列化列表，并写入二进制文件中
pk.dump(tu,fp)
pk.dump(st,fp)
pk.dump(dic,fp)
fp.close()
```

运行结果如图 6-10 所示。

myPickle.dat	2017/3/25 8:25	DAT 文件	1 KB

图 6-10 二进制文件 myPickle.dat

可以看到，在 D 盘根目录下生成了包含上述各类数据的二进制文件 myPickle.dat。

例 6-7 读取例 6-6 中二进制文件 myPickle.dat 的内容。

```
import  pickle as pk
fp=open(r'D:\myPickle.dat','rb')
number_of_data=pickle.load(fp)          # 返回对象个数
i=0
while i<number_of_data-4:               # 读取所有对象
    print(pk.load(fp))
    i=i+1
fp.close()
```

运行结果：

```
10
100000
100.001
Shanghai  Disney opend on June 16 2016!
[[1, 1, 2], [3, 5, 8], [13, 21, 34], [55, 89, 144]]
(1, 2, 4, 8, 16, 32, 64, 128, 256, 512, 1024)
(1, 6, 15, 20, 15, 6, 1)
{'a': 'HU GUOSHENG', 'b': 'FAN XIAOYAN', 'c': 'LI LULU'}
```

6.4.4 struct 模块的使用

Python 定义了 6 种基本数据类型：整数、浮点数、字符串、元组、列表和字典。这 6 种数据类型可以满足大部分的要求。但是，如果 Python 需要通过网络与其他平台进行交互，则必须考虑将这些数据类型与其他平台或语言之间的类型进行互相转换。比如，基于 C++写的客户端发送一个 int 类型变量（4 字节）的数据（二进制表示）到基于 Python 写的服务器时，Python 服务器在接收后如何将数据解析成 Python 认识的整数呢？（为什么不是字符串、元组或列表呢？）Python 的标准模块 struct 就是用来解决这个问题的。struct 是比较常用的对象序列化和二进制文件读/写模块。它的基本功能是将一系列不同类型的数据封装成一段字节流；或者反过来，将一段字节流解开成若干个不同类型的数据。

struct 模块中有 5 个函数。

1. 数据封装函数 struct.pack()

```
struct.pack(format,arg1,arg2,…)
```

该函数按照给定的格式 format 把数据 arg1,arg2,…封装成字节流。

2. 数据解封函数 struct.unpack()

```
struct.unpack(format, string)
```

该函数按照给定的格式 format 解析字节流 string，返回解析出来的元组。

3．计算格式大小函数 struct.calcsize()

```
struct.calcsize(format)
```

该函数用于计算给定格式 format 占用多少字节的内存。

另外，还有两个不常用的函数 struct.pack_into()和 struct.unpack_from()，主要用于有效利用内存。

上述函数中的 format 是格式化字符串，由数字加格式符构成。例如，格式化字符串'3i2f?2s'表示内存中含 3×4（即 12）字节的整数、2×4（即 8）字节的浮点数、1 个字符的布尔值和 2 个字符的字符串，总长度为 23 的字节流，也就是通过 pack()函数封装成的长度为 23 的一段字节流。若用于 unpack()函数，则表示从后面的字节流中按照字节数 4、4、4、4、4、1、1、1 依次取出数据，并将这些字节流片段组成元组返回。

struct 模块有很多格式符，它们和 C 语言的数据类型一一对应，如表 6-4 所示。

表 6-4　struct 模块支持的格式符

格　式　符	C 语言类型	Python 类型	数据字节数
c	字符	长度为 1 的字符串	1
b	有符号字符	整数类型	1
B	无符号字符	整数类型	1
?	布尔类型	布尔类型	1
h	短整数类型	整数类型	2
H	无符号短整数类型	整数类型	2
i	整数类型	整数类型	4
I	无符号整数类型	整数类型	4
l	长整数类型	整数类型	4
L	无符号长整数类型	整数类型	4
f	单精度浮点类型	浮点数 float	4
d	双精度浮点类型	浮点数 float	8
s	字符串 char[]	字符串 string	任意

为了和 C、C++等语言的编译器配合，Python 的 pack()、unpack()函数使用了字节对齐处理，即将格式化字符串的长度扩展为 4 字节的倍数。比如，格式化字符串'3i2f?2s'表示长度为 23 的字节流，但是为了将字节对齐，函数把 2s 扩展到 3s，将其变成了长度为 24 的字节流。

下面通过一个简单的例子来介绍如何使用 struct 模块对二进制文件进行读/写操作。

例 6-8 使用 struct 模块的 pack()函数将不同类型的数据写入二进制文件中。

代码如下：

```
import struct
url=b"I like to visit:http://www.***.org"
# 将字符串转换成字节流，或 url="I like to visit:http://www.***.org".encode()
num=201411
real=3098.00
LV=True
mixData=struct.pack('if?37s',num, real,LV,url)    # 'if?37s'为格式化字符串，长度为 9
print('length:',len(mixData))
print('length:',struct.calcsize('if?12s'))          # 求'if?12s'格式化字符串的长度
```

```
print(mixData)
print(repr(mixData))                # 使用 repr()函数创建字符串，以合法的 Python 表达式形式来表示
print(struct.unpack('if?37s',mixData))            # 反序列化后显示原数据
fp=open(r'D:\myStruct.dat','wb')
fp.write(mixData)                                 # 将字节流 mixData 写入文件中
fp.write(url)                                     # 将字节序列 url 写入文件中
fp.close()
```

运行结果：

```
length: 46
length: 21
b'\xc3\x12\x03\x00\x00\xa0AE\x01I like to visit:http://www.***.org'
b'\xc3\x12\x03\x00\x00\xa0AE\x01I like to visit:http://www.***.org'
(201411, 3098.0, True, b'I like to visit:http://www.***.org')
```

在 D 盘根目录下查看 myStruct.dat 文件，如图 6-11 所示。

myStruct.dat	2017/3/25 8:58	DAT 文件	1 KB

图 6-11　查看 myStruct.dat 文件

repr(arg)函数会返回合法的 Python 字符串，例如：

```
temp=10
print("repr usage: "+temp)                 # 出错
```

运行结果：

```
TypeError: cannot concatenate 'str' and 'int' objects
```

```
print("repr usage: "+repr(temp))           # 字符串相连，正确
```

运行结果：

```
repr usage: 10
```

6.5　文件格式转换

6.5.1　CSV 文件

CSV（Comma-Separated Values）表示逗号分隔值，有时也称字符分隔值。CSV 文件以纯文本形式存储表格数据（数字和文本），由任意数目的记录组成，且记录间以某种换行符分隔。它的每条记录都由几个字段组成，字段间的分隔符是其他字符或字符串，最常见的是逗号或制表符。如图 6-12 所示，打开 WorldCups.csv 文件，会显示如图 6-13 所示的内容。

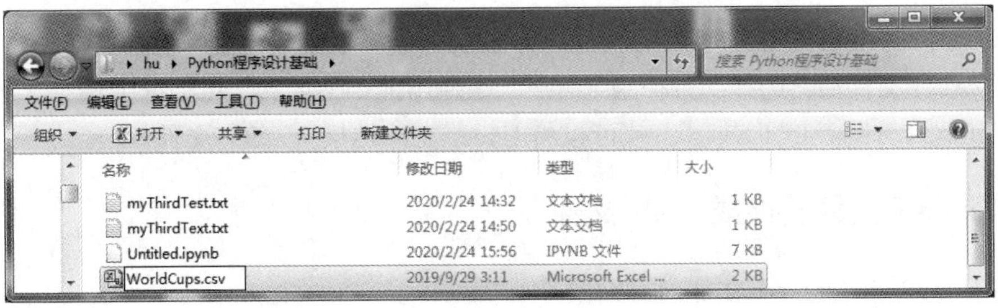

图 6-12　hu\Python 程序设计基础\目录下的 WorldCups.csv 文件

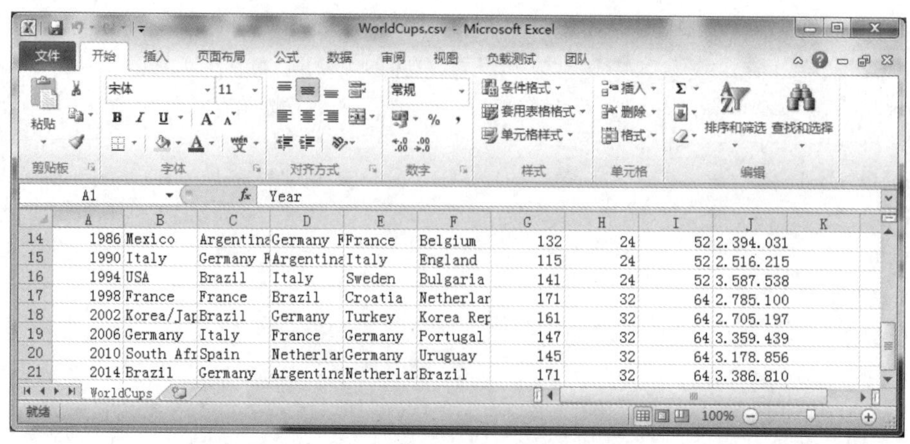

	A	B	C	D	E	F	G	H	I	J
14	1986	Mexico	Argentin	Germany F	France	Belgium	132	24	52	2.394.031
15	1990	Italy	Germany F	Argentin	Italy	England	115	24	52	2.516.215
16	1994	USA	Brazil	Italy	Sweden	Bulgaria	141	24	52	3.587.538
17	1998	France	France	Brazil	Croatia	Netherlar	171	32	64	2.785.100
18	2002	Korea/Jap	Brazil	Germany	Turkey	Korea Rep	161	32	64	2.705.197
19	2006	Germany	Italy	France	Germany	Portugal	147	32	64	3.359.439
20	2010	South Afr	Spain	Netherlar	Germany	Uruguay	145	32	64	3.178.856
21	2014	Brazil	Germany	Argentin	Netherlar	Brazil	171	32	64	3.386.810

图 6-13　WorldCups.csv 文件的内容

CSV 是一种通用的、相对简单的文件格式，被广泛应用于多个领域。其中，最广泛的应用是在程序之间转移表格数据，而这些程序本身是在不兼容的格式下进行操作的。

6.5.2　CSV 文件的读取与显示

读取 CSV 文件的内容，代码如下：

```
import pandas as pd                                    # 导入 pandas 模块
FIFAWorldCup_data=pd.read_csv("WorldCups.csv")         # 读取文件，建立 DataFrame
print (FIFAWorldCup_data.head())                       # 显示前 5 个记录
```

CSV 文件的显示内容如图 6-14 所示。

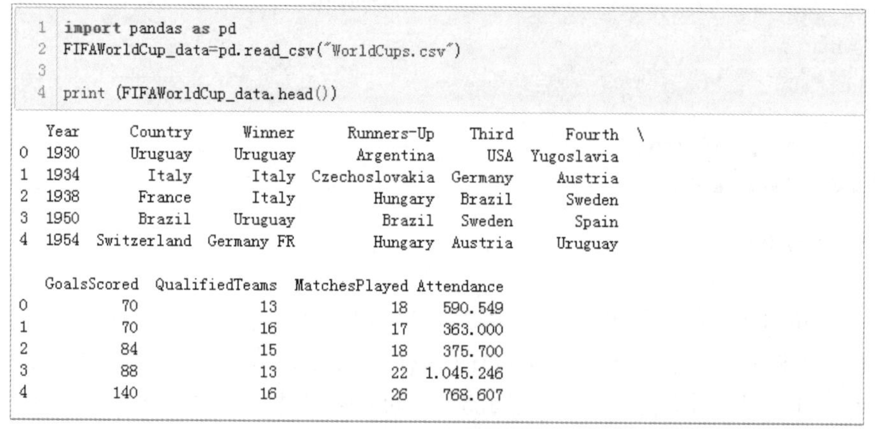

```
import pandas as pd
FIFAWorldCup_data=pd.read_csv("WorldCups.csv")

print (FIFAWorldCup_data.head())
```

```
   Year      Country     Winner      Runners-Up    Third      Fourth  \
0  1930      Uruguay    Uruguay       Argentina      USA  Yugoslavia
1  1934        Italy      Italy  Czechoslovakia  Germany     Austria
2  1938       France      Italy         Hungary   Brazil      Sweden
3  1950       Brazil    Uruguay          Brazil   Sweden       Spain
4  1954  Switzerland  Germany FR        Hungary  Austria     Uruguay

   GoalsScored  QualifiedTeams  MatchesPlayed Attendance
0           70              13             18    590.549
1           70              16             17    363.000
2           84              15             18    375.700
3           88              13             22  1.045.246
4          140              16             26    768.607
```

图 6-14　CSV 文件的显示内容

注意，代码 print (FIFAWorldCup_data.head(n))用于显示前 n 个记录。

打开 Excel 文件后，选择“另存为”命令，在弹出的“另存为”对话框中选择“保存类型”为“CSV（逗号分隔）(*.CSV)”，就可以将 Excel 文件转换为 CSV 文件。

6.5.3　将 TXT 文件转换成 CSV 文件

SMSSpamCollection.txt 文件内容如图 6-15 所示。

```
SMSSpamCollection.txt - 记事本
文件(F) 编辑(E) 格式(O) 查看(V) 帮助(H)
ham	Go until jurong point, crazy.. Available only in bugis n great world la e buffet... Cine there got amore wat..
or more? U R entitled to Update to the latest colour mobiles with camera for Free! Call The Mobile Update Co FREE on 0
. He v naughty make until i v wet.ham	Fine if thats the way u feel. Thats the way its gota bspam	England v Mace
feel like? Lolham	Wait that's still not all that clear, were you not sure about me being sarcastic or that that'
anything!ham	Pls go ahead with watts. I just wanted to be sure. Do have a great weekend. Abiolaham	Did I forget t
ost a whole second gram for  &lt;#&gt;ham	K fyi x has a ride early tomorrow morning but he's crashing at our pla
a ha good joke. Girls are situation seekers.ham Its a part of checking IQham	Sorry my roommates took forever, it ok
now...ham	I am waiting machan. Call me once you free.ham	Thats cool. i am a gentleman and will treat you with d
t? I spent late afternoon in casualty and that means i haven't done any of y stuff42moro and that includes all my time
m	Please don't text me anymore. I have nothing else to say.ham	Okay name ur price as long as its legal! Wen c
hat is the plural of the noun research?ham	Going for dinner.msg you after.ham	I'm ok wif it cos i like 2 try
742676969 shows 786 unredeemed Bonus Points. To claim call 08719180248 Identifier Code: 45239 Expiresspam	URGENT
cost?ham	I'm home.ham	Dear, will call Tmorrow.pls accomodate.ham	First answer my question.spam	Sunshi
re. Can you pls open the back?ham	Yes see ya not on the dotham	Whats the staff name who is taking class for u
ike all things you just must exist, like rain, hail and mist, and when my time here is done, you and i become one.ham
lious STOP? Send STOP FRND to 62468spam BangBabes Ur order is on the way. U SHOULD receive a Service Msg 2 download UR
e got the money so carlos can make the callham	U still going to the mall?ham	Turns out my friends are staying for t
2 between 9am-11pm as you have WON a guaranteed £1000 cash or £5000 prize!ham	Have you got Xmas radio times. If not
m	Found it, ENC  &lt;#&gt; , where you at?ham	I sent you  &lt;#&gt;  bucksham Hello darlin ive finished coll
eading towards draw as your prediction.ham	Tired. I haven't slept well the past few nights.ham	Easy ah?sen go
star sign, e. g. HORO ARIESham	Hey company elama po mudyadhu.ham	Life is more strict than teacher... Bcoz Teach
a secret admirer who is looking 2 make contact with U-find out who they R*reveal who thinks UR so special-call on 0905
in holdham	Wen ur lovable bcums angry wid u, dnt take it seriously.. Coz being angry is d most childish n true wa
OUND! H*spam	Hey I am really horny want to chat or see me naked text hot to 69698 text charged at 150pm to unsubscr
carham	No objection. My bf not coming.ham	Thanx...ham	Tell rob to mack his gf in the theaterham	Awesom
```

图 6-15　SMSSpamCollection.txt 文件的内容

通过下列代码：

```
import csv
smsdata=open('SMSSpamCollection.txt','r',encoding='mac_roman',newline='')
csv_reader=csv.reader(smsdata,delimiter='\t')
smsdata_data=[]
smsdata_labels=[]
for line in csv_reader:
    smsdata_labels.append(line[0])
    smsdata_data.append(line[1])
 smsdata.close()
for i in range(5):
    print(smsdata_data[i],smsdata_labels[i])

from collections import Counter
c=Counter(smsdata_labels)
print(c)
```

可以将 SMSSpamCollection.txt 文件转换成如图 6-16 所示的 CSV 文件。

```
Go until jurong point, crazy.. Available only in bugis n great world la e buffet... Cine there got amore wat... ham
Ok lar... Joking wif u oni... ham
Free entry in 2 a wkly comp to win FA Cup final tkts 21st May 2005. Text FA to 87121 to receive entry question(std txt rate)T&C's apply 0845
2810075over18's spam
U dun say so early hor... U c already then say... ham
Nah I don't think he goes to usf, he lives around here though ham
Counter({'ham': 4825, 'spam': 747})
```

图 6-16　将 TXT 文件转换成 CSV 文件

6.5.4　TXT 文件的读取与转换

下面举例说明 TXT 文件的读取与转换。图 6-17 所示为 score.txt 文件的内容。

score.txt - 记事本
文件(F) 编辑(E) 格式(O) 查看(V) 帮助(H)

数学,语文,英语
100,98,99
90,97,92
20,80,90

图 6-17　score.txt 文件的内容

通过下列代码：

```
scoreTxt=open('score.txt','r',encoding='utf-8',newline='')
for line in scoreTxt.readlines():
    print(line,end='')    # print(line.strip('\n'))

scoreTxt.close()
```

可以读取 score.txt 文件的内容。

通过下列代码：

```
import csv
inputfile ='score.txt'
outputfile = 'score.csv'
with open(outputfile, 'w',newline='',encoding='mac_roman') as csvfile:
    csvwriter = csv.writer(csvfile,dialect='excel')
    with open(inputfile, 'r', encoding='mac_roman') as textfile:
        for line in textfile.readlines():
            line_list=line.strip('\n').split(',')  # 第 1 行列表为：['数学','语文','英语']
            csvwriter.writerow(line_list)          # 写入 CSV 文件
```

可以将 score.txt 文件转换成 score.csv 文件，结果如图 6-18 所示。

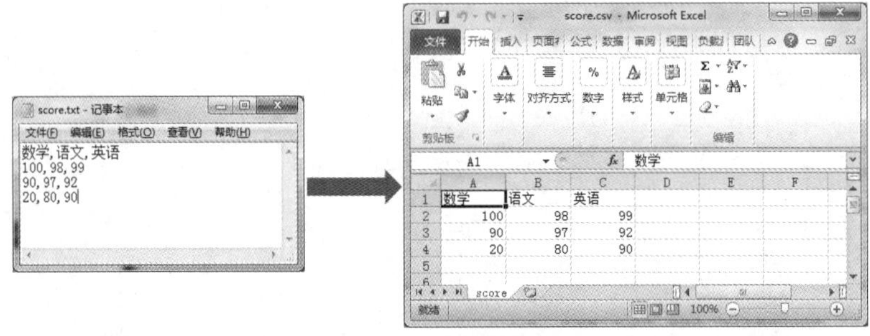

图 6-18　文件转换结果

6.6　路径和文件操作

如果只需要对文件内容进行读/写操作，则可以使用 6.1 节介绍的文件对象；如果需要处理文件路径，则可以使用 os.path 模块中的对象和方法；如果需要使用命令行读取文件内容，则可以使用 fileinput 模块；如果需要创建临时文件和目录，则可以使用 tempfile 模块。另外，pathlib 模块提供了大量用于表示和处理文件系统路径的类。

6.6.1　路径操作

os 模块除了提供使用操作系统功能和访问文件系统的简便方法，还提供了大量文件操作的方法，如表 6-5 所示。

表 6-5　os 模块中的常用文件操作方法

方　　法	功 能 说 明
access(path,mode)	按照 mode 指定的权限访问文件
open(path,flags,mode=o0777,*, dir_fd=None)	按照 mode 指定的权限打开文件，默认权限为可读、可写、可执行

续表

方　　法	功 能 说 明
chmod(path,mode,*,dir_fd=None, follow_symlinks=True)	改变文件的访问权限
remove(path)	删除指定的文件
rename(src,dst)	重命名文件或目录
stat(path)	返回文件的所有属性
fstat(path)	返回打开文件的所有属性
listdir(path='.')	返回 path 目录下的文件和目录列表（'.'表示当前目录，'..'表示上一级目录）
getcwd()	返回当前工作目录
chdir(path)	改变工作目录
mkdir(path)	创建单层目录，如果该目录已经存在，则抛出异常
rmdir(path)	删除单层目录，如果该目录非空，则抛出异常
system(command)	运行系统的 shell 命令
walk(top)	遍历 top 路径下所有的子目录，返回一个三元组：(路径, [包含目录], [包含文件])

所有方法都可以通过 dir(os)方法查询：

```
import os
dir(os)
[ 'abort', 'access', 'altsep', 'chdir', 'chmod', 'close', 'closerange', 'curdir',
'defpath', 'getcwd', ', 'kill', 'linesep', 'mkdir', 'name', 'open', 'read',
'remove', 'removedirs', 'rename', 'renames', 'rmdir', 'startfile', 'strerror',
'sys', 'system', 'times', 'tmpfile', 'walk', 'write', …]
```

os.path 模块提供了大量用于路径判断、切分、连接，以及遍历目录的方法，如表 6-6 所示。

表 6-6　os.path 模块中的常用文件操作方法

方　　法	功 能 说 明
abspath(path)	返回绝对路径
basename(path)	去掉目录路径，单独返回文件名
dirname(path)	返回目录路径
exists(path)	判断文件是否存在
getatime(filename)	返回文件的最后访问时间
getctime(filename)	返回文件的创建时间
getmtime(filename)	返回文件的最后修改时间
getsize(filename)	返回文件大小
isabs(path)	判断 path 是否为绝对路径
isdir(path)	判断 path 是否为目录
isfile(path)	判断 path 是否为文件
samefile(path1, path2)	判断 path1 和 path2 两个路径是否指向同一个文件
split(path)	对路径进行分割，以列表形式返回
splitext(path)	对路径进行分割，返回扩展名
splitdrive(path)	对路径进行分割，返回驱动器名

同理，os.path 模块的所有方法也都可以通过 dir(os.path)方法查询：

```
import os.path
dir(os.path)
```

运行结果：

```
[ 'abspath', 'altsep', 'basename', ''dirname', 'exists', 'getatime', 'getctime',
'getmtime', 'getsize', 'isabs', 'isdir', 'isfile', 'os', 'pardir', 'pathsep',
'realpath', 'split', 'splitdrive', 'splitext', 'sys', 'walk', 'warnings', …]
```

下面通过几个实例来说明 os 和 os.path 模块的使用方法。

```
import os
import os.path
os.listdir(".")        # 显示当前目录下的所有文件
```

运行结果：

```
['.idea', 'data.txt', 'data_asc.txt', 'eventObjectiveOfThreading.py', 'F721-001--
【说明书初稿】.docx', 'fib.py', 'fileSplitOfMapReduce.py', 'foodgroup.txt',
'joinTread.py', …, 'yourPickle.dat']
```

```
os.listdir("..")       # 显示上级目录下的所有文件
```

运行结果：

```
['$RECYCLE.BIN', '1.bmp', '2.png', '3.jpg', '360Rec', '360 安全浏览器下载', 'array.txt',
'BaiduNetdiskDownload', 'BigData Source',… , 'Python37', 'win7.GHO', 'youfile.txt',]
```

```
os.path.exists(r'D:\myPickle.dat')
```

运行结果：

```
True
```

```
os.rename('D:\\myPythonTest\\myPickle.dat',r'D:\myPythonTest\yourPickle.dat')
```

结果显示修改成功，如图 6-19 所示。

yourPickle.dat	2017/3/25 8:41	DAT 文件	1 KB

图 6-19 修改后的 yourPickle.dat 文件

```
os.path.exists('myPickle.dat')                # 检验 myPickle.dat 文件是否存在
```

运行结果：

```
False
```

```
os.path.exists('yourPickle.dat')
```

运行结果：

```
True
```

```
os.path.getsize('yourPickle.dat')             # 获取文件大小
```

运行结果：

```
350L
```

```
os.path.abspath(r'D:\myPython3\yourPickle.dat')
```

运行结果：

```
'D:\\myPython3\\yourPickle.dat'               # 绝对路径
```

```
os.path.isabs(r'D:\myPython3\yourPickle.dat')
```

运行结果：

```
True
```

```
os.path.ismount(r'D:\myPython3\yourPickle.dat')
```

运行结果：

```
False
```

```
os.path.getatime('yourPickle.dat')          # 自 1970 年 1 月 1 日 0 时开始文件访问计算
```

运行结果：

```
1490401546.6698108
```

```
os.path.getctime('yourPickle.dat')          # 自 1970 年 1 月 1 日 0 时开始文件建立计算
```

运行结果：

```
490401546.6698108
```

```
os.path.getmtime('yourPickle.dat')          # 自 1970 年 1 月 1 日 0 时开始文件修改计算
```

运行结果：

```
1490402490.4056165
```

```
from time import gmtime, strftime
gmtime(os.path.getmtime(r'D:\myPickle.dat'))      # 以 struct_time 形式输出最近修改时间
```

运行结果：

```
time.struct_time(tm_year=2017, tm_mon=10, tm_mday=1, tm_hour=22, tm_min=59,
tm_sec=12, tm_wday=6, tm_yday=274, tm_isdst=0)
```

```
strftime("%a, %d %b %Y %H:%M:%S +0000", gmtime(os.path.getmtime(r'D:\myPickle.dat')))
```

运行结果：

```
'Sat, 16 May 2020 13:08:15 +0000'
```

Python 的 time.strftime()函数接收时间元组，并返回以可读字符串表示的当地时间，格式由参数 format 决定。strftime()函数的语法格式如下：

```
time.strftime(format[, t])
```

其中，format 表示格式化字符串；t 表示可选的参数，指向一个 struct_time 对象。

Python 中的时间/日期格式化符号如表 6-7 所示。

表 6-7 Python 中的时间/日期格式化符号

符　号	含　义	符　号	含　义
%y	两位数的年份表示（00～99）	%Y	四位数的年份表示（000～9999）
%m	月份（01～12）	%d	月内的一天（0～31）
%H	24 小时制小时数（0～23）	%I	12 小时制小时数（01～12）
%M	分钟数（00～59）	%S	秒（00～59）
%a	本地简化的星期名称	%A	本地完整的星期名称
%b	本地简化的月份名称	%B	本地完整的月份名称
%p	本地 A.M.或 P.M.的等价符	%j	年内的一天（001～366）
%p	本地 A.M.或 P.M.的等价符	%w	星期（0～6），星期天为星期的开始

例 6-9 下面的代码用来列出当前目录下所有扩展名为.py 的文件，其中用到了列表推导式。

```
import os
print([fname for fname in os.listdir(os.getcwd()) if os.path.isfile(fname) and
fname.endswith('.py')])
```

运行结果：

```
[' 'birthday_wishes.py', 'data_asc.py', 'data_asc_no.py', 'dbtest.py',
'fetchalltest.py', 'Globa Reach.py', 'instructions.py', 'myPythonForm.py',
'pickle01.py', 'pickle02.py', 'receive_and_return.py', 'rowtest.py',
'struct01.py', 'struct02.py', 'Tic-Tac-Toe.py']
```

例 6-10 下面的代码用来将指定目录 D:\myPythonTest 下的所有扩展名为.dat 的文件重命

名为扩展名为 txt 的文件。

```
import os
path=r'D:\myPythonTest'
fileList=[filename for filename in os.listdir(path) if filename.endswith('.dat')]
for oldName in fileList:
    newName=filename[:-4]+'txt'
    os.rename(oldName,newName)
print(filename+"改名为: " +newName)
```

运行结果：

```
myStruct.dat 改名为: myStruct.txt
yourPickle.dat 改名为: yourPickle.txt
```

6.6.2 文件操作

shutil 模块是高级的文件、目录、压缩包处理模块，提供了大量的方法来支持文件操作。详细的方法列表可以使用 dir(shutil)方法查看：

```
import shutil
dir(shutil)
```

运行结果：

```
[''abspath', 'collections', 'copy', 'copy2', 'copyfile', 'copyfileobj', 'copymode',
'copystat', 'copytree', 'errno', 'get_archive_formats', 'move', 'os', 'rmtree',
'stat', 'sys', …]
```

shutil 模块中的常用方法及功能如表 6-8 所示。

表 6-8 shutil 模块中的常用方法及功能

方　法	功　能
copyfileobj(fsrc, fdst[, length])	将文件内容复制到另一个文件中，可以复制部分内容
copyfile(src, dst)	复制文件
copymode(src, dst)	仅复制权限，内容、组、用户均不变
copystat(src, dst)	复制状态信息，包括 mode bits、atime、mtime、flags
copy(src, dst)	复制文件和权限
copy2(src, dst)	复制文件和状态信息
make_archive(zipfile, srcdir)	将目录中所有文件压缩成指定的文件
unpack_archive(zipfile, dstdir)	将压缩文件解压到指定的目录下
copytree(src, dst, symlinks=False, ignore=None)	递归地复制文件
rmtree(path[, ignore_errors[, onerror]])	递归地删除文件
move(src, dst)	递归地移动文件

使用 copyfile()方法复制文件，代码如下：

```
import shutil
shutil.copyfile('D:\\myPythonTest\\yourPickle.txt','D:\\myPythonTest\\myPickle.txt')
```

运行结果：

```
'D:\\myPythonTest\\myPickle.txt'
```

将 D:\myPythonTest 目录及该目录下的所有文件压缩为 D:\myPythonTest.zip 文件，代码如下：

```
shutil.make_archive('D:\\myPhthonTest','zip','D:\\myPythonTest')
```

运行结果：

```
'D:\\myPhthonTest.zip'
```

结果显示压缩成功，如图 6-20 所示。

图 6-20　压缩成功

将压缩得到的 D:\myPythonTest.zip 文件解压缩至 D:\myPythonTest_unpack 目录下，代码如下：

```
shutil.unpack_archive('D:\\myPathonTest.zip','D:\\myPathonTest_unpack')
```

结果显示解压缩成功，如图 6-21 所示。

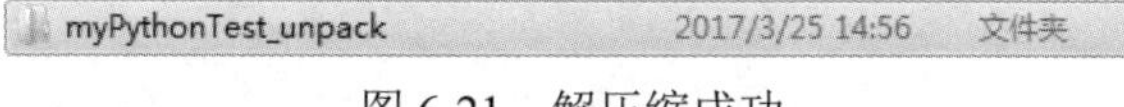

图 6-21　解压缩成功

删除刚刚解压缩得到的目录，代码如下：

```
shutil.rmtree(r'D:\myPythonTest_unpack')
```

习题 6

1. 把下列一段英文写入 describe.txt 文件中，同时要求将文件存放在 D:\python37\doc\目录下。

```
The Zen of Python, by Tim Peters
Beautiful is better than ugly.
Explicit is better than implicit.
Simple is better than complex.
Complex is better than complicated.
Flat is better than nested.
Sparse is better than dense.
```

2. 对例 6-2 创建的 mytext.txt 文件添加行号并重命名，效果如图 6-22 所示。

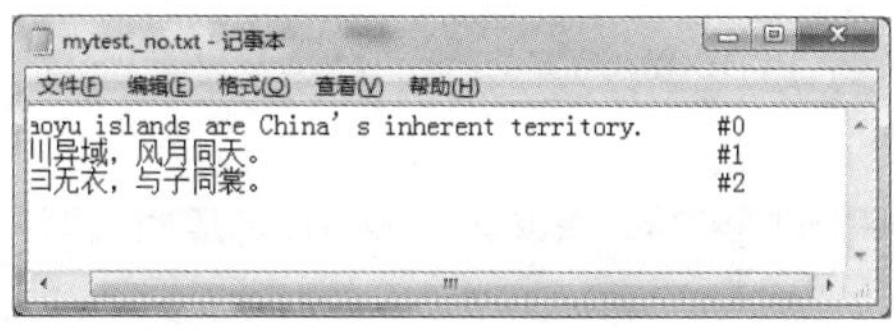

图 6-22　对文件添加行号并重命名的效果

请完成如下代码的填充：

```
filename='mytext.txt'
with ______________ as fp:                              # 打开文件并创建文件对象
   lines=fp.____________                                # 读取全部数据的方法
lines=[line.rstrip()+'  '*(50-len(line))+'#'+str(index)+'\n' for index,line in
enumerate(lines)]
with open(filename[:-__]+'_no.txt','w') as fp:          # 填写一个数字
   fp.______(lines)                                     # 填写对象方法
```

3. 将 mytext.txt 文件中的“岂曰无衣，与子同裳”读取出来并存放在名称为 subLine 的字符串中。请填充空白处。

```
filename='mytext.txt'
```

```
with open(filename,'r')  as fp:                         # 打开文件并创建文件对象
```

将字符串转换为字节流的两种常用方法是：

（1）通过字符串的______________方法。

（2）通过在字符串前加字母___________。（填写一个字母）

4．将 3098,Wahong Road,Shanghai 写入 D:\myPython3\road.dat 文件中。请填充如下代码：

```
import struct                                           # 导入 struct 模块
num=3098
road=',Wahong Road'.______________                      # 将字符串转换为字节流
city=__",Shanghai"                                      # 填写一个字母，将字符串转换为字节流
add=struct.pack('_________',num, road, city)            # 填写 format 格式
print(add)
print(struct.unpack('__________',add))                  # 反序列化后显示原数据
fp=open(r'_________','wb')
fp.write(add)                                           # 将字节流 add 写入文件
fp.close()                                              # 关闭文件
```

5．读取第 4 题中文件的内容。请填充如下代码：

```
import struct
fp=open(r'D:\myPython3\road.dat','    ')                # 填写打开方式
line=fp.read(9)                                         # 为什么是 9
print(                  )                               # 显示 line
fp.close()
```

6．将 Better City, Better Life 写入 D:\myPython3\myData.dat 文件中，并打开文件，显示内容。请填充如下代码：

```
with open(r'          ', 'wb') as fp:                   # 以写方式创建一个二进制文件
    fp.write(     'Better City,')                       # 填写一个字母
    fp.write('Better Life'.          )                  # 填写方法
fp.close()
with open(r'          ', 'rb') as fp:                   # 以读方式打开一个文件
     lines= fp.read()
    print(lines)
fp.close()
```

7．编写程序，把数据文件 german.data 转换为 CSV 文件 credit.csv（每行 21 个数据）。结果如图 6-23 所示。

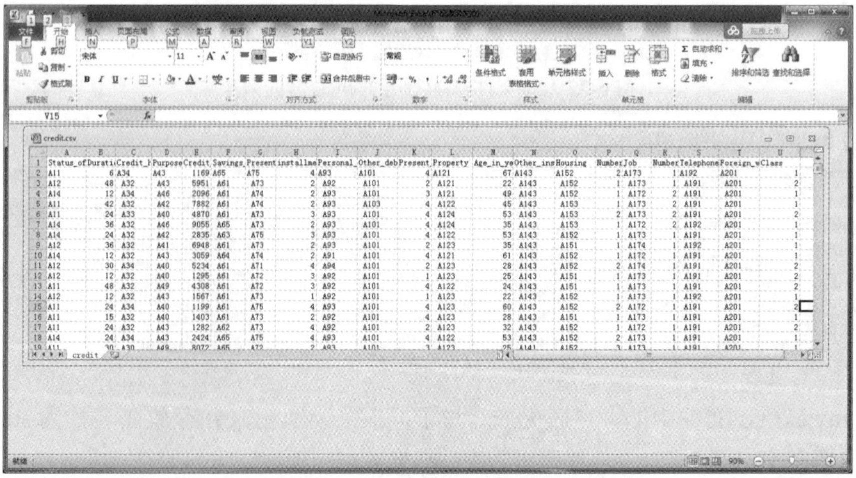

图 6-23　文件的下载和转换结果

8．编写程序，将文本文件中存放的电话号码、手机号码和邮箱地址读取出来并存放在 3 个文件中。

9．现有两个文本文件 A 和 B，文件 A 用来存储姓名，且每个姓名占用一行；文件 B 用来存储每个人对应的电话号码，且每个电话号码占用一行。电话号码的顺序和姓名的顺序正好相反。读取文件 A 和 B，将姓名及其电话号码合成一行（以空格分隔）后写入新文件中。

10．假设要将下棋的信息（棋子颜色、横坐标、纵坐标）保存到二进制文件中，请使用 struct 模块实现。棋子颜色可以是黑色或白色，坐标范围为 0～19。先尝试保存若干个步骤，再使用 struct 模块读出最后三步的数据并将其显示出来。

11．假设一个文本文件 words.txt 有 1000 行，要求编写程序，将其分成 10 个文件，即 words_01.txt、words_02.txt、…、words_10.txt，且每个文件有 100 行。

第 7 章 异常与异常处理

在日常的开发工作中，程序经常会因为代码错误而终止执行。异常是指程序运行时引发的错误，如除数为 0、下标越界、文件不存在、类型错误、键值错误、磁盘空间不足等。针对这些异常，我们需要进行合理的处理，使程序恢复正常运行，从而使得程序更加健壮、容错性更强，以及为用户提供更加友好的提示。当程序出现异常或错误后，能否调试程序并快速定位和解决存在的问题是程序员综合能力的重要体现。本章主要内容包括异常类、异常处理结构（try…except 语句、else 和 finally 子句）的使用、异常的嵌套传递、自定义异常类等。

7.1 异常

在代码编写完成并运行时，Output 中出现报错信息，这种情况就是俗称的“程序出 Bug 了”，这个 Bug 会阻止程序继续运行。

程序员的能力不仅体现在能够编写一段完整的代码，还体现在程序出现 Bug 后对代码的精准调试和修改（即 Debug 操作）。尤其是当代码越来越庞大和复杂时，就需要程序员花费更多的时间和精力来进行 Debug 操作。

有的错误是因为程序编写有问题造成的。比如，程序本来应该输出整数，结果输出了字符串。有的错误是因为用户输入造成的。比如，用户输入的电话号码少一位。这类错误可以通过检查用户输入来做出相应的处理。还有一类错误是完全无法在程序运行过程中预测的。比如，在写入文件的时候，磁盘满了，无法写入了，或者从网络抓取数据时，网络突然断开了。这类错误在程序中通常是必须被处理的，否则程序将会因为各种问题而终止并退出。

7.1.1 异常的定义

在程序的开发和运行过程中，我们总会遇到各种各样的错误。Python 程序中通常有语法错误、逻辑错误和运行时错误。

1. 语法错误

代码的执行通常由两部分组成——编译和运行。在代码运行之前，Python 解释器会对代码进行编译，并检测其中的错误。如果 Python 解释器遇到了不符合 Python 语法规则的代码，如单词或格式错误、缩进错误等，则会停止编译并返回错误信息，这种错误被称为语法错误。

语法错误示例：

```
print("Good Luck!"                    # print 语句缺少右括号
```

运行结果：

```
SyntaxError: invalid syntax
```

2. 逻辑错误

逻辑错误表示代码实现功能的逻辑有问题。程序运行时本身不会报错，但执行结果不正确。对于逻辑错误，Python 解释器无能为力，需要由用户根据结果来调试和判断。

逻辑错误示例：

已知一元二次方程 $ax^2+2bx+c=0$，计算该方程的两个根。

```
import math
a=1; b=2; c=1
x1 = -b + math.sqrt(b*b-4*a*c)/2*a          # 数学公式的书写不正确
x2 = -b - math.sqrt(b*b-4*a*c)/2*a          # 数学公式的书写不正确
print(x1, x2)
```

运行结果：

```
-2.0 -2.0
```

```
# 数学公式的正确书写
x1 = (-b + math.sqrt(b*b-4*a*c))/(2*a)
x2 = (-b - math.sqrt(b*b-4*a*c))/(2*a)
print(x1, x2)
```

运行结果：

```
-1.0 -1.0
```

错误一般无法通过其他代码处理。语法错误只能由用户根据系统提示修改相应的代码，逻辑错误也只能由用户找到相应的代码并进行修改。

3. 运行时错误

运行时错误（Runtime Error）在某些情况下也称为异常（Exception）。它是程序执行过程中出现的未知问题。与语法错误相比，运行时错误往往是不可预见的，所以需要不断运行和调试程序。

与语法错误相比，运行时错误比较难发现，因为它只有在程序运行时才会发生。在程序运行时，经常会出现如下几种常见的错误。

（1）错误一：0 不能做除数。

```
import math
2.0/math.log(1) 或 num=10%0
```

运行结果：

```
ZeroDivisionError: float division by zero      # 被 0 除的错误
```

（2）错误二：试图打开一个不存在的文件。

```
ft=open("notexistfile.txt",'r')
```

运行结果：

```
# 文件不存在的错误
FileNotFoundError: [Errno 2] No such file or directory: 'notexistfile.txt'
```

（3）错误三：变量名有大小写之分。

```
x,y=4,2
a=x/y
print(A)                                       # 变量 A 与 a 不同，变量 A 未定义的错误
```

运行结果：

```
NameError: name 'A' is not defined
```

```
print(a)                                       # a 存在，其值为 2
```

运行结果：

```
2
```

（4）错误四：对象类型不支持特定的操作。

```
age=18
print("我的年龄是：  "+age)
```

运行结果：

```
TypeError: can only concatenate str (not "int") to str     # 不能将字符串和整数相连
```

（5）错误五：参数类型不匹配。

```
 v=eval([lambda x:x+1 for x in [1,2,3]])
```

运行结果：

```
# 参数必须为字符串、字节或对象
TypeError: eval() arg 1 must be a string, bytes or code object
```

除此之外，还有下标越界、网络异常、类型错误、名称错误、字典键错误、磁盘空间不足错误等。这些情况并不是因为程序员的逻辑或拼写错误导致的，所以将这些错误称为异常。异常一般可以通过其他代码进行处理并修复。例如，可以使用 if 语句来避免在对年龄进行赋值时因输入了字符而出现异常的情况，可以使用捕获异常的方式来避免除零异常等。

严格来说，语法错误和逻辑错误不属于异常，但是有些语法错误往往会导致异常。例如，由于大小写拼写错误而试图访问不存在的对象或文件等。当 Python 检测到一个错误时，解释器就会指出当前程序流已经无法继续执行，这时就出现了异常。

7.1.2　Python 内建异常类

Python 内置了一套异常处理机制，可以帮助我们进行异常处理。图 7-1 所示为 Python 内建异常类的层级结构。

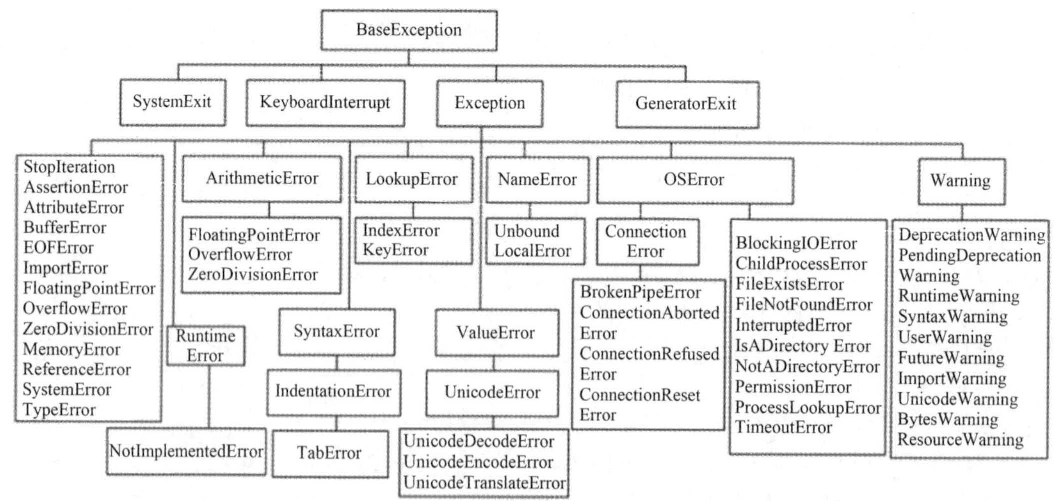

图 7-1　Python 内建异常类的层级结构

Python 中所有异常类的基类是 BaseException。从层级结构来看，BaseException 是最基础的异常类，Exception 类继承了它。而 BaseException 类除了包含所有的 Exception 类，还包含了 SystemExit、KeyboardInterrupt 和 GeneratorExit 三个异常类。

在捕获所有异常时，更应该使用 Exception 类而不是 BaseException 类，因为另外 3 个异常类属于更高级别的异常。对于另外 3 个异常类，合理的做法应该是交给 Python 解释器处理。

表 7-1 列出了部分常见异常，以及一些可能的原因。

表 7-1　部分常见异常

异　常　名	描述与例子
AttributeError	向一个对象发起了不可用的功能请求（通常是一个方法） ('huguosheng','huanghe','wuxinxin').sort() AttributeError: 'tuple' object has no attribute 'sort'　　# 元组没有 sort 属性 或 x=3, print(x.endswith(3)) AttributeError: 'int' object has no attribute 'endswith'　　# 整数没有 endswith 属性
IndexError	索引跨界 letter='stiei'[6] IndexError: string index out of range　　# 字符个数为 5，索引为 0～4
ImportError	import 语句无法找到请求的模块 import Math ImportError: No module named Math　　# Math 模块不存在
IOError	请求的文件不存在或不在指定位置 open("nonexistentFile.dat",'rb') FileNotFoundError: No such file or directory: 'nonexistentFile.dat' # nonexistentFile.dat 文件不存在
KeyError	字典中没有该键 Name={'h':"huguosheng",'w':"wuxinxin",'s':"shenghongyu"}, sName=Name['z'] KeyError: 'z'　　# 键'z'不存在
NameError	变量的值无法找到 temp=a NameError: name 'a' is not defined　　# 变量 a 无定义
TypeError	一个函数或一个操作符收到的参数类型错误 import math, [a,b]=abs([-3,3]) TypeError: bad operand type for abs(): 'list'　　# 列表没有 abs()方法 或 temp='a'+3 TypeError: can only concatenate str (not "int") to str　# 字符类型和整数类型的数据不能连接 或 temp=len(3098) TypeError: object of type 'int' has no len()　　# 整数对象没有 len()函数
ValueError	函数或操作符收到的参数类型正确，但是值不正确 x=int('a') ValueError: invalid literal for int() with base 10: 'a'　　# 字符不能作为 int()函数的实参 或 L=['huguosheng','huanghe','wuxinxin'], L.remove('xiaojia') ValueError: list.remove(x): x not in list　　# 'xiaojia'不在列表 L 中
ZeroDivisionError	在除法或取余操作中的第 2 个操作数为 0 d=1.0/0 ZeroDivisionError: float division by zero　　# 0 不能作为除数 或 r=24%0 ZeroDivisionError: integer division or modulo by zero　　# 0 不能取模

7.1.3　内建异常类的简单应用

例 7-1 简单异常处理。打开一个文件，向该文件中写入数据，具有捕获及处理异常功能，但并未发生异常，代码如下：

```
try:
    fp = open(r'D:\myTestFile.txt','w')
```

```
    # D 盘根目录下原先不存在 myTestFile.txt 文件，以写模式新建该文件
    fp.write("这是写文件的测试代码，用于测试异常和异常处理。")
# 由于 myTestFile.txt 文件的属性为可读、可写，所以向文件中写入内容成功
except IOError:      # 该异常没有发生
    print("Error: 没有找到文件或读取文件失败")
else:
    print("向文件中写入内容成功")
    fp.close()
```

运行结果：

```
向文件中写入内容成功
```

查看 D 盘根目录，可以看到创建了新文件 myTestFile.txt，使用“记事本”程序打开该文件，内容如图 7-2 所示。

图 7-2　新文件 myTestFile.txt 的内容

如果我们把 myTestFile.txt 文件的属性改为只读，再运行例 7-1 的程序，就会产生如下异常：

```
Error: 没有找到文件或读取文件失败。
```

7.2 异常处理

当一个程序发生异常时，代表该程序在执行时出现了非正常的情况，无法继续执行下去。在默认情况下，程序会终止执行。如果要避免程序退出，则可以使用捕获异常的方式获取这个异常的名称，再通过其他的逻辑代码让程序继续运行，这种根据异常做出的逻辑处理叫作异常处理。本节会详细介绍异常处理方法。

7.2.1 异常处理结构

1．try…except 结构

异常处理结构中最常见、最基本的是 try…except 结构。其语法格式如下：

```
try:
    <try 代码块>            # 被监控的语句，可能会引发异常
except 异常名 [as exec1]:
    <except 代码块>         # 处理异常的代码
```

try…except 结构的执行流程如下：首先执行 try 代码块，如果执行过程中出现异常，系统就会自动生成一个异常类型，并将该异常提交给 Python 解释器。这个过程被称为异常捕获。

当 Python 解释器收到异常对象时，它会寻找能处理该异常对象的 except 代码块。如果找到了合适的 except 代码块，就会把该异常对象交给该 except 代码块处理。这个过程被称为异常处理。如果 Python 解释器找不到处理异常的 except 代码块，则程序会终止运行，Python 解释器也将退出。

如果 try 代码块没有出现异常，则 Python 将执行 else 后面的代码（如果有 else 子句）。

如果程序出现异常但没有被 except 代码块捕获，则异常将被传递到上层的 try 代码块。如

果所有层都没有捕获并处理该异常，则程序会终止执行，并将该异常抛给最终用户。

如果需要捕获所有类型的异常或者不清楚异常的具体名称，则可以使用 BaseException 类，即 Python 异常类的基类，代码格式如下：

```
try:
    <try 代码块>
except BaseException as e:
    <except 代码块>              # 处理所有错误的代码
```

或者

```
except:
    <except 代码块>              # 处理所有错误的代码
```

上述代码可以捕获所有异常，但是一般并不建议这样做。因为这样不能针对具体的异常处理类型进行相应的处理。对于异常，我们希望显式捕获可能会出现的异常，并且有针对性地编写代码来进行处理，而在实现应用开发的过程中，我们很难使用同一段代码处理所有类型的异常。

下面的代码展示了一种处理异常的方式。Python 首先尝试执行 try 代码块，如果发生了一个 ValueError 异常，则跳转到 except 代码块。但是无论是否发生异常，最后两条语句都会被执行。

```
try:
    numOfStudents=int(input("请输入新生人数："))
except ValueError:
    print("你输入的人数不是正整数。")
    numOfStudents=40
totalIncome=7500.00*numOfStudents
print("总学费： ",totalIncome)
```

一个 try 语句可以包含几个 except 子句。下面是 3 种 except 子句类型。

except：发生了任何异常都会执行这个代码块中的内容。

except ExceptionType：只有发生了特定类型的异常才会执行这个代码块中的内容。

except ExceptionType as exp：只有发生了特定类型的异常才会执行这个代码块中的内容，并且问题的附加信息被赋给了 exp。

如果在之前讨论的 try 语句中，exception 子句是如下形式：

```
except ValueError as exec1:
```

那么变量 exec1 将会被赋值为异常的类型。在本例中，就是 unexpected EOF while parsing。

若将例 7-1 中的代码改写为：

```
except IOError as exec1：
    print(exec1)
```

则系统会显示异常。运行结果：

```
[Errno 2] No such file or directory: 'D:\\myTestFile.txt'    # 没有访问权限
```

例 7-2 异常处理。我们假设下面的程序在运行时会发生不同的情况。

代码如下：

```
def main():      # 显示一个文件中数据的分母情况
    try:
        fileName=input("请输入一个数据文件：")
        infile=open(fileName,'r')
        num=float(infile.readline())
```

```
        print(1/num)
    except IOError as exec1:
        print(exec1)
    except ValueError as exec2:
        print(exec2)
main()
```

运行结果：

```
#（1）假设 mytext.txt 文件不存在
请输入一个数据文件： 'mytext.txt'
No such file or directory: ' mytext.txt
#（2）假设 mytest.txt 文件存在，但第 1 行为非数值，如字符串、列表等
请输入一个数据文件： 'mytext.txt'
could not convert string to float: This is my first try.
#（3）假设 mytext.txt 文件存在，第 1 行为 0
请输入一个数据文件： 'mytext.txt'
ZeroDivisionError: integer division or modulo by zero
或：ZeroDivisionError: float division by zero
#（4）假设 mytext.txt 文件存在，第 1 行为 0.333333
请输入一个数据文件： 'mytext.txt'
3.000003
```

例 7-3 使用异常处理来保证用户提供了正确的输入。

代码如下：

```
def main():
    Name={'h':"hugusoheng",'f':"fanxiaoyan",'w':"wuxinxin"}
    while True:
        try:
            sName=input("请输入（ h,f 或 w）：")
            print(Name[sName])
            break
        except KeyError as exec1:
            print(exec1)
main()
```

运行结果：

```
#（1）输入的键不在 h、f 或 w 范围内时
    Please enter h, f or w: 'a'
    'a '
#（2）输入的键为 h、f 或 w 时
    Please enter h, f or w: 'f'
    fanxiaoyan
```

2. else 与 finally 子句

try 语句在 except 子句后还可以包含一个 else 子句。当程序没有发生错误时，将执行 else 子句。在 else 子句中可以放置不需要进行异常处理的代码。

一个 try 语句必须至少包含一个 except 或 finally 子句。

finally 子句的功能是：无论 try 代码块是否发生异常，最终都要进入 finally 子句，并执行其中的代码块。基于 finally 子句的这种特性，在某些情况下，当 try 代码块中的程序打开了一些物理资源（文件、数据库连接等）时，由于这些资源必须被手动回收，因此回收工作通常

被放在 finally 代码块中完成。

Python 垃圾回收机制只能帮助我们回收变量、类对象占用的内存，而无法自动完成关闭文件、数据库连接等工作。

例 7-4 越界处理。超出列表下标范围的异常处理代码如下：

```
sh_Resort=['Town Gods Temple','Yuyuan Garden','Nanjing Road','the Bund','Oriental
Pearl Tower', 'Ji\'nan Temple']
print ("请输入字符串的序号：  ")
while True:
    No=int(input())              # 将输入的字符串转换为整数类型
    try:
        print(sh_Resort[No])
    except IndexError:
        print("列表元素的下标越界或格式不正确，请重新输入字符串的序号。")
    else:
            break                # 结束循环
```

运行结果：

```
# (1)请输入字符串的序号：
3
the Bund
# (2)请输入字符串的序号：
10
列表元素的下标越界或格式不正确，请重新输入字符串的序号。
```

例 7-5 一个 except 子句捕获多个异常。例 7-2 演示了两个 except 子句的异常处理结构，类似于多分支选择结构。当然，我们也可以将要捕获的异常写在一个元组中，使用一个 except 子句捕获多个异常，并且共用一段异常处理代码。

代码如下：

```
try:
    x=int(input('请输入被除数：'))
    y=int(input('请输入除数：'))
    z=float(x)/y
except (ZeroDivisionError, TypeError, NameError):
    print("请检查：除数不能为 0，或者被除数和除数应为数值类型，或者变量不存在。")
else:
    print(x,'/',y,"=",z)
```

运行结果：

```
(1)请输入被除数：10
请输入除数：20
10 / 20 = 0.5
(2)请输入被除数：10
请输入除数：0
请检查：除数不能为 0，或者被除数和除数应为数值类型，或者变量不存在。
```

例 7-6 finally 子句是 try 语句的结束语句，无论是否发生异常情况，finally 子句最终都会被执行。

代码如下：

```
import sys
try:
```

```
    fp=open('foodgroup.txt', 'r')
    line=fp.readline()
    print(line)
finally:
    fp.close()
```

运行结果：

```
~0100~^~Dairy and Egg Products~
```

例 7-7 尝试计算存储在 mytext.txt 文件中的前 5 个“完美数”的总和及平均数，文件内容如图 7-3 所示。

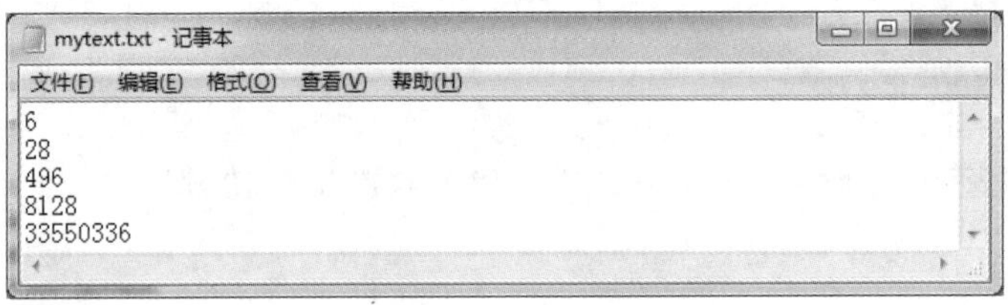

图 7-3　mytext.txt 文件内容

程序使用异常处理机制来应对一些意外情况。例如，文件不存在、文件为空或文件中有不包含数字的行。代码如下：

```
def main():
    total=0             # 总数
    counter=0           # 计数
    foundFlag=True
    try:
        infile=open("mytext.txt",'r')
    except IOError:
        print("文件不存在。")
        foundFlag=False
    if foundFlag:
        try:
            for line in infile:
                counter+=1
                    total+=float(eval(line))
            print("平均数:",total/counter)
        except ValueError:
            print("行：",counter,"不能转换为浮点数。")
            if counter>1:
                print("平均数：",total/(counter-1))
                print("总数：",total)
            else:
                print("无法计算平均数。")
        except ZeroDivisionError:
            print("文件为空。")
        else:
            print("总数：",int(total))
        finally:
            infile.close()
```

```
main()
```

运行结果：

```
# (1)如果文件最后一行非空（只有 5 行）
平均数: 6711798.8
总数:  33558994
# (2)如果文件最后一行为空行（6 行）
    SyntaxError: unexpected EOF while parsing
```

7.2.2　抛出异常：raise 语句

除程序运行出现异常、系统触发异常并进行相应处理之外，我们也可以使用 raise 语句自己触发异常。raise 语句的语法格式如下：

```
raise [异常 [,参数 [,回溯]]]
```

其中，用[]包裹起来的参数为可选参数，其作用是指定抛出的异常名称，以及异常信息的相关描述。如果可选参数被全部省略，则 raise 语句会把当前错误原样抛出。语法格式中的“异常”是指异常的类型（如 NameError）。语法格式中的参数是自己提供的异常参数，如果不提供该参数，则默认是 None。如果存在最后一个参数，则会跟踪异常对象。

raise 语句有如下 3 种常见用法。

raise：该语句引发当前上下文中捕获的异常（比如，在 except 代码块中），或者默认引发 RuntimeError 异常。

raise 异常：raise 后带一个异常类名称，表示引发指定类型的异常。

raise 异常（描述信息）：在引发指定类型的异常的同时，附带异常的描述信息。

定义一个异常的方法非常简单，例如：

```
def isValidVal( a ):
    if a<0:
        raise Exception("Invalid value", a)          # 触发异常，后面的代码不再执行
```

为了捕获异常，except 子句必须采用相同的异常来抛出类对象或字符串。例如，捕获以上异常时，except 子句如下：

```
try:
    <try 代码>
except Exception:
    触发自定义异常
else:
    <else 代码>
```

例 7-8　使用 raise 语句捕获异常的示例。

```
def isValidVal( a ):                                 # 自定义函数
    if a<0:
        raise Exception("Invalid value", a)          # 触发异常，后面的程序不再执行
try:
    isValidVal(-1)                                   # 触发异常
except Exception as result:
        print(result)
else:
        print("恭喜!有效值! ")
```

运行结果：

```
('Invalid value', -1)
```

若将 isValidVal(-1)修改为 isValidVal(1)，则结果为：

```
恭喜！有效值！
```

7.2.3 断言：assert 语句

assert（断言）语句用于判断一个表达式，并在表达式的条件为 false 时触发异常。assert 语句可以在不满足程序运行条件的情况下直接返回错误，而不必等待程序运行后出现崩溃的情况。assert 语句的主要功能是帮助程序员调试程序，以保证程序运行的正确性，一般在开发调试阶段使用。其语法格式如下：

```
assert expression [, arguments]
```

当 expression 部分为 True 时，程序继续正确执行；当该部分为 False 时，程序抛出后面的 arguments 错误提示。

其作用等价于如下代码：

```
if not expression:
   raise AssertionError(arguments)
```

例 7-9 使用 assert 语句捕获异常示例 1。

```
a = 0
assert a!=0,"a 的值不能为 0"
```

运行结果：

```
AssertionError: a 的值不能为 0
```

例 7-10 使用 assert 语句捕获异常示例 2。

```
def fun1(a,b):
   assert b!= 0
   return a/b
print('4 除以 2=',fun1(4,2))
print('4 除以 0=',fun1(4,0))
```

运行结果：

```
4 除以 2= 2.0
---------------------------------------------------------------------------
AssertionError    Traceback (most recent call last)
<iPython-input-9-c33bdc18183c> in <module>
     3    return a/b
     4 print('4 除以 2=',fun1(4,2))
----> 5 print('4 除以 0=',fun1(4,0))

<iPython-input-9-c33bdc18183c> in fun1(a, b)
     1 def fun1(a,b):
----> 2     assert b!= 0
     3    return a/b
     4 print('4 除以 2=',fun1(4,2))
     5 print('4 除以 0=',fun1(4,0))

AssertionError:
```

7.3 实现异常的传递和自定义异常

7.3.1 异常的嵌套传递

1. try 嵌套传递

异常代码块可以嵌套。当内层代码出现异常，但是该异常类型与指定的异常类型不匹配时，就会向外层传递该异常。如果该异常类型与外层指定的异常类型匹配，则异常会被处理。如果仍然不匹配，则继续向外层传递该异常，直至将其传递到最外层。如果最后还是没有找到与其匹配的指定的异常类型，就会采用默认的处理方法，即停止程序，并抛出异常信息。

例 7-11 try 嵌套传递示例 1。外层的 try 语句触发的异常类型与外层 except 子句捕获的异常类型匹配。

```
try:
    # 外层的 try 语句以只读模式打开目录下不存在的 mytext.txt 文件，触发异常
    f = open("mytext.txt","r")
    try:
        content = f.read()
        print(content)
        f.close()
    except NameError as error:
        print("错误 1:%s" % error)
except FileNotFoundError as error:   # 匹配外层的 try 语句中触发的异常类型
    print("错误 2:%s" % error)
```

运行结果：

```
错误 2:[Errno 2] No such file or directory: 'mytext.txt'
```

如果我们把上面代码中的两个异常类型互换一下位置，那么这个异常与指定的异常类型不匹配，就会被传递给 Python 解释器，最终由解释器来终止程序。

例 7-12 try 嵌套传递示例 2。将例 7-11 中内层和外层的异常类型互换一下位置，使外层的 try 语句触发的异常类型与外层 except 捕获的异常类型不匹配。

```
try:
    # 外层的 try 语句以只读模式打开目录下不存在的 mytext.txt 文件，触发异常
    f = open("mytext.txt","r")
    try:
        content = f.read()
        print(content)
        f.close()
    except FileNotFoundError as error:
        print("错误 2:%s" % error)
except NameError as error:  # 不匹配外层的 try 语句中触发的异常类型
    print("错误 1:%s" % error)
```

运行结果：

```
---------------------------------------------------------------------------
FileNotFoundError                         Traceback (most recent call last)
<iPython-input-2-8a19c56d70a9> in <module>
      2
      3 try:
```

```
----> 4     f = open("1.txt","r")
      5    try:
      6        content = f.read()

FileNotFoundError: [Errno 2] No such file or directory: 'mytext.txt'
```

例 7-13 try 嵌套传递示例 3。

```
try:
    f = open("mytext.txt","w")             # 外层的 try 语句无异常
    try: # 内层的 try 语句有异常，如果内层的 except 子句无法捕获异常，可向外层的 try 语句传递该异常
        print(a)
    except FileNotFoundError as error:     # 此异常类型与内层 try 语句中触发的异常类型不匹配
        print("错误 1:%s" % error)
except NameError as error:                 # 此异常类型与内层 try 语句中触发的异常类型匹配
    print("错误 2:%s" % error)
```

运行结果：

```
错误 2:name 'a' is not defined
```

可以看到，内层的 try 语句指定的异常类型与实际发生的异常类型不匹配，该异常被传递到外层的 try 语句，正好外层的 try 语句指定处理的异常类型就是实际发生的异常类型，因此异常能被捕获并处理。

2．函数嵌套调用传递

从产生异常的地方开始传递到调用异常的地方，如果异常一直没有被处理，就会被一直传递到主函数中，然后停止程序并报出异常信息。

在开发过程中，我们可以在主函数中增加异常捕获模块。而在主函数中调用其他函数时，只要出现异常，就会被传递到主函数的异常捕获模块中，这样就不需要在代码中增加大量的异常捕获模块，从而保证了代码的简洁性。

例 7-14 函数嵌套调用传递示例 1。主程序没有异常捕获功能。

```
def demo1():
    return int(input('输入整数：'))
def demo2():
    return demo1()
print(demo2())
```

运行结果：

```
输入整数：a
---------------------------------------------------------------------------
ValueError                                Traceback (most recent call last)
<iPython-input-5-edb46f246ede> in <module>
      7    return demo1()
      8
----> 9 print(demo2())
<iPython-input-5-edb46f246ede> in demo2()
      5
      6 def demo2():
----> 7     return demo1()
      8
      9 print(demo2())
```

```
<iPython-input-5-edb46f246ede> in demo1()
      2
      3 def demo1():
----> 4     return int(input('输入整数：'))
      5
      6 def demo2():

ValueError: invalid literal for int() with base 10: 'a'
```

程序执行的逻辑：demo1()发生异常→传递给 demo2()→传递给主程序的 print()函数→主程序未捕获异常，程序终止。

实例 7-15 函数嵌套调用传递示例 2。主程序带有异常捕获功能。

```
def demo1():
    return int(input("输入整数："))
def demo2():
    return demo1()
# 利用异常的传递性，在主程序中捕获异常
try:
    print(demo2())
except Exception as result:
    print(f'错误为：{result}')
```

运行结果：

```
输入整数：a
错误为：invalid literal for int() with base 10: 'a'
```

程序执行的逻辑：demo1()发生异常→传递给 demo2()→传递给主程序的 print()函数→主程序捕获异常并输出提示信息。

假设一个异常是在一个函数中产生的，例如，函数 A 调用函数 B，函数 B 又调用函数 C，而异常是在函数 C 中产生的。如果函数 C 没有对这个异常进行处理，这个异常就会被传递到函数 B 中。如果函数 B 可以对这个异常进行处理，就会按照函数 B 的处理方式进行处理；如果函数 B 也没有对这个异常进行处理，这个异常就会被继续传递，以此类推。如果所有的函数都没有处理这个异常，此时就会进行异常的默认处理。

7.3.2 自定义异常类

在实际开发中，有时系统提供的异常类型并不能满足开发的需求。这时你可以通过创建一个新的异常类来拥有自己的异常。只需要直接或间接继承 Python 内置异常类 Exception，就可以实现自定义异常类。在 Python 中，抛出自定义异常的语法格式为“raise 异常类对象”。例如，最简单的自定义异常类：

```
class printException(Exception):     # 自定义异常类
    pass
```

下面以 RuntimeError 类为基类，创建自定义异常类，用于在触发异常时输出更多的信息。代码如下：

```
class Accesserror(RuntimeError):     # 自定义异常类
    def __init__(self, arg):
        self.args = arg
```

在定义以上类后，就可以触发该异常。在 try 代码块中，抛出用户自定义的异常后执行

except 代码块，变量 e 是用于创建 Accesserror 类的实例：

```
try:
    raise Accesserror("连接不上主机")        # 抛出异常
except Accesserror as e:
    print(''.join(e.args))
```

运行结果：

```
连接不上主机
```

在这里捕获异常后，打印出的内容就是“连接不上主机”，使用起来很方便，但是一旦使用 raise 语句抛出一个异常，之后的语句就不会再执行了。另外，还有一个缺点就是，在每次使用 raise 语句时，我们都需要写异常的说明，即"连接不上主机"这个字符串。接下来，我们做一些改进：

```
class Accesserror(RuntimeError):            # 自定义异常类
    def __init__(self, arg='连接不上主机'):
        self.args = arg
try:
    raise Accesserror()
except Accesserror as e:
    print(''.join(e.args))
```

这样一来，自定义异常类有自己的初始化代码，以及一个默认的错误说明。在使用 raise 语句时，就不需要用户自己输入错误说明了，使用起来很方便。

再如，下面的示例：

```
class MyError(Exception):                   # 自定义异常类
    def __init__(self,value):
        self.value=value
    def __str__(self):
        return repr(self.value)
try:
    raise MyError(2*5)
except MyError as e:
    print("My exception occurred,value:%d"%e.value)
运行结果：My exception occurred,value:10
```

如果我们编写的某个模块需要抛出多个不同但相关的异常，则可以先创建一个基类，然后创建多个派生类来分别表示不同的异常。例如：

```
class Error(Exception):                     # 创建基类
pass

class InputError(Error):                    # 创建派生类 InputError
def __init__(self,expression,message):
    self.expression=expression
    self.message=message

class TransitionError(Error):               # 创建派生类 TransitionError
def __init__(self,previous,nest,message):
    self.previous=previous
    self.next=next
    self.message=message
```

习题 7

1．异常与错误有什么区别？

2．Python 内建异常类的基类是___________，在捕获所有异常时更应该使用_______________________而不是___________________。

3．下面的每条语句都会产生一条 Traceback 错误信息，在表 7-2 中标为 a～t。请将错误信息与对应语句连起来。

（1）x=int("1.234")　　(a)

（2）f=open("abc.txt",'p')　　(b)

（3）num=abs('-3')　　(c)

（4）total=(2+'3')　　(d)

（5）x=['a','b'][2]　　(e)

（6）x=list(range(1,9))[8]　　(f)

（7）x=23　　(g)

print(x.startswith(2))

（8）x=8　　(h)

x.append(2)

（9）{'1':"uno",'2':"dos"}[2]　　(i)

（10）{'Mars':'War',"Neptune":'Sea'}["Venus"]　　(j)

（11）num=[1,3].index(2)　　(k)

（12）num=(1,3).index(-3)　　(l)

（13）letter=("ha"*5)[10]　　(m)

（14）s=""[-1]　　(n)

（15）x=[1,2,3].items()　　(o)

（16）(2,3,1).xyz()　　(p)

（17）num=eval(123)　　(q)

（18）value=min[1,'a']　　(r)

（19）del (2,3,1)[2]　　(s)

（20）print(2 in "OneTwo")　　(t)

（21）{'air','fire','earth','water'}.sort()

（22）["air","fire","earth"].remove("water")

表 7-2　错误信息

(a)	ValueError: tuple.index(x): x not in tuple
(b)	IndexError: list index out of range
(c)	AttributeError: 'int' object has no attribute 'append'
(d)	TypeError: eval() arg 1 must be a string, bytes or code object
(e)	KeyError: 'Venus'
(f)	ValueError: invalid literal for int() with base 10: '1.234'
(g)	IndexError: string index out of range
(h)	TypeError: 'tuple' object doesn’t support item deletion

续表

(i)	AttributeError: 'int' object has no attribute 'startswith'
(j)	TypeError: unsupported operand type(s) for +: 'int' and 'str'
(k)	ValueError: invalid mode: 'p'
(l)	TypeError: bad operand type for abs(): 'str'
(m)	TypeError: 'in <string>' requires string as left operand, not int
(n)	AttributeError: 'list' object has no attribute 'items'
(o)	ValueError: 2 is not in list
(p)	ValueError: list.remove(x): x not in list
(q)	TypeError: 'built-in_function_or_method' object is not subscriptable
(r)	AttributeError: 'set' object has no attribute 'sort'
(s)	KeyError: 2
(t)	AttributeError: 'tuple' object has no attribute 'xyz'

4．使用 if…else 语句替换 try…except 语句，重写下面的代码。

```
phoneBook={"Fanxiaoyan":"021-57122333","Xiaojia":"021-57121333"}
name=input("Enter a name: ")
try:
    print(phoneBook[name])
except KeyError:
print("Name not found.")
```

5．写出下列程序的输出结果。

（1）代码如下：

```
flower="Bougainvilles"
    try:
    lastLetter=flower[13]
    print(lastLetter)
    except TypeError:
    print("Error occurred.")
    except IndexError as exc:
    print (exc)
    print("Oops")
```

（2）假设 Ages.txt 文件位于当前文件夹下，并且文件的第 1 行为 Twenty-one\n。代码如下：

```
try:
    infile=open("Ages.txt",'r')         # 如果文件不存在，则抛出 FileNotFound 异常
    age=int(infile.readline())          # 如果文件读取不成功，则抛出 ValueError 异常
    print("Age: ",age)
except IOError:
    print('File Ages.txt not found.')
except ValueError:
    print("File Ages.txt contains an invalid age.")
    infile.close()
else:
infile.close()
```

（3）代码如下：

```
infile = open("Salaries.txt",'w')
infile.write(' 20000\nTwenty-oneU\n')
def main():
```

```
    try:
        infile=open("Salaries.txt",'r') # 如果文件不存在，则抛出 FileNotFound 异常
        salary=int(infile.readline())    # 如果文件读取不成功，则抛出 ValueError 异常
        print("Salary: ",salary)
    except IOError:
        print("File Salaries.txt not found.")
    except ValueError:
        print("File Salaries.txt contains an invalid salary.")
        infile.close()
    else:
        infile.close()
    finally:
        print("Thank you for using our program.")

main()
```

6. 下面的自定义异常类的代码可以对输入的手机号码进行检查。如果输入的手机号码含有非数字字符，则抛出自定义异常 1，提示用户“手机号码含非数字”；如果手机号码长度不足 11 位，则提示用户“手机号码长度不足”。请完成空格部分代码的填写。

```
class MyException(_______________):               # 自定义异常类，继承 Exception 类
    pass
try:                                              # 抛出异常:尝试执行
    phone_num = input("请输入手机号：")
    if phone_num.isdecimal() is False:
# 抛出 MyException 异常，提示"手机号码含非数字"(自定义异常 1)
        _____________________("手机号码含非数字")
    elif len(phone_num) != 11:
        raise MyException("手机号码长度不足")     # 抛出自定义异常 2
except MyException as error:                      # 捕获该自定义异常
    print("提示：%s" % error)
else:
    print("输入正确！" )
```

当输入为如下 3 种情况时，请写出运行结果。

① 请输入手机号：1234a345。

② 请输入手机号：1389536547。

③ 请输入手机号：13895365471。

第 8 章 面向对象编程

面向对象编程的核心思想是将数据及数据操作集成、封装在一起，使数据使用更加安全。面向对象编程的核心思想的应用已经扩展到数据库系统、用户图形交互式界面、分布式系统、大数据、人工智能等领域。本章主要介绍了面向对象编程中的类与对象、属性与方法、私有成员与公有成员、构造方法与析构方法等。读者需要重点掌握类与对象的定义、如何访问属性与方法，以及继承与多态的应用。

8.1 类与对象

8.1.1 面向对象编程的基本概念

将数据及对数据进行的操作封装在一起，组成一个相互依存、不可分割的整体（对象）的设计过程，称为面向对象编程（Object-Oriented-Programming，OOP）。OOP 是对真实世界模型的自然延伸。现实世界是由事物构成的，且事物之间存在联系，而 OOP 将客观事物抽象成对象，将事物之间的关系抽象成类，用抽象的方式来解读现实世界。

1. 对象

面向对象编程是以对象为中心的，即“万物皆对象”。现实世界是由事物组成的，因此任何客观存在的事物均可以被称为对象（Object），且任何对象都具有自己的特征（属性）和行为（方法）。例如，时控电风扇、声控电风扇、无噪声电风扇、灯头电风扇、火柴盒电风扇等家电对象都有各自的特征和呈现给外界的行为，如风扇叶片、主机支架、使用寿命、风量大小等。

2. 类

现实世界中的万物之间是有联系的，将这种联系进行抽象可以形成各种各样的类。具有相同属性和行为的一组对象的集合可以形成一个类。类可以为属于该类的事物对象提供统一的抽象描述。任何对象都是某个类的实例对象。例如，时控电风扇、声控电风扇、无噪声电风扇可以被抽象成一个“风扇”类。实例对象是具体的，而类是抽象的。

3. 面向对象编程的特征

面向对象编程的三大主要特征是封装、继承、多态。

封装是指把对象的数据（属性）和操作数据的过程（方法）结合在一起，构成独立的单元。如图 8-1 所示，将 3 种电风扇共有的网罩、扇叶、立柱特征抽象出来，并集成在一起的过程就是封装。

继承反映的是类与类之间的抽象级别。根据继承与被继承关系，类可以分为基类（父类）和衍生类（子类）。如图 8-2 所示，从父类，即电器中可以派生出洗衣机、电风扇、空调这 3 个子类。

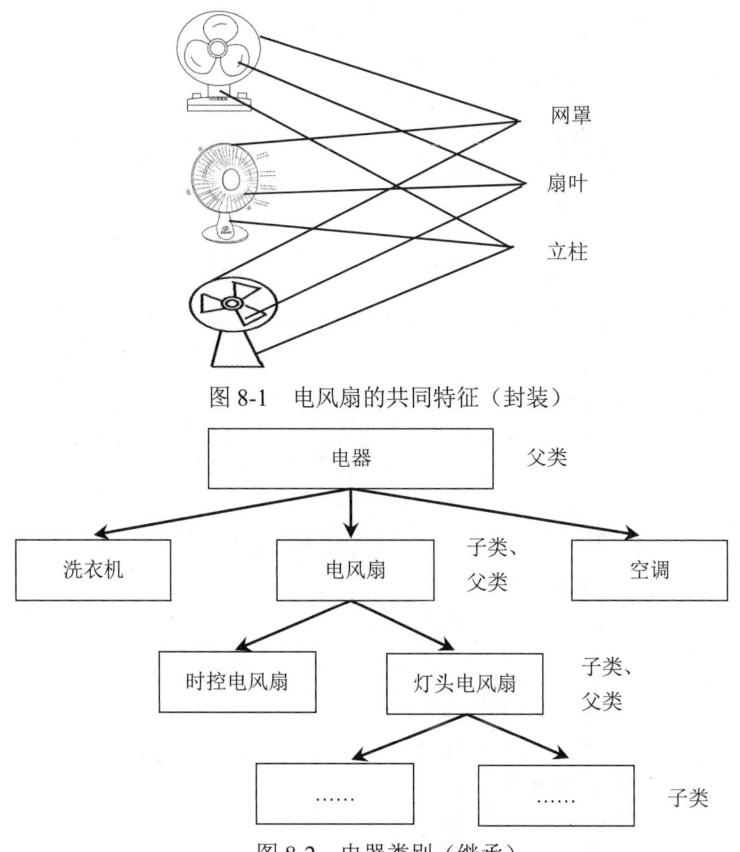

图 8-1 电风扇的共同特征（封装）

图 8-2 电器类别（继承）

多态是指相同名称的方法产生了多个不同的行为，即不同的对象在收到相同的消息时产生了不同的行为方式。对于不同的电风扇来说，它们各自的工作状态也会有所不同。比如，声控电风扇装有微型电子接收器，可以通过声音控制自己的运转状态；灯头电风扇可以借助灯泡的灯头进行工作等。

8.1.2 类的定义

类的定义格式如下：

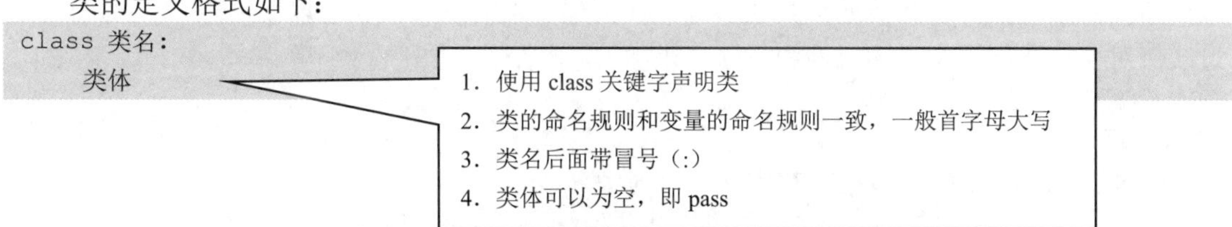

类体中方法的定义与普通函数的定义相似，两者的主要区别是类体中方法定义的第 1 个参数为 self，当创建一个实例对象时，每个方法中的 self 参数都指向这个对象。

例 8-1 定义一个大数据类。

```
class BigdataClass(object):
    def __init__(self,volume,value,velocity,veracity,variety):
        self.volume = volume
        self.value = value
```

```
        self.velocity = velocity
        self.veracity = veracity
self.variety = variety

    def print_func(self):
        print("This is bigdata.")
```

例 8-2 创建一个冠状病毒类。

```
class CoronavirusClass:
    def __init__(self,shape,diameter):
        self.shape = shape
        self.diameter = diameter
        self.fatmembrane = True
        self.glycoprotein = True
        print('病毒形状像%s,直径约%f 微米' % (self.shape,self.diameter))

    def propagate(self):
        print('''冠状病毒主要通过呼吸道飞沫和密切接触进行传播;
                感染症状主要表现为发热、干咳、乏力。
            ''')

    def prevent(self):
        print('''讲卫生，勤洗手，不让病毒身上留
                 戴口罩，遮鼻口，个人防护记心头
                 人多处，要少去，亲朋好友暂不聚
                 做饭菜，得讲究，生熟食材要分开
                 消毒液，调配比，戴上口罩和手套
                 喷一喷，抹一抹，做好消毒护全家
            ''')
```

8.1.3 对象的定义和使用

对象的定义格式如下：

```
对象名=类名([参数 1, 参数 2, …])
```

上述语句声明了一个变量以指向该对象类型，可以自动调用该类的构造器，使用 self 参数引用该对象，并将参数传递给其他参数。在创建实例对象后，就可以使用“.”运算符并通过实例对象来访问这个类的属性和方法（函数），语法格式如下：

```
对象名.属性名
对象名.方法名()
```

例 8-3 从例 8-1 的大数据类实例化一个对象。

```
bgdata = BigdataClass()            # 实例化对象
bgdata.print_func()                # 调用对象的成员方法
```

运行结果：

```
This is bigdata.
```

例 8-4 从例 8-2 的冠状病毒类实例化一个对象。

```
w = CoronavirusClass('皇冠', 0.125)
w.prevent()
```

运行结果：

```
病毒形状像皇冠，直径约 0.125000 微米
讲卫生，勤洗手，不让病毒身上留
戴口罩，遮鼻口，个人防护记心头
人多处，要少去，亲朋好友暂不聚
做饭菜，得讲究，生熟食材要分开
消毒液，调配比，戴上口罩和手套
喷一喷，抹一抹，做好消毒护全家
```

例 8-5 根据输入的个人信息，判断该用户是否为未成年人。创建一个 DecideAge 类，并声明该类的实例对象 student1。

```
class DecideAge:
    def __init__(self,age,height,id):
        self.age = age
        self.height = height
        self.id = id

    def getResult(self):
        if self.age<18:
            print("未成年人，请勿吸烟！请勿喝酒！")
        else:
            printnt("成年人，吸烟喝酒有害健康！")

student1 = DecideAge(16,'160','421056220040101667X')
student1.getResult()
```

运行结果：

```
未成年人，请勿吸烟！请勿喝酒！
```

8.2 属性与方法

8.2.1 属性与方法的定义

根据类的定义可知，类体中封装的是这一类事物对象共有的数据（属性）和方法（行为）。

属性：在程序中，类或对象的特征称为属性。属于同一个类的对象都具有相同的属性，但各个对象都拥有各自的属性值，且这些属性值区分了不同的对象。

方法：在程序中，类或对象的行为称为方法。这里仅介绍实例方法。实例方法是依附于类对象的方法，即成员方法。

1. 类属性

类属性是指在类体中所有方法外定义的变量。类属性属于类，被类的所有实例共享。

2. 实例属性

实例属性是对象所具有的属性，属于实例对象，通常是在构造方法中进行定义并初始化的变量。

3. 实例方法

实例方法属于实例对象，是指在类中定义的且第 1 个参数为实例对象的函数，默认使用 self 表示实例对象本身。其定义格式如下：

```
def 方法名(self,[参数列表]):
```

```
函数体
```

例 8-6 类属性、实例属性和实例方法的创建示例。

```
class Professor():
    name = None
    age = None
    print('name 和 age 都是类属性')
    def __init__(self,sex):
        self.sex = sex
        print('实例属性 sex 的值是:%s' % self.sex)
    def obj_Func(self):
        print('obj_Func 是实例方法')
```

例 8-7 创建学校的通信与信息学院类，并在构造方法中设置 4 个属性——专业、院长、教师人数、学生人数和 1 个实例方法——course()。

```
class CollegeOfcommunication():
    def __init__(self,major,principal='HU GUOSHENG',teachernum=100,
                    studentnum=3000):
    self.major = major
    self.principal = principal
    self.teachernum = teachernum
    self.studentnum = studentnum
def course(self):
    print('开设的公共基础课包括《马克思主义哲学》《大学英语》')
```

8.2.2 属性与方法的访问

1. 访问类属性的方式

无论是在类内部还是在类外部，访问类属性的方式都是：类名.类属性。

2. 访问实例属性和实例方法的方式

（1）在类外部访问：实例对象名.实例属性/实例对象名.实例方法名()。

（2）在类内部访问：self.实例属性/self.实例方法名()。

无论是类属性还是实例属性，都可以在类外部，通过类名和实例对象名进行设置。

例 8-8 在例 8-6 的基础上，访问类属性、实例属性和实例方法。

```
zhaoxiaobin = Professor('Male')
zhaoxiaobin.obj_Func()
```

运行结果：

```
name 和 age 都是类属性
实例属性 sex 的值是:Male
obj_Func 是实例方法
```

例 8-9 在例 8-7 的基础上，创建一个 bigdata_tec 对象，并访问实例属性和实例方法。

```
bigdata_tec = CollegeOfcommunication('大数据技术',10,100)
print('%s 专业带头人是%s 老师、共计教师%s 人、学生%s 人。' % (bigdata_tec.major,bigdata_
tec.principal, bigdata_tec.teachernum,bigdata_tec.studentnum))
bigdata_tec.course()
```

运行结果：

```
大数据技术专业带头人是 HU GUOSHENG 老师、共计教师 10 人、学生 100 人。
开设的公共基础课包括《马克思主义哲学》《大学英语》
```

8.3　私有成员与公有成员

在 Python 程序中，类的成员有访问权限限制，分为私有成员和公有成员。私有成员不能直接在类的外部被访问，一般是在类的内部被访问和操作的；公有成员可以被公开访问，既可以在类的内部被访问，又可以在外部程序中被使用。除了私有成员，其他成员都默认是公有访问属性。

在 Python 中，以下画线开头的变量名和方法名有特殊的含义。

__xxx__：系统定义的特殊成员，以双下画线开头，如__str__、__init__等。

__xxx：以双下画线开头但是不以双下画线结尾，这种变量和方法称为私有成员，如__val、__name 等。

例 8-10 定义一个邮箱类，并将密码设置为私有属性，将账户设置为公有属性。

```
class Mailbox():
    def  __init__(self,account='stieicount@126.com',password='********'):
        self.account = account          # 公有属性
        self.__password = password      # 私有属性

    def sendEmail(self,act,pwd=''):
        if pwd!='':
            print('账户：%s  密码：%s' % (act, pwd))
        else:
            print('账户：%s  密码：%s' % (act, self.__password))
        print('使用该邮箱的账户和密码执行发送邮件操作！')
    def  __str__(self):
        return ('该对象具有两个属性：账户、密码')

mailobj = Mailbox()
print(mailobj)
print('默认发件方账户为%s ' % mailobj.account)
mailobj.sendEmail('chinacomeon@sohu.com','')
```

运行结果：

```
该对象具有两个属性：账户、密码
默认发件方账户为 stieicount@126.com
账户：chinacomeon@sohu.com  密码：********
使用该邮箱的账户和密码执行发送邮件操作！
```

（1）__str__()方法用来返回一个对象的描述信息，属于特殊成员方法。当使用 print 语句输出对象时，只要用户定义了__str__(self)方法，就会打印出这个方法中 return 子句返回的数据。

（2）我们可以在类的内部访问私有属性__password，如果在类的外部访问__password 属性，就会抛出 AttributeError 异常，并提示'Mailbox'对象不能访问__password 属性。

```
print('默认发件方密码为%s' % mailobj.__password)
```

运行结果：

```
AttributeError 异常，提示'Mailbox' object has no attribute '__password'。
```

例 8-11 观察例 8-10，不能直接在类的外部访问私有属性，但是可以间接访问或修改私有属性值。

```
class Mailbox():
    def  __init__(self,account='stieicount@126.com',password='********'):
```

```
        self.account = account
        self.__password = password

    def sendEmail(self,act,pwd=''):
        if pwd!='':
            print('账户: %s  密码:%s' % (act, pwd))
        else:
            print('账户: %s  密码:%s' % (act, self.__password))
        print('使用该邮箱的账户和密码执行发送邮件操作! ')

    def setPassword(self,newpassword):
        print('原始邮箱密码: %s' % self.__password)
        self.__password = newpassword
        print('修改后的邮箱密码: %s' % self.__password)        # 访问私有属性

mailobj = Mailbox()
mailobj.setPassword('stiei1960*@.')                          # 间接访问私有属性
```

运行结果：

```
原始邮箱密码: ********
修改后的邮箱密码: stiei1960*@.
```

例 8-12 除了私有变量，还有私有方法。定义一个电风扇类，并且创建一个灯头电风扇实例对象，分别在类的外部访问公有方法和私有方法，代码如下：

```
class ElectricfanClass():
    def __init__(self,bladesnum,motorspeed,convfre):
        self.bladesnum = bladesnum
        self.motorspeed = motorspeed
        self.convfre = convfre

    def __doJob(self):
        print("电风扇的工作原理是通电线圈因为在磁场中受力而发生转动。")

    def get_attributes(self):
        return self.bladesnum,self.motorspeed,self.convfre

lampholderfan = ElectricfanClass(3,150,False)
bladesnum,motorspeed,convfre = lampholderfan.get_attributes()
print("灯头电风扇的叶片数量是{0}、电机转速是{1}r/min、是否变频{2}".format(bladesnum,
motorspeed,convfre))
```

运行结果：

```
灯头电风扇的叶片数量是 3、电机转速是 150r/min、是否变频 False
```

如果想要公开访问私有方法，则会抛出 AttributeError 异常，提示 ElectricfanClass 类中没有私有方法__doJob()：

```
lampholderfan.__doJob()
```

运行结果：

```
AttributeError: 'ElectricfanClass' object has no attribute '__doJob'
```

例 8-13 与访问私有属性相同，虽然不可以公开访问私有方法，但是可以在类的内部间接访问私有方法。下面的代码通过访问 get_privatefunc()方法来达到间接访问私有方法__doJob()

的目的：

```
class ElectricfanClass():
    def  __init__(self,bladesnum,motorspeed,convfre):
        self.bladesnum = bladesnum
        self.motorspeed = motorspeed
        self.convfre = convfre

    def __doJob(self):
        print("电风扇的工作原理是通电线圈因为在磁场中受力而发生转动。")

    def get_attributes(self):
        return self.bladesnum,self.motorspeed,self.convfre

    def get_privatefunc(self):
        self.__doJob()

    lampholderfan = ElectricfanClass(3,150,False)
    lampholderfan.get_privatefunc()
```

运行结果：

```
电风扇的工作原理是通电线圈因为在磁场中受力而发生转动。
```

8.4 构造方法与析构方法

类中常用的内置方法就是构造方法和析构方法。构造方法是对象被创建之后第 1 个被对象自动调用的方法。它存在于每个声明的类中，是一个特殊的成员方法，其作用是执行实例属性的初始化任务。析构方法的作用和构造方法正好相反，它是对象被销毁之前最后一个被对象自动调用的方法。

形象地讲，构造方法和析构方法类似于两个哨兵，当创建一个对象时，构造方法负责通知计算机，现在需要为实例对象申请所需内存了；当销毁一个对象时，析构方法负责通知计算机，现在可以收回并释放所占用的计算机内存资源了。

8.4.1 构造方法

构造方法__init__(self,...)在创建对象时被调用，主要负责实例属性的初始化操作，不需要用户显式调用，由系统默认执行。如果用户没有重新定义构造方法，系统就会自动执行默认的构造方法。

构造方法的语法格式如下：

```
def  __init__(self[,arg1,…]):
    方法体
```

例 8-14 构造方法使用示例。

```
class Satellite:
    def __init__(self,name,launchtime,launchsite):    # 定义构造方法
        self.name = name
        self.launchtime = launchtime
        self.launchsite = launchsite
```

```
    def launch(self):
        print('{0}, {1}于{2}成功发射。'.format(self.launchtime,self.name,
self.launchsite))

szspaceship = Satellite('海洋一号 D 卫星','2020 年 6 月 11 日凌晨 2 时 31 分','太原卫星发射中心')
szspaceship.launch()
```

运行结果：

```
2020 年 6 月 11 日凌晨 2 时 31 分，海洋一号 D 卫星于太原卫星发射中心成功发射。
```

上述构造方法分别为卫星的 name、launchtime、launchsite 属性进行了初始化操作。

例 8-15 创建一个 Oval（椭圆）类，以(x,y)为焦点，并在构造方法中初始化长半轴参数 a 和短半轴参数 b。

```
class Oval:
    def __init__(self,a,b,x,y):          构造方法：初始化实例属性
        self.a = a
        self.b = b
        self.x = x
        self.y = y

    def set_ab(self,aa,bb):              赋值方法：设置长半轴参数和短半轴参数
        self.a = aa
        self.b = bb

    def get_ab(self):                    取值方法：获取长半轴参数和短半轴参数
        return self.a,self.b

    def decideFuc(self):                 功能方法：判断点(x,y)相对于椭圆的位置
        if (self.x**2/self.a**2+self.y**2/self.b**2)==1:
            print('点(%d,%d)在椭圆上' % (self.x,self.y))
        elif (self.x**2/self.a**2+self.y**2/self.b**2)>1:
            print('点(%d,%d)在椭圆外部' % (self.x,self.y))
        else:
            print('点(%d,%d)在椭圆内部' % (self.x,self.y))

ovalobj = Oval(10,5,5,5)
print('长半轴参数 a=%d, 短半轴参数 b=%d' % (ovalobj.get_ab()[0],ovalobj.get_ab()[1]))
ovalobj.decideFuc()
ovalobj.set_ab(20,10)
print('长半轴参数 a=%d, 短半轴参数 b=%d' % (ovalobj.get_ab()[0],ovalobj.get_ab()[1]))
ovalobj.decideFuc()
```

运行结果：

```
长半轴参数 a=10, 短半轴参数 b=5
点(5,5)在椭圆外部
长半轴参数 a=20, 短半轴参数 b=10
点(5,5)在椭圆内部
```

说明：在本例中，a、b、x、y 均是实例变量，在构造方法中会被赋予初始值。实例变量也被称为类的属性，所有实例变量当前值的集合被称为一个对象的状态。

8.4.2 析构方法

析构方法__del__(self)在释放对象时被调用，支持重载。我们可以在其中进行一些释放资源的操作，不需要显式调用该方法，也可以在其中完成一些程序的善后工作。如果用户没有显式定义析构方法，则系统会自动调用默认的析构方法。

析构方法的语法格式如下：

```
def __del__(self):
    方法体
```

例 8-16 使用析构方法销毁 Oval 实例对象。在例 8-15 的基础上自定义__del__()方法，并在测试代码中主动调用析构方法。

```
import datetime
class Oval:
    def __init__(self,a,b,x,y):
        self.a = a
        self.b = b
        self.x = x
        self.y = y
    def set_ab(self,aa,bb):
        self.a = aa
        self.b = bb
    def get_ab(self):
        return self.a,self.b
    def decideFuc(self):
        if (self.x**2/self.a**2+self.y**2/self.b**2)==1:
            print('点(%d,%d)在椭圆上' % (self.x,self.y))
        elif (self.x**2/self.a**2+self.y**2/self.b**2)>1:
            print('点(%d,%d)在椭圆外部' % (self.x,self.y))
        else:
            print('点(%d,%d)在椭圆内部' % (self.x,self.y))
    def __del__(self):
        print('{0}:{1} is over.'.format(datetime.datetime.now(),self))


ovalobj = Oval(10,5,5,5)
ovalobj.__del__()
```

运行结果：

```
2020-06-11 22:51:20.862788:<__main__.Oval object at 0x000001D47D94B400> is over.
2020-06-11 22:51:20.863787:<__main__.Oval object at 0x000001D47D94B898> is over.
```

事实上，上述代码调用了两次__del__()方法，第 1 次调用是显示地执行 ovalobj.__del__()方法，第 2 次调用是当程序结束后，系统会默认执行一次用户自定义的析构方法。如果用户没有自定义析构方法，则在程序结束后，系统会调用默认的析构方法。

8.5 静态方法与类方法

在 Python 的面向对象编程中，除了实例方法，还有两种方法，即静态方法与类方法，下面将分别介绍这两种方法，并通过例子说明实例方法、静态方法、类方法的异同及适用场景。

8.5.1 静态方法

静态方法不与任何类成员和对象成员产生依赖。它仅把类当作一个命名空间或定义域看待，一般以装饰器@staticmethod 开始。静态方法一般通过类名来访问，也可以通过实例对象名来访问。

静态方法的定义格式如下：

```
@staticmethod
def  静态方法名( [参数列表]):
    方法体
```

访问静态方法的方式有两种。

（1）类名.静态方法名()。

（2）实例对象名.静态方法()。

例 8-17 定义静态方法 staticFunc()，用于返回创建的实例对象的个数。

```
class RobotClass:
    __counter = 0
    def __init__(self):
        self.instance = 'instance'
        RobotClass.__counter += 1
    @staticmethod
    def staticFunc():
        return RobotClass.__counter

robotobj = RobotClass()
print("通过实例访问实例对象的个数为%d 个 " % robotobj.staticFunc())
print("通过类访问实例对象的个数为%d 个" % RobotClass.staticFunc())
```

运行结果：

```
通过实例访问实例对象的个数为 1 个
通过类访问实例对象的个数为 1 个
```

如果在 staticFunc()方法中访问实例属性，则会抛出 NameError 异常。例如：

```
@staticmethod
    def staticFunc():
        print(self.instance)
        return RobotClass.__counter
```

运行结果：

```
NameError: name 'self' is not defined
```

注意：静态方法的形参中没有 self，因为静态方法与实例无关。这意味着不能在该方法中访问实例成员。如果在定义 staticFunc()方法时不写 self 参数，那么可以通过类访问，而不能通过实例访问。静态方法可以解决这个问题，只需要在定义的静态方法前添加@staticmethod，即使用装饰器语法。

例 8-18 在静态方法 Calculate()中执行幂运算。

```
class PowerOperation:
    @staticmethod
    def Calculate(x,n):
```

```
        return '%d 的%d 次幂计算结果是：%d' % (x,n,x**n)

if __name__ == "__main__":
    powerobj = PowerOperation()
    print(powerobj.Calculate(5,2))
    print(powerobj.Calculate(5,3))
```

运行结果：

```
5 的 2 次幂计算结果是：25
5 的 3 次幂计算结果是：125
```

注意：在 Python 中，我们可以通过内置变量__name__查看每个模块的名称。

```
import pandas
print(pandas.__name__)
```

运行结果：

```
'pandas'
```

当一个模块被单独使用，即不是被 import 语句引入时，__name__的值为"__main__"。

```
if __name__=="__main__":
```

当 if 语句所在的 py 文件被单独执行时，将执行 if 代码块。

当 if 语句所在的 py 文件作为模块被其他程序调用时（即被 import 语句引入时），if 代码块不会被执行。

8.5.2 类方法

类方法就是针对类对象本身定义的方法。类方法使用装饰器@classmethod 定义，其第 1 个参数是类本身，约定写法为 cls。一般使用类来调用类方法。

类方法的定义格式如下：

```
@classmethod
  def  类方法名(cls,[参数列表]):
    函数体
```

访问类方法的方式：类名.类方法名()。

例 8-19 定义一个 RemoteSenImage 类，并创建一个类方法 splitTif()。

```
class RemoteSenImage():
    elevation = 5000                          # 类属性
    resratio = '10000*5000'
    imgformat = '.tif'
    @classmethod
    def splitTif(cls):                        # 类方法
        print('将高度为%.2f km、分辨率为%s、后缀为%s 的遥感图像进行切割。' %
(RemoteSenImage.elevation,RemoteSenImage.resratio,RemoteSenImage.imgformat))

    if  __name__ == '__main__':
        RemoteSenImage.splitTif()
```

运行结果：

```
将高度为 5000.00 km、分辨率为 10000*5000、后缀为.tif 的遥感图像进行切割。
```

例 8-20 分别使用实例对象和类来访问类方法 classfunc()。

```
class ComeOn():
    name = ' 武汉加油！'                      # 类属性
```

```
    @classmethod
    def classfunc (cls, x):             # 类方法
        print(cls.name * x)

if  __name__ == '__main__':
    city = ComeOn()
    city.classfunc(2)
    ComeOn.classfunc(2)
```

运行结果：

```
武汉加油！ 武汉加油！
武汉加油！ 武汉加油！
```

如果在访问 classfunc()方法时为 cls 传递参数，则会抛出 TypeError 异常。比如，在代码最后执行语句：

```
ComeOn.classfunc (city, 3)
```

运行结果：

```
TypeError: classfunc() takes 2 positional arguments but 3 were given
```

8.5.3 实例方法、类方法、静态方法的异同

Python 类中包含 3 种方法：实例方法、类方法和静态方法。其中，实例方法的相关介绍和使用已经在 8.2 节中讲解过了。这 3 种方法的相同之处是都定义在类体中，都可以通过类或实例对象来访问。它们的不同之处主要体现在定义方式及方法本身的作用方面。

1．实例方法

实例方法是为实例对象定义的方法。第 1 个参数必须是实例对象（约定为 self），用来传递实例的属性和方法（或者传递类的属性和方法）。

例如，定义一个 MetaphorClass 类，创建一个典故对象，并打印出该典故的出处。

```
class MetaphorClass:
    def __init__(self,allusion):
        self.allusion = allusion
    def describe(self,description):
        print('%s 出自%s' % (self.allusion,description))
idiom = MetaphorClass("'动如脱兔'")
idiom.describe("《孙子·九地》-'是故始如处女，敌人开户，后如脱兔，敌不及拒'，形容军队作战有动亦有静。")
```

运行结果：

```
'动如脱兔'出自《孙子·九地》-'是故始如处女，敌人开户，后如脱兔，敌不及拒'，形容军队作战有动亦有静。
```

2．类方法

类方法使用装饰器@classmethod。第 1 个参数必须是当前类对象（约定为 cls），用来传递类的属性和方法（不能传递实例的属性和方法）。类方法是将类本身作为对象进行操作的方法。

例如，创建两个类，即 ClubClass 类（父类）和 MemberClass 类（子类），实现功能包括执行会员人数增加操作；每实例化一个会员，俱乐部人数都会增加，代码如下：

```
class ClubClass:
   __number = 0                     # 类私有属性__number 用于统计俱乐部的会员人数
   @classmethod
   def addNum(cls):
```

```
        cls.__number += 1       # 增加会员人数
    @classmethod
    def getNum(cls):
        return cls.__number     # 俱乐部总人数
    def __new__(self,name):
        ClubClass.addNum()      # 在创建实例时调用 addNum()方法
        return super(ClubClass,self).__new__(self)

class MemberClass(ClubClass):
    def __init__(self,name):
        self.name = name
        print('会员姓名  %s'% self.name)

member1 = MemberClass('Tom')
member2 = MemberClass('Alice')
print(ClubClass.getNum())
```

运行结果：

```
会员姓名  Tom
会员姓名  Alice
2
```

说明：

1. 在创建类时，先执行__init__()方法。

2. 在创建一个对象时，会执行__call__()方法，且__call__()方法返回的是对象。__call__()方法在内部先调用__new__()方法创建一个对象，再使用__init__()方法初始化对象。实例化对象是谁取决于__new__()方法，类在准备将自身实例化时会调用该方法。

3. 静态方法

静态方法使用装饰器@staticmethod，参数没有限制。静态方法是类中的函数，不需要实例化。静态方法主要用来存放逻辑性的代码，在逻辑上属于类，但是和类本身没有关系。也就是说，在静态方法中，不会涉及与类中的属性和方法相关的操作。我们可以这样理解：静态方法是一个独立的、单纯的函数，只托管于某个类的命名空间中，便于使用和维护。

例如，首先创建一个操作时间的类，并设置一个获取当前时间的静态方法，然后分别通过类和对象来访问 showNowTime()方法：

```
import time
class GetTime:
    def __init__(self,hour=9,minute=9,second=9):
        self.hour = hour
        self.minute = minute
        self.second = second
    @staticmethod
    def showNowTime():
        return time.strftime("now time is %H:%M:%S", time.localtime())
print(GetTime.showNowTime())
nowtimeobj = GetTime()
print(nowtimeobj.showNowTime())
```

运行结果：

```
now time is 10:40:50
now time is 10:40:50
```

8.6 继承、多态与重载

面向对象编程的特征除了封装，还有继承与多态。Python 的面向对象编程允许用户继承现有类，减少代码冗余，提高重用性，并且子类会自动获取父类的属性和方法，即可以不编写任何代码就能使用父类的属性和方法。在 Python 中，多态的经典使用为“开-闭”原则，对扩展开放，表示可以增加父类的子类；对修改封闭，表示对于依赖父类的函数，新增子类对该函数没有任何影响，无须进行任何修改。

8.6.1 继承

继承是面向对象编程的一个重要特征，它允许父类或基类创建一个子类或派生类。继承可以更好地划分类的层次，是代码重用的重要手段。创建的子类可以继承父类的属性和方法，也可以增加自己的新属性和方法，还可以覆盖父类的方法。

类的继承格式如下：

```
class 子类名（基类名 1，基类名 2,…)
类体
```

例如：

```
class Filter:                        # 父类
    def __init__(self):
        self.blocked=[]
    def filter(self,seq):            # 过滤
        return [x for x in seq if x not in self.blocked]
class SPAMFilter(Filter):            # SPAMFilte 类是 Filter 类的子类
    def __init__(self):              # 重写父类中__init__方法
        self.blocked=['垃圾邮件']

f=Filter()
f.__init__()
L=f.filter('垃圾邮件','论文','垃圾邮件','垃圾邮件','汽车','汽车','垃圾邮件','树'])
print ','.join(L)
```

运行结果：

```
垃圾邮件,论文,垃圾邮件,垃圾邮件,汽车,汽车,垃圾邮件,树
```

可以看出，Filter 类是用于过滤序列的父类，但是创建的对象不能过滤任何内容。若将第 10 行修改为：

```
F=SPAMFilter()
```

运行结果：

```
论文,汽车,汽车,树
```

注意：①上述子类重写/覆盖了父类中的 init()方法。

②子类没有定义 filter()方法，子类的对象继承了父类的 filter()方法，不用重写。

③内建的 issubclass()函数可以检查一个类是否是另一个类的子类：

```
issubclass(SPAMFilter,Filter)
```

```
True
issubclass(Filter,SPAMFilter)
False
```

④使用类的__base__()方法可以查看类的基类:

```
SPAMFilter.__bases__
(__main__.Filter,)
```

⑤使用 isinstance()方法可以检查一个对象是否是一个类的实例:

```
f=SPAMFilter()
isinstance(f,SPAMFilter)
True
isinstance(f,Filter)
True
```

例 8-21 定义一个父类 Student 和两个子类 LevelSt、PassSt。在父类中定义 2 个实例变量和 5 个方法，使子类继承父类的所有属性和方法，并各自定义根据成绩计算等级和判断是否通过的方法。同时，将代码存储在 student.py 文件中。

```
class Student:                          # 定义 Student 类
    def __init__(self,name='',grade=0):
        self._name=name
        self._grade=grade
    def setName(self,name):
        self._name=name
    def setGrade(self,grade):
        self._grade=grade
    def getName(self):
        return self._name
    def show(self):
        print("%s\t  %s"%(self._name, self.calcLevel()))

class LevelSt(Student):                 # 根据成绩计算等级
    def calcLevel(self):
        if self._grade>=90:
            return 'A'
        elif self._grade>=80:
            return 'B'
        elif self._grade>=70:
            return 'C'
        elif self._grade>=60:
            return 'D'
        else:
            return 'F'

class PassSt(Student):                  # 根据成绩判断是否通过
    def calcLevel(self):
        if self._grade>=60:
            return '通过'
        else:
            return '不通过'
```

注意：本例的 LevelSt 和 PassSt 类中都定义了 calcLevel()方法。虽然方法名称相同，但是它们的功能不同。在面向对象编程的语言中，这种在不同类中定义具有相同名称的方法（功能不同）的情况称为多态（Polymorphsim，来源于希腊语，意为“多种形式”）。在调用 calcLevel()方法时，具体执行哪个方法依赖于它所属的对象类型。

例 8-22 显示由 LevelSt 和 PassSt 类对象构成的学生成绩列表，以及所有学生名字和成绩，并按字典排列。

```
import student
def main():
    listOfSt=list_St()
    display(listOfSt)

def list_St():
    listOfSt=[]
    flag='Y'
    while flag=='Y':
        name=raw_input("请输入名字: ")
        grade=float(input("请输入成绩: "))
        choice=raw_input("请选择(L or P): ")
        if choice.upper()=='L':
            s=student.LevelSt(name, grade)
        else:
            s=student.PassSt(name, grade)
        listOfSt.append(s)
        flag=raw_input("继续?(y/n) : ").upper()
    return listOfSt

def display(listOfSt):
    print("\n 姓名  \t  等级")
    listOfSt.sort(key=lambda x:x.getName())
    for each in listOfSt:
        each.show()

main()
```

运行结果：

```
请输入名字: 张三
请输入成绩: 88
请选择(L or P): P
继续?(y/n) : y
请输入名字: 李四
请输入成绩: 93
请选择(L or P): l
继续?(y/n) : y
请输入名字: 王五
请输入成绩: 100
请选择(L or P): L
继续?(y/n) : n
```

```
姓名      等级
王五      A
张三      PASS
李四      A
```

提示：若将例 8-22 中第 10 行 name=raw_input("请输入名字: ")改为 name=input("请输入名字: ")，则结果会有所不同。

8.6.2 多态

多态指的是基类的同一个方法在不同派生类对象中具有不同的表现和行为。派生类在继承了基类行为和属性之后，还会增加某些特定的行为和属性，同时可能会对继承的某些行为进行一定的更改，这都是多态的表现形式。

例如，Python 中大多数运算符可以作用于多种不同类型的操作数，并且对不同类型的操作数往往有不同的表现，这本身就是多态。

oddsum = 5+3，“+”运算符作用于整数类型的变量，将两数相加，结果为 8。

strsplice = '5'+'3'，“+”运算符作用于字符串类型的变量，将两个字符串拼接，结果为'53'。

8.6.3 重载

重载指的是方法名相同，但方法的参数个数或类型不同。在调用重载方法时，应根据方法的参数来区分不同的方法。

运算符重载指的是对已有运算符进行重新定义，赋予其另一种功能，以适应不同的数据类型。

例 8-23 在 Dataclass 类的基础上，在每个子类中分别修改父类中的 saveData()方法。

```
class Dataclass():
    def __init__(self,datastyle):
        self.datastyle = datastyle
    def saveData(self):
        print('%s 类型的数据存储方式: ' % self.datastyle,end=' ')
class StructuredData(Dataclass):
    def __init__(self,datastyle):
        Dataclass.__init__(self,datastyle)
    def saveData(self):
        Dataclass.saveData(self)
        print('以行为单位，存储在数据库或二维表中。')
class HalfStructuredData(Dataclass):
    def __init__(self,datastyle):
        Dataclass.__init__(self,datastyle)
    def saveData(self):
        Dataclass.saveData(self)
        print('采用 XML 格式来组织并保存到 CLOB 字段中。')
class UnstructuredData(Dataclass):
    def __init__(self,datastyle):
        Dataclass.__init__(self,datastyle)
    def saveData(self):
        Dataclass.saveData(self)
```

```
        print('采用分布式存储集群方式。')

strudata = StructuredData('结构化数据')
strudata.saveData()
halfstrucdata = HalfStructuredData('半结构化数据')
halfstrucdata.saveData()
unstrudata = UnstructuredData('非结构化数据')
unstrudata.saveData()
```

运行结果：

```
结构化数据类型的数据存储方式： 以行为单位，存储在数据库或二维表中。
半结构化数据类型的数据存储方式： 采用 XML 格式来组织并保存到 CLOB 字段中。
非结构化数据类型的数据存储方式： 采用分布式存储集群方式。
```

例 8-24 先创建一个立体类 Stereoscopic（父类），并派生出两个子类 Cylinder、Conical，然后在子类中分别重写父类中的 getVolume()方法。

```
from math import pi
class Stereoscopic:
    def __init__(self,radius,height):
        self.radius = radius
        self.height = height
    def getVolume(self):
        pass
class Cylinder(Stereoscopic):
    def __init__(self,radius,height):
        Stereoscopic.__init__(self,radius,height)
    def getVolume(self):
        return pi*self.radius*self.radius*self.height
class Conical(Stereoscopic):
    def __init__(self,radius,height):
        Stereoscopic.__init__(self,radius,height)
    def getVolume(self):
        return (1/3)*(pi*self.radius*self.radius)*self.height

cylobj = Cylinder(2.0,4.0)
conobj = Conical(2.0,4.0)
print('结果保留两位小数：%.2f   %.2f' % (cylobj.getVolume(),conobj.getVolume()))
```

运行结果：

```
结果保留两位小数：50.27   16.76
```

习题 8

1．选择题。

（1）下列关于面向对象编程的描述中不正确的是（　　）。

A．面向对象编程的核心思想是将数据和数据操作集成、封装在一起

B．面向对象编程和面向过程编程没有区别

C．面向对象编程注重的是对象，面向过程编程注重的是过程

D．面向对象编程从问题的一部分开始，逐渐构建出整个程序

（2）在面向对象编程中，下列关于类和对象的描述中不正确的是（　　）。

A．通过“类名()”这种方式来创建实例对象

B．使用 class 关键字声明一个类

C．类是对实例对象的抽象，实例对象是对类的具体化

D．类和实例之间没有联系

（3）下列关于类方法和静态方法的描述中错误的是（　　）。

A．声明类方法使用关键字 static

B．类方法和实例方法一样，都占用对象的内存空间，但类方法在不实例化的时候是不占用内存空间的

C．类方法可以通过实例名和类名来调用

D．类方法只能处理类变量或调用类方法

（4）关于 Python 中实例方法、类方法、静态方法的说法正确的是（　　）。

A．类方法和静态方法都可以被类和实例对象调用

B．实例方法仅可以被实例调用

C．类方法的隐含调用参数是类，而类实例方法的隐含调用参数是类的实例

D．静态方法没有隐含调用参数

（5）下列选项中不属于面向对象编程特征的是（　　）。

A．封装　　　B．多态　　　C．指针操作　　　D．继承

2．判断题。

（1）Python 中存在私有的实例变量。　（　　）

（2）Python 的私有变量仅存在于 private 模式中。　（　　）

（3）所有的变量都是私有的实例变量。　（　　）

（4）通常以下画线开头的变量名应该是非公有的。　（　　）

（5）在 Python 中，在类的外部可以通过“对象名.私有成员名”的方式来访问私有成员。　（　　）

（6）在 Python 中，除了私有成员，其他成员都默认具有公有属性。　（　　）

3．观察上海电子信息职业技术学院学生具备的共同特征，即年龄、性别、选课，并将这类群体抽象化为一个 Student 类。请编写代码，要求从 Student 类中具体化出 zhaoxiaobin 这个对象，并查询该生所选的课程。

```
class Student:
   def __init__(self,age,sex,course):
       self.age = age
       self.sex = sex
       self.course = course
   def selectCourse(self):
      return self.course
```

4．下列代码定义了一个矩形类 Retangle，请填充缺失的代码。

```
class Retangle:
    width = 10
    height = 15
    def __init__(self, width=0, height=0):
```

```
        self.width = width
        self.height = height
    def  get_size(self):
        self.width = ________________              # 获取用户通过键盘输入的宽度数值
        self.height = ________________             # 获取用户通过键盘输入的高度数值
    def  get_area(self):
        return                                     # 计算矩形面积

print(' Retangle.width = ', ______________) # 访问类属性 width
rect = Retangle()
rect.get_size()
print('width = ', ________________)        # 访问实例的宽度属性
print('height = ', ________________)       # 访问实例的高度属性
print('area = ', ________________)         # 访问 get_area()方法
```

5. 阅读代码，写出运行结果。

```
(1) class Testpaper:
    def __init__(self,subject,content="题目保密"):
        self.subject = subject
        self.__content = content
    def get_content(self):
        return self.__content
    def get_subject(self):
        return self.subject
    def __doTest(self):
        print("考试需要严谨、公正地进行！")

pythontest = Testpaper("考试科目：Python 程序设计" )
print(pythontest.get_subject())
print(pythontest.get_content())
print(pythontest.__doTest())
```

```
(2) class Rectangle:
    def __init__(self,x,y):
        self.x = x
        self.y = y
        print('构造方法负责初始化 x、y 属性值:x=%d,y=%d' % (x,y))
    def __del__(self):
        print('析构方法负责销毁对象')
    def getPeri(self):
        return (self.x + self.y)*2
    def getArea(self):
        return self.x * self.y
if __name__ == '__main__':
    rect = Rectangle(2,3)
print('矩形的面积和周长分别是：%.2f、%.2f' % (rect.getArea(),rect.getPeri()))
```

6. 分析下列程序，并分别尝试调用静态方法、类方法、实例方法。

```
class DanceGroup():
    malenumber = 0
    femalenumber = 0
```

```
    @classmethod
    def getSexNum(cls):
        print('舞团中男性、女性会员人数分别为%d 个、%d 个' % (DanceGroup.malenumber, 
DanceGroup.femalenumber))

    @staticmethod
    def openCourse():
        print("街舞社开设了地板舞、机械舞、甩手舞等 8 种课程")

dancerclub = DanceGroup()
DanceGroup.getSexNum()
dancerclub.openCourse()
```

7．编写程序，设计一个三维向量类，并实现向量的加法、减法运算，以及向量与标量的乘法、除法运算。

8．编写程序，判断赢家。17 世纪中叶，法国贵族 Chevalier DeMere 对博弈非常感兴趣，并提出了最早的概率问题。他认为在博弈机会均等的情况下，将一对骰子投掷 24 轮，那么双面 6 点至少出现 1 次。请你帮助 Chevalier DeMere 判断这个游戏是否对玩家有利。

9．编写程序，模拟“石头剪刀布”游戏。编写一个人与计算机之间的三局两胜制“石头剪刀布”比赛。这个程序要求定义一个父类 Contestant 及两个子类 Human 和 Computer。当人做出选择后，计算机也随机做出选择。Contestant 类包含两个实例变量，即 name 和 score。

第 9 章 科学计算与可视化

科学计算与可视化是指利用计算机再现、预测客观世界运动规律和发现演化特征，并将科学计算过程及计算结果的数据转换为图形或图像显示在屏幕上的方法与技术。Python 提供了用于进行基础科学计算的 Numpy 模块、Scipy 模块，以及用于绘制图形的 Matplotlib 模块、Pyecharts 模块。本章的主要内容是对上述 4 种模块进行简要讲解和操作，要求读者重点掌握 Numpy 模块中数组对象的属性、基础运算和函数，常用的数组操作，以及绘制带标签的曲线图、散点图、饼图、多个子图、三维图形等可视化图形的操作。

9.1 Python 科学计算与可视化模块

Python 主要包含负责处理数据的 Numpy 模块，负责计算数值的 Scipy 模块，以及负责绘制图形的 Matplotlib、Pyecharts 等扩展模块。

9.1.1 Numpy 模块

Numpy 模块是 Python 用于进行科学计算的基础模块，针对的是严格的数据处理操作。Numpy 模块的主要处理对象是同种元素的多维数组，可以对常用的数学函数进行数组化处理，使这些函数能够对数组进行直接运算。这使得原本要在 Python 中进行的循环运算转变成高效率的库函数计算，从而提高了程序的运行效率。目前，一些大型金融公司及核心的科学计算组织，如劳伦斯弗尔（Lawrence Livermore）国家实验室都在使用 Numpy 模块。另外，NASA 也会用其处理一些本来使用 C++、Fortran 或 MATLAB 等完成的任务。

9.1.2 Scipy 模块

Scipy 模块在 Numpy 模块的基础上增加了许多数学、科学及工程计算中常用的函数库，如线性代数、常微分方程数值求解、信号处理、图像处理、稀疏矩阵等，其中一些函数库是对本来使用的 Fortran 数值计算库进行进一步封装实现的。另外，Scipy 模块中的 Weave 模块可以实现在 Python 中直接嵌入 C++程序，进一步提高了程序的运算效率。

9.1.3 Matplotlib 模块

通过数据绘图，我们可以将枯燥的数字转换成容易被人们接受的图表，让人留下更加深刻的印象。而 Python 中的 Matplotlib 模块是基于 Numpy 模块的一套丰富的数据绘图模块，主要用于绘制一些统计图形，如折线图、散点图、饼图等，并以多种格式进行图形/图像输出。另外，Matplotlib 模块还带有简单的三维绘图功能。

9.1.4 Pyecharts 模块

Pyecharts 模块是一个由百度开源的数据可视化模块，具有良好的交互性和用户体验感。它具有简洁的 API 设计、30 多种常见图表、支持主流 Python 3.6+和 Jupyter Notebook 等环境、可以被轻松集成到 Flask 和 Django 等主流 Web 框架中、高度灵活的配置项、可以轻松搭配出精美的图表、超过 400 个地图文件，以及原生的百度地图为地理数据可视化提供了强有力的支持等特点，日益成为众多程序员喜爱的数据可视化开发工具。

9.2 Numpy 数据处理

在安装 Anaconda 时，系统会自带 Numpy 模块，如果没有，则可以使用 pip install numpy 命令安装。使用如下命令：

```
import numpy as np
np.__version__
```

可以查看当前所用 Numpy 模块的版本号，如 1.18.2。

标准安装的 Python 使用列表保存一组值，可以将其当作数组使用（但元组不行），不过由于列表元素可以是任何对象，因此列表中所保存的是对象的指针。这样为了保存一个简单的[1,2,3]，需要有 3 个指针和 3 个整数对象。对于数值运算来说，这种结构显然比较浪费内存和 CPU 资源。

此外，Python 还提供了一个 Array 模块。array 对象和列表不同，它可以直接保存数值，和 C 语言的一维数组比较类似。但是由于它不支持多维，也没有各种运算函数，因此不适合进行数值运算。

Numpy 模块是 Python 的一个科学计算库，其诞生弥补了这些不足。它提供了两种基本的对象：ndarray（n-dimensional array object）和 ufunc（universal function object）。ndarray 是存储单一数据类型的多维数组，而 ufunc 则是能够对数组进行处理的函数。

9.2.1 Numpy 数组对象的创建

Numpy 模块是 Python 用于进行科学计算的基础模块，支持大量多维数组与矩阵运算，也为数组运算提供了大量的数学函数。Numpy 数组对象一旦被创建，数组中所有元素的数据类型就必须一样，且每个元素所占据的空间大小也必须相同。

Numpy 数组对象可以通过 numpy.array(list or tuple)方法创建。先创建一个 Python 的序列对象，然后通过 array()方法将其转换为数组。例如：

```
import numpy as np
# 定义一维数组
numpyarr1d = np.array([2,3,4,5])
print(numpyarr1d)
# 定义二维数组
numpyarr2d = np.array([[2,3],[4,5]])
print(numpyarr2d)
```

运行结果：

```
[2 3 4 5]        # 一维
[[2 3]           # 二维
```

```
[4 5]]
```

除 array()方法外，创建数组对象的方法还包括 arange()、linspace()、logspace()、empty()、zeros()、fromstring()、fromfunction()等。它们的功能与示例如表 9-1 所示。

表 9-1　创建数组对象的方法的功能与示例

方　法	功　能	示　例
arange()	指定开始值、终值和步长，创建表示等差数列的一维数组。注意，得到的结果不包含终值	arangearr = np.arange(0,10,2) arangearr 运行结果： array([0, 2, 4, 6, 8])
linspace()	指定开始值、终值和元素个数，创建表示等差数列的一维数组。可以通过 endpoint 参数来指定是否包含终值，其默认值为 True，表示包含终值	linspacearr = np.linspace(1,10,5) linspacearr 运行结果： array([1. , 3.25, 5.5 , 7.75, 10.])
logspace()	创建等比数列。logspace(x,y,n)表示开始值为 10 的 x 次幂，终值为 10 的 y 次幂的 n 个数。同时，可以通过 base 参数来指定基数，默认是 10	logspacearr = np.logspace(0,2,5) logspacearr 运行结果： array([1. , 3.16227766, 10. , 31.6227766 , 100.])
empty()	返回一个随机元素的矩阵，大小按照参数定义。如果对数组中元素的值有要求，比如，想设成 1，则可以通过 fill()方法来实现	emptyarr = np.empty((2,2)) emptyarr 运行结果： array([[1.87062952e-077, 3.21450328e+164], [1.85692977e+216, 1.99392236e-077]]) emptyarr.fill(1) emptyarr 运行结果： array([[1., 1.], [1., 1.]])
zeros(数组个数，dtype='类型')	将数组元素按指定类型初始化为 0	zerosarr = np.zeros((2,2)) zerosarr 运行结果： array([[0., 0.], [0., 0.]])
fromstring()	从字符串创建数组	fromstringarr = np.fromstring('abcd',dtype=np.int8) fromstringarr 运行结果： array([97, 98, 99, 100], dtype=int8)
fromfunction()	通过预先定义的函数来创建数组。fromfunction(function, shape, **kwargs) function 表示创建的函数；shape 表示数据的输出形式	def func(i,j): return (i+1)*(j+1) nineBynine=np.fromfunction(func,(9,9))

二维数组可以被看作元素为一维数组的一维数组，以此类推，三维数组可以被看作元素为二维数组的一维数组，等等。多维数组的存取和一维数组类似，由于多维数组有多个轴，因此其下标需要使用多个值来表示。此外，创建多维数组还有以下常用方法。

1. Numpy 模块内置方法

除了表 9-1 中的创建数组对象的方法，Numpy 模块内置方法还有 numpy.ones()、numpy.full()、numpy.eye()、numpy.identity()等。

（1）ones()方法。与表 9-1 中的 zeros()方法类似，数组元素用 1 而非 0 填充。例如：

```
arrdata = np.ones((2,3))
arrdata
```

运行结果：

```
array([[ 1., 1., 1.],
       [ 1., 1., 1.]])
```

（2）full()方法。与 ones()方法类似，但需要自己手动指定为多维数组填充的值。例如：

```
arrdata = np.full((2,3),0.5)
arrdata
```

运行结果：

```
array([[ 0.5, 0.5, 0.5],
       [0.5, 0.5, 0.5]])
```

（3）eye()方法。例如，创建一个对角矩阵，且所指定的对角线上的元素值为 1：

```
arrdata = np.eye(2,3)
arrdata
```

运行结果：

```
array([[ 1., 0., 0.],
       [0., 1., 0.]])
```

（4）identity()方法。例如，创建单位矩阵：

```
arrdata = np.identity(3)
arrdata
```

运行结果：

```
array([[ 1., 0., 0.],
       [0., 1., 0.],
       [0., 0., 1.]])
```

（5）diag(v[,k])方法。创建对角矩阵。其中，v 为主对角线数值；k 为对角线元素。而且，k=0 表示主对角线，k>0 表示选择在主对角线之上的元素，k<0 表示选择在主对角线之下的元素。

diag(v[,k])方法与 eye()方法的不同之处在于：①对角线上的元素值不是都为 1，而是需要手动指定；②不需要指定矩阵的形状，而是根据指定对角线上的元素值来确定矩阵的形状。例如：

```
arrdata = np.diag([3,2,1])
arrdata
```

运行结果：

```
array([[3, 0, 0],
       [0, 2, 0],
       [0, 0, 1]])
```

```
arrdata = np.diag([3,2,1],2)
arrdata
```

运行结果：

```
array([[0, 0, 3, 0, 0],
       [0, 0, 0, 2, 0],
       [0, 0, 0, 0, 1],
       [0, 0, 0, 0, 0],
       [0, 0, 0, 0, 0]])
```

2．np.random 模块内置方法

（1）np.random.random(size)方法返回指定 size 的[0,1)随机数矩阵，其中 size 为元组或列表。例如：

```
arrdata = np.random.random((2,4))
print(arrdata)
```

运行结果：

```
array([[0.66086914, 0.69402652, 0.38588903, 0.84119929],
       [0.35515963, 0.59568592, 0.06769199, 0.35245794]])
```

（2）np.random.randint(low[,high,size,dtype])方法返回由指定区间[low,high)内的数值构成的数组。例如：

```
arrdata = np.random.randint(0,6,[3,3])
print(arrdata)
```

运行结果：

```
array([[1, 4, 2],
       [4, 2, 2],
       [3, 0, 2]])
```

（3）np.random.choice(a[,size,replace,p])方法从数组 a 中随机抽取数字，并组成指定大小（size）的数组。其中，replace 为 True 表示可以取相同数字（默认），为 False 表示不能取相同数字。p 表示取数组 a 中每个元素的概率，默认选取每个元素的概率相同。例如：

```
arrdata = np.random.choice(3, 5)  # 从[0,3)输出 5 个数并返回包含 5 个元素的一维数组
print(arrdata)
```

运行结果：

```
array([2 1 1 1 0])
```

下列代码可以从[0,3)区间内输出形式为 2×3 的二维数组：

```
arrdata = np.random.choice(3, (2,3))
print(arrdata)
```

运行结果：

```
array([[1, 1, 0],
       [0, 2, 0]])
```

（4）np.random.rand(d0,d1,d2……dn)方法返回一个或一组服从 0～1 均匀分布的随机样本值，其中随机样本取值范围是[0,1)。

如果没有参数，则返回[0,1)之间的一个浮点数：

```
np.random.rand()
```

运行结果：

```
0.6113745249032605
```

如果带有一个参数，则返回一个一维数组：

```
np.random.rand(3)
```

运行结果：

```
array([0.94179027 0.62161674 0.06294184])
```

如果带有两个参数，则生成相应大小的多维数组，以此类推：

```
np.random.rand(2,2)
```

运行结果：

```
array([[0.87975644, 0.38717508],
       [0.26446792, 0.4514206 ]])
```

（5）np.random.randn(d0,d1,d2……dn) 方法返回一个或一组服从标准正态分布的随机样本值，即样本均值为 0，标准差为 1。如果没有参数，则返回一个浮点数。例如，np.random.randn() 方法返回正态分布随机数：-0.06594194418266415。如果带有一个参数，则返回一个包含一个元素的一维数组。np.random.randn(3)方法返回一个包含 3 个随机数的数组：array([-0.36349261, 0.03420197, -0.26190935])。

如果带有两个参数，则生成相应大小的多维数组，以此类推：

```
np.random.randn(5,2)
```

运行结果：

```
array([[-0.11984561, -1.07578833],
       [ 0.02857912,  1.53428083],
       [-0.37994699,  1.60865874],
       [-0.16569802, -1.7133914 ],
       [ 0.84501754,  0.24660147]])
```

（6）numpy.random.randint(low,[high, size, dtype])方法返回指定大小（size）、取值区间在[low,high)内的随机整数。low、high 分别为取值的最小值和最大值，当 high 采用默认值时，默认生成随机数的范围是[0，low)。

下列代码返回[0,1)之间的整数，结果返回 5 个 0：

```
np.random.randint(1,size=5)
```

运行结果：

```
array([0, 0, 0, 0, 0])
```

如果要生成二维或高维数组，则把 size 指定成相应的多元组或列表就可以了：

```
np.random.randint(1,5,size=(2,2))
```

运行结果：

```
array([[1, 4],
       [4, 2]])
```

9.2.2　ndarray 数组对象的属性

Numpy 模块的核心结构是 ndarray 数组对象。下面将分别介绍 ndarray 数组对象的属性和基本操作。ndarray 数组对象的常用属性和功能如表 9-2 所示。

表 9-2　ndarray 数组对象的常用属性和功能

属　性	功　能
ndarray.ndim	整数。数轴的个数，即秩
ndarray.shape	元组。数组的维度，用来表示数组在各个维度上的大小，比如，现有一个 3 行 2 列的矩阵，则 shape=(3,2)
ndarray.size	整数。数组中包含的元素的个数，通过 shape 元组中元素的乘积进行计算
ndarray.dtype	描述数组中元素数据类型的对象，可以通过指定 dtype 值来设置元素类型
ndarray.itemsize	整数。数组中每个元素所占字节的大小，比如，itemsize=8 表示单个元素占用 8 字节，即 64 位
ndarray.T	数组的转置

例如：

```
import numpy as np
array1D = np.array([1,2,3])
print('array1D 的 shape 属性：' , array1D.shape)
```

```
print('array1D 的 size 属性: ' ,array1D.size)
print('array1D 的 dtype 属性: ' ,array1D.dtype)
array_1D = array1D.astype('float32')
print('array_1D 的 dtype 属性: ' ,array_1D.dtype)
```

运行结果：

```
array1D 的 shape 属性:  (3,)
array1D 的 size 属性:  3
array1D 的 dtype 属性:  int32
array_1D 的 dtype 属性:  float32
```

我们可以通过 reshape()方法改变数组维度。例如：

```
arr2d = np.array([[1,2,3],[4,5,6]])        # 生成 2×3 维数组
arr = arr2d.reshape(3,2)                   # 生成 3×2 维数组
print(arr)
```

运行结果：

```
array([[1 2]
       [3 4]
       [5 6]])
```

注意：数组的转置是指将数组的行和列互换，例如：

$$[1,2,3]^{\mathrm{T}}=\begin{bmatrix}1\\2\\3\end{bmatrix},\quad \begin{pmatrix}1&4&7\\2&5&8\\3&6&9\end{pmatrix}^{\mathrm{T}}=\begin{pmatrix}1&2&3\\4&5&6\\7&8&9\end{pmatrix}$$

使用 Numpy 模块的转置属性 T，实现代码如下：

```
import numpy as np
transposearr = np.array([[1,2,3],[4,5,6],[7,8,9]])
print(transposearr.T)
```

运行结果：

```
[[1 2 3]
 [4 5 6]
 [7 8 9]]
```

9.2.3　访问数组元素

创建以下一维数组：

```
import numpy as np
numpyarr = np.array([1,2,3,4,5,6,7,8,9,10])
```

访问数组元素一般采用索引、切片两种方式，如表 9-3 所示。

表 9-3　访问数组元素的方式

操　作	功　能	结　果
numpyarr[5]	使用整数 5 作为下标可以获取数组中的第 6 个元素	6
numpyarr[3:5]	使用切片（3~5）作为下标可以获取数组的一部分，包括 ndarray1[3]但不包括 ndarray1[5]	[4,5]
numpyarr[:5]	切片中省略下标，表示从 ndarray1[0]开始	[1,2,3,4,5]
numpyarr[:-1]	下标使用负数，表示从数组最后往前数	[1,2,3,4,5,6,7,8,9]
numpyarr[3:5]=1,2	下标可以用来修改元素值	[1,2,3,1,2,6,7,8,9,10]

续表

操　作	功　能	结　果
numpyarr[1:-1:2]	切片中的第 3 个参数表示步长，2 表示隔一个元素获取一个元素	[2,1,6,8]
numpyarr[[1:-1:2]]	获取数组中下标为 1、1、2、2 的 4 个元素，组成一个数组。下标也可以是负数，表示从后往前数	[2,10,3]

9.2.4　ndarray 数组元素的类型

ndarray 数组元素的常用数据类型如表 9-4 所示。

表 9-4　ndarray 数组元素的常用数据类型

类　型	类型表示符	示　例
布尔类型	bool	例如：import numpy as np boolarr = np.array([True,False]) print(boolarr.dtype,boolarr.itemsize) 运行结果：bool 1
有符号整数类型	int8（-128～127）/int16/int32/int64	例如：import numpy as np intarr = np.array([0,8]) print(intarr.dtype,intarr.itemsize) 运行结果：int32 4
无符号整数类型	uint8(0～255)/uint16/uint32/uint64	例如：import numpy as np uintarr = np.array([0,8],dtype=np.uint16) print(uintarr.dtype,uintarr.itemsize) 运行结果：uint16 2
浮点类型	float16/float32/float64	例如：import numpy as np floatarr = np.array([3.14,5.127]) print(floatarr.dtype,floatarr.itemsize) 运行结果：float64 8
复数类型	complex64/complex128	例如：import numpy as np complexarr = np.array([3+2j,-7j]) print(complexarr.dtype,complexarr.itemsize) 运行结果：complex128 16
字符串类型	'U'，每个字符用 32 位 Unicode 编码表示。在结果中出现'<U6'表示每个元素的存储长度为 6 个 Unicode 字符。strarr 中每个元素占用 24 字节	例如：import numpy as np strarr = np.array(['str','arr','strarr']) print(strarr.dtype,strarr.itemsize) 运行结果：<U6 24

9.2.5　Numpy 常量

Numpy 常量相当于符号常量，也是全局变量，可以在程序中直接使用，代表某些常见的特定常数。Numpy 部分常量如表 9-5 所示。

表 9-5　Numpy 部分常量

常量代号	含　义	示　例
numpy.Inf、numpy.Infinity	正无穷	import numpy as np print(np.Inf > 2**64) # 或 print(np.Infinity>2**64) 运行结果： True True

续表

常量代号	含　义	示　例

numpy.nan	非数值对象	array2D= np.array([[np.nan,0,1], [1,np.nan,0], [1,0, np.nan]])
		# np.isna(数组)方法返回一个判断是否是 nan 的 bool 类型的数组
		nanarray = np.isnan(array2D)
		print(nanarray)
		运行结果：
		[[True False False]
		 [False True False]
		 [False False True]]

numpy.NINF	负无穷大	firstValue = np.NINF
		secondValue = np.NINF
		if firstValue>=secondValue:
		    print('firstValue>=secondValue')
		else:
		    print('firstValue<secondValue')
		运行结果：
		firstValue>=secondValue

numpy.NZERO	负零	print(np.NZERO)
		# np.isfinite(数组)方法返回一个判断是否是有穷（非 inf、非 nan）
		# 的 bool 类型的数组
		print(np.isfinite([np.NZERO,1]))
		print(np.isnan([0,np.nan,1]))
		# np.isinf(数组)方法返回一个判断是否是无穷的 bool 类型的数组
		print(np.isinf([np.nan,np.NINF]))
		运行结果：
		-0.0
		[True　True]
		[False　True　False]
		[False　True]

numpy.PZERO	正零	print(np.PZERO)
		# np.nonzero(数组)方法返回数组中非零元素的索引值数组
		print(np.nonzero([np.NZERO,np.PZERO,1])
		运行结果：
		0.0
		(array([2], dtype=int64),)

numpy.e	自然常数 e	constant_e = np.e print(1/(constant_e+1))　　#计算 1/(1+e)的结果 运行结果： 0.2689414213699951
numpy.pi	圆周率 π	from math import sin print(sin(np.pi/2))　　#计算 $(\sin\pi/2)$ 的结果 运行结果： 1.0

注意：两个 numpy.nan 对象不一定相等！例如，关系表达式 numpy.nan==numpy.nan 的值可能为 False。

9.2.6　ndarray 数组运算及函数

1．数组的算术运算

ndarray 数组对象可以进行数组相加运算、数组相减运算、数组相乘运算、数组相除运算、数组幂运算、数组开方运算、数组指数运算等，相关函数如表 9-6 所示。假设已经执行了下列代码：

```
import numpy as np
arr1 = np.arange(6).reshape((2,3))
arr2 = np.arange(3)
arr3 = np.array([3.0,2.0,1.0])
```

表 9-6　数组的算术运算函数

函数名称	功　能	示　例
add(x1, x2[, out=None,…])	数组元素相加	print(np.add(arr1, arr2))　　# 等价于 arr1+arr2 运行结果： [[0 2 4] [3 5 7]]
subtract(x1, x2[, out=None,…])	数组元素相减	print(np.subtract(arr1, arr2))　　# 等价于 arr1-arr2 运行结果： [[0 0 0] [3 3 3]]
multiply(x1, x2[, out=None,...])	数组元素相乘	print(np.multiply(arr2,arr3))　　# 等价于 arr2*arr3 print(np.multiply(arrx1, arrx2)) 运行结果： [0. 2. 2.] [[0　1　4] [0　4 10]]
divide(x1, x2[, out=None,...])	数组元素相除	print(np.divide(arr2,arr3)) # 将 arr1 中的两个一维子数组对象分别与 arr2 进行相除运算 print(np.divide(arr1, arr2))　　# 等价于 arr1/arr2 运行结果： [0.　0.5 2.] [[nan 1.　1.] [inf 4.　2.5]]
mod(x1, x2[, out=None,...])	数组元素求余	print(np.mod(arr2,arr3))　# 将 arr1 中的两个一维子数组对象 # 分别与 arr2 进行相除、求余运算 print(np.mod(arr1, arr2))　# 等价于 arr1%arr2 运行结果： [0. 1. 0.] [[0 0 0] [0 0 1]]

power(x1, x2[, out=None,...])	数组元素求幂	# 以 arr2 中元素为底数，以 arr1 中元素为指数
		print(np.power(arr2,arr3))
		# 将 arr1 中的两个一维子数组对象分别与 arr2 进行求幂运算
		print(np.power(arr1, arr2))　# 等价于 arr1**arr2
		运行结果：
		[0. 1. 2.]
		[[1　1　4]
		[1　4　25]]

续表

函数名称	功　能	示　例
abs(x[, out=None,...])	数组元素求绝对值	arr = np.array([[-1,0,-3],[-5,-2,1]]) y = np.abs(arr,out=arr) print(arr) 运行结果： [[1, 0, 3] [5, 2, 1]

exp(x, [, out=None,...])	数组元素以 e 为底的幂次方	# 以自然常数 e 为底，以 arr2 中各个元素为指数
		print(np.exp(arr2))
		运行结果：
		[1.　2.71828183 7.3890561]

sqrt(x[, out=None,...])	数组元素求平方根	print(np.sqrt(arr2)) 运行结果： [0. 1.　1.41421356]

log(x[, out=None,...])	数组元素求对数	# 以自然常数 e 为底，计算 arr2 中各个元素的对数
		print(np.log(arr2))
		运行结果：
		[-inf 0.　0.69314718]

2．数组的关系运算

Numpy 模块提供了数组的关系运算函数，如表 9-7 所示。假设已经执行了下列代码：

```
import numpy as np
arr1 = np.random.randint(1,100,size=(3,3))
arr2 = np.random.randint(1,100,size=(3,3))
```

表 9-7　数组的关系运算函数

函数名称	功　能	示　例
greater(y1, y2[, out=None,...])	判断数组 y1、y2 相同位置的元素中前者是否大于后者，如果是，则返回 True，否则返回 False	np.greater(arry1,arry2)　# 等价于 arry1>arry2 运行结果： array([[True,　True, False], [True,　True,　True], [False,　True,　True]])
greater_equal(y1, y2[,out=None,...])	判断数组 y1、y2 相同位置的元素中前者是否大于或等于后者，如果是，则返回 True，否则返回 False	np.greater_equal(arry1,arry2) # 等价于 arry1>=arry2 运行结果： array([[True, False, False], [False,　True, False], [False,　True,　True]])
less(y1, y2[, out=None,...])	判断数组 y1、y2 相同位置的元素中前者是否小于后者，如果是，则返回 True，否则返回 False	np.less(arry1,arry2)　# 等价于 arry1<arry2 运行结果： array([[True,　True, False], [False,　True, False], [False, False,　True]])
less_equal(y1, y2[, out=None,...])	判断数组 y1、y2 相同位置的元素中前者是否小于或等于后者，如果是，则返回 True，否则返回 False	np.less_equal(arry1,arry2) # 等价于 arry1<=arry2 运行结果： array([[False,　True,　True], [True, False, False], [True, False,　True]])

续表

函数名称	功　　能	示　　例
not_equal(y1, y2[, out=None,...])	判断数组 y1、y2 相同位置的元素中前者是否不等于后者，如果是，则返回 True，否则返回 False	np.not_equal(arry1,arry2) # 等价于 arry1!=arry2 运行结果： array([[True, True, True], [True, True, True], [True, True, True]])
equal(y1, y2[, out=None,...])	判断数组 y1、y2 相同位置的元素中前者是否等于后者，如果是，则返回 True，否则返回 False	np.equal(arry1,arry2) # 等价于 arry1==arry2 运行结果： array([[False, False, False], [False, False, False], [False, False, False]])

3．数组的逻辑运算

Numpy 模块提供了数组的逻辑运算函数，如表 9-8 所示。假设已经执行了下列代码：

```
import numpy as np
x1 = np.array([[0,5,7],[2,0,0]])
x2 = np.array([[0,1,1],[2,0,1]])
```

表 9-8　数组的逻辑运算函数

函数名称	功　　能	示　　例
logical_and(x1, x2, [, out=None,...])	对数组 x1、x2 相同位置的元素进行逻辑与运算，返回布尔值	np.logical_and(x1,x2) 运行结果： array([[False, True, True], [True, False, False]])
logical_or(x1, x2, [, out=None,...])	对数组 x1、x2 相同位置的元素进行逻辑或运算，返回布尔值	np.logical_or(x1,x2) 运行结果： array([[False, True, True], [True, False, True]])
logical_not(x1, x2, [, out=None,...])	对数组 x1、x2 相同位置的元素进行逻辑非运算，返回布尔值	np.logical_not(x1) 运行结果： array([[True, False, False], [False, True, True]])
all(x,[, axis=None,out=None,...])	判断指定数轴方向上，数组 x 中元素的值是否全部为真，如果满足条件，则返回 True，否则返回 False。实际上，all()函数实现了逻辑与运算。 axis 默认判断所有元素是否满足条件，如果 axis=0，则只判断 x 列向量	print("np.all(x1):", np.all(x1)) print("np.all(x2):", np.all(x2)) 运行结果： np.all(x1): False np.all(x2): False

any(x,[, axis=None,out=None,...])	如果在指定数轴方向上，数组 x 中的任意元素为真，则返回 True，否则返回 False。实际上，any()函数实现了逻辑或运算	x3 = np.zeros_like(x2)
		#生成和 x2 一样维度的全零数组 x3
		print("np.any(x1):", np.any(x1))
		print("np.any(x2):", np.any(x2))
		print("np.any(x3):", np.any(x3))
		运行结果：
		np.any(x1): True
		np.any(x2): True
		np.any(x3): False

续表

函数名称	功　　能	示　　例
isfinite(x,[, axis=None,out=None,...])	逐个判断数组 x 中每个元素是否为有限数值，如果是，则返回 True，否则返回 False	np.isfinite(x1) 运行结果： array([[True,True, True], [True, True, True]])
isinf(x,[, axis=None,out=None,...])	逐个判断数组 x 中每个元素是否为无限数值，如果是，则返回 True，否则返回 False	x = np.array([np.inf,np.NZERO,np.PINF]) np.isinf(x) 运行结果： array([True, False, True])
isnan(x,[, axis=None,out=None,...])	逐个判断数组 x 中每个元素是否为空数值，如果是，则返回 True，否则返回 False	x = np.array([np.inf,np.nan,np.PINF,np.nan]) np.isnan(x) 运行结果： array([False, True, False, True])

4．数组的翻转

数组的翻转函数如表 9-9 所示。假设已经执行了下列代码：

```
import numpy as np
oriarr = np.arange(12).reshape(3,4)
```

表 9-9　数组的翻转函数

函数名称	功　　能	示　　例
numpy.transpose(a, axes=None) 参数：axes 表示整数列表/元组，对应维度	对换数组 a 的维度	print('原始数组：') print(oriarr) print('对换维度后的数组：') print(np.transpose(oriarr)) 运行结果： 原始数组： [[0　1　2　3] [4　5　6　7] [8　9 10 11]] 对换维度后的数组： [[0　4　8] [1　5　9] [2　6 10] [3　7 11]]
numpy.swapaxes(a, axis1, axis2)	将数组 a 的 axis1 轴与 axis2 轴进行互换	oriarr = oriarr.reshape(2,2,3) print('原始数组：') print(oriarr) print('轴互换后的数组：') print(np.swapaxes(oriarr,0,2)) 运行结果： 原始数组： [[[0　1　2] [3　4　5]] [[6　7　8] [9 10 11]]] 轴互换后的数组： [[[0　6] [3　9]] [[1　7] [4 10]] [[2　8] [5 11]]]

续表

函数名称	功　能	示　例
numpy.rollaxis(arr, axis, start) 参数：axis 表示向后滚动的轴，其他轴的相对位置不变。 start 默认为零，表示完整的滚动。会滚动到特定位置	将数组 arr 中的 axis 轴向后滚动到一个特定位置	oriarr = oriarr.reshape(2,2,3) print('原始数组：') print(oriarr) print('将轴 2 滚动到轴 0：') print(np.rollaxis(oriarr,2))　#start=0 运行结果： 原始数组： [[[0　1　2] 　[3　4　5]] 　[[6　7　8] 　[9 10 11]]] 将轴 2 滚动到轴 0： [[[0　3] 　[6　9]] 　[[1　4] 　[7 10]] [[2　5] 　[8 11]]]

5. 数组的组合

Numpy 模块提供了多种函数来完成数组的组合操作。下面介绍几种常用的函数。

1）numpy.concatenate((a1, a2, …),axis=0)

该函数用于将多个数组对象按照 axis 指定的方向拼接在一起。例如，将 conarr1 和 conarr2 按照行方向进行拼接，代码如下：

```
import numpy as np
conarr1 = np.array([[1,2,3],[4,5,6]])
conarr2 = np.array([[7,8,9],[10,11,12]])
np.concatenate((conarr1,conarr2),axis=1)
```

运行结果：

```
array([[ 1,  2,  3,  7,  8,  9],
      [ 4,  5,  6, 10, 11, 12]])
```

2）numpy.stack(arrays[, axis, out])

该函数按照 axis 指定的方向将多个数组对象 arrays 进行堆叠。例如，将 staarr1 和 staarr2 按照列方向进行堆叠，代码如下：

```
import numpy as np
staarr1 = np.arange(10, 19).reshape((3, 3))
staarr2 = np.arange(19, 28).reshape((3, 3))
newstacarr = np.stack((staarr1,staarr2),axis=0)
print(newstacarr)
print(newstacarr.shape)
```

运行结果：

```
[[[10 11 12]
  [13 14 15]
  [16 17 18]]
 [[19 20 21]
  [22 23 24]
```

```
  [25 26 27]]]
(2, 3, 3)
```

3）numpy.dstack(tup)

该函数将多个数组对象在第 3 维进行堆叠，可以将 tup 数组序列中数组第 3 层括号里面的对象视为一个整体。例如，将 dstaarr1 和 dstaarr2 按照行方向进行拼接，代码如下：

```
import numpy as np
dstaarr1 = np.logspace(1, 2, 3)
dstaarr2 = np.logspace(3, 4, 3)
newdstacarr = np.dstack((vstaarr1,vstaarr2))
print(newdstacarr)
print(newdstacarr.shape)
```

运行结果：

```
[[[1.         5.        ]
  [1.11111111 5.11111111]
  [1.22222222 5.22222222]
  [1.33333333 5.33333333]
  [1.44444444 5.44444444]
  [1.55555556 5.55555556]
  [1.66666667 5.66666667]
  [1.77777778 5.77777778]
  [1.88888889 5.88888889]
  [2.         6.        ]]]
(1, 10, 2)
```

4）numpy.hstack(tup)

该函数将多个数组对象按照水平方向进行堆叠。其中，tup 是 arrays 序列。注意，数组必须具有相同的形状，除了与轴对应的维度。例如，将 hstaarr1 和 hstaarr2 在对应维度上按照水平方向进行堆叠，代码如下：

```
import numpy as np
hstaarr1 = np.arange(0, 10).reshape((2, 5))
hstaarr2 = np.arange(10, 20).reshape((2, 5))
newhstacarr = np.hstack((hstaarr1,hstaarr2))
print(newhstacarr)
print(newhstacarr.shape)
```

运行结果：

```
[[ 0  1  2  3  4 10 11 12 13 14]
 [ 5  6  7  8  9 15 16 17 18 19]]
(2, 10)
```

5）numpy.vstack(tup)

该函数将多个数组对象按照垂直方向进行堆叠。其中，tup 是 arrays 序列。注意，数组必须具有相同的形状，除了与轴对应的维度。例如，将 vstaarr1 和 vstaarr2 在对应维度上按照垂直方向进行堆叠，代码如下：

```
import numpy as np
vstaarr1 = np.linspace(1, 2, 10)
vstaarr2 = np.linspace(5, 6, 10)
newvstacarr = np.vstack((vstaarr1,vstaarr2))
print(newvstacarr)
```

```
print(newvstacarr.shape)
```

运行结果：

```
[[1.  1.1111 1.2222 1.3333 1.4444 1.5556  1.6667 1.7778 1.8889 2.]
 [5. 5.1111 5.2222 533333 544444 555556  566667 577778 888889 6.]]
(2, 10)
```

6. 数组的拆分

下面介绍几种 Numpy 模块中数组的拆分函数。

1）numpy.split(ary, indices_or_sections[, axis])

该函数沿 axis 指定的轴方向将数组 ary 分割为子数组。其中，indices_or_sections 参数值如果是一个整数，就使用该数进行平均切分；如果是一个数组，则表示沿轴切分的位置（左开右闭）。例如：

```
import numpy as np
splitarr = np.linspace(1, 5, 6)
print(splitarr)
newsplitarr = np.split(splitarr,2)
print(newsplitarr)
```

运行结果：

```
[1.  1.8 2.6 3.4 4.2 5. ]
[array([1. , 1.8, 2.6]), array([3.4, 4.2, 5. ])]
```

如果将 indices_or_sections 设置为序列[0,2,4]，则沿着索引为 0、2、4 的位置进行分割，代码如下：

```
newsplitarr = np.split(splitarr,[0,2,4])
print(newsplitarr)
```

运行结果：

```
[array([], dtype=float64), array([1. , 1.8]), array([2.6, 3.4]), array([4.2, 5. ])]
```

2）numpy.dsplit(ary, indices_or_sections)

该函数用于深度分割数组，通过指定要返回的相同形状的数组数量来拆分原始数组。例如：

```
import numpy as np
dsplitarr = np.ones((2,2,2))
np.dsplit(dsplitarr,2)
```

运行结果：

```
[array([[[1.],
        [1.]],
       [[1.],
        [1.]]]),
 array([[[1.],
        [1.]],
       [[1.],
        [1.]]])]
```

3）numpy.hsplit(ary, indices_or_sections)

该函数用于在水平方向分割数组，通过指定要返回的相同形状的数组数量来拆分原始数组。例如：

```
import numpy as np
hsplitarr = np.floor(10 * np.random.random((3, 6)))
print(np.hsplit(hsplitarr, 3))
```

运行结果：

```
[array([[7., 1.],
      [3., 4.],
      [5., 8.]]), array([[5., 3.],
      [1., 9.],
      [1., 0.]]), array([[0., 8.],
      [7., 2.],
      [0., 7.]])]
```

4）numpy.vsplit(ary, indices_or_sections)

该函数用于在垂直方向分割数组，通过指定要返回的相同形状的数组数量来拆分原始数组。例如：

```
import numpy as np
vsplitarr = np.empty(10).reshape(2,5)
np.vsplit(vsplitarr,2)
```

运行结果：

```
[array([[ 10.,  27.82559402,  77.42636827, 215.443469, 599.48425032]]),
 array([[ 1668.1005372, 4641.58883361,  12915.49665015, 35938.13663805, 100000. ]])]
```

7．数组元素的增删

Numpy 模块中对数组对象的元素进行增删操作的函数如下。

1）numpy.append(arr, values[, axis])

该函数将元素追加在数组末尾。

values 表示待追加的数值，形状需要和 arr 保持一致。

axis 默认为 None，表示横向追加，返回一个一维数组。当 axis=0 时，表示沿轴 0 进行追加；当 axis=1 时，表示沿轴 1 进行追加。

```
import numpy as np
oriarr = np.arange(10,16).reshape(2,3)
print ('原始数组：')
print (oriarr)
print ('向数组中添加元素：')
print (np.append(oriarr, [16,17,18]))
print ('沿第 1 个维度添加元素：')
print (np.append(oriarr, [[16,17,18]],axis=0))
print ('沿第 2 个维度添加元素：')
print (np.append(oriarr, [[13,14,15],[16,17,18]],axis=1))
```

运行结果：

```
原始数组：
[[10 11 12]
 [13 14 15]]
向数组中添加元素：
[10 11 12 13 14 15 16 17 18]
沿第 1 个维度添加元素：
[[10 11 12]
 [13 14 15]
 [16 17 18]]
沿第 2 个维度添加元素：
[[10 11 12 13 14 15]
```

```
[13 14 15 16 17 18]]
```

2）numpy.insert(arr, obj, values[, axis])

该函数会在 axis（如果没有指定，则展开数组，否则会通过广播值数组来匹配输入数组 arr）指定轴的 obj 位置处插入元素 values。这个操作不属于原地操作，将返回一个新的数组。例如：

```
import numpy as np
oriarr = np.array([[0,0],[0,1],[1,0]])
print('原始数组：',oriarr,sep='\n')
print(np.insert(oriarr,3,[np.e,np.pi]))
print('当 axis=0，沿轴 0 广播：')
print(np.insert(oriarr,1,[np.e],axis=0))
print('当 axis=1，沿轴 1 广播：')
print(np.insert(oriarr,1,np.e,axis=1))
```

运行结果：

```
原始数组：
[[0 0]
 [0 1]
 [1 0]]
[0 0 0 2 3 1 1 0]
当 axis=0，沿轴 0 广播：
[[0 0]
 [2 2]
 [0 1]
 [1 0]]
当 axis=1，沿轴 1 广播：
[[0 2 0]
 [0 2 1]
 [1 2 0]]
```

3）numpy.resize(a, new_shape)

该函数按照 new_shape 指定的大小来返回一个新数组。例如：

```
import numpy as np
oriarr = np.diag([1,1,1])
print('原始数组的形状：',oriarr.shape,sep=' ')
print(oriarr)
destarr = np.resize(oriarr, (3,2))
print('destarr 的形状：',destarr.shape,sep=' ')
print(destarr)
```

运行结果：

```
原始数组的形状： (3, 3)
[[1 0 0]
 [0 1 0]
 [0 0 1]]
destarr 的形状： (3, 2)
[[1 0]
 [0 0]
 [1 0]]
```

4）numpy.delete(arr, obj[, axis])

该函数从数组对象 arr 中删除指定子数组 obj，并返回一个新的数组对象。如果未提供 axis

参数，则输入数组将被展开。例如：

```
import numpy as np
oriarr = np.arange(9).reshape(3,3)
print('原始数组：',oriarr,sep='\n')
print('删除元素 0：',np.delete(oriarr,0),sep='\n')
print ('删除第 2 列：',np.delete(oriarr,1,axis=1),sep='\n')
```

运行结果：

```
原始数组：
[[0 1 2]
 [3 4 5]
 [6 7 8]]
删除元素 0：
[1 2 3 4 5 6 7 8]
删除第 2 列：
[[0 2]
 [3 5]
 [6 8]]
```

如果 obj 参数是一个数组切片，可以参考下面的代码：

```
oriarr = np.array([1,2,3,4,5,6,7,8,9,10])
print('np.s_[::2]切片表示[0:len(oriarr):2]：',np.delete(oriarr, np.s_[::2]),sep=
'\n')
```

运行结果：

```
np.s_[::2]切片表示[0:len(oriarr):2]：
[ 2  4  6  8 10]
```

5）numpy.unique(ar[, return_index, return_inverse, …])

该函数主要用于去除数组中的重复元素，并根据下面的参数返回相应的结果。

若 return_index=true，则返回新列表元素在旧列表中的位置。

若 return_inverse=true，则返回旧列表元素在新列表中的位置。

若 return_counts=true，则返回去重数组中的元素在原始数组中的出现次数。

```
import numpy as np
oriarr = np.array([1,2,2,3,3,3,4,4,4,4,5,5,5,5,5])
uniquearr = np.unique(oriarr)
print('原始数组去重后的结果：',uniquearr,sep='\n')
uniquearr,indicesarr = np.unique(oriarr, return_index=True)
print('返回去重数组的索引数组：',indicesarr,sep='\n')
```

运行结果：

```
原始数组去重后的结果：
[1 2 3 4 5]
返回去重数组的索引数组：
[ 0  1  3  6 10]
```

如果需要获取原始数组中各个元素对应于去重数组的索引，则设置 return_inverse=True：

```
uniquearr,indicesarr = np.unique(oriarr, return_inverse=True)
print('返回原始数组元素在去重数组中的索引：',indicesarr,sep='\n')
```

运行结果：

```
返回原始数组元素在去重数组中的索引：
[0 1 1 2 2 2 3 3 3 3 4 4 4 4 4]
```

如果需要返回去重数组中的元素在原始数组中出现的次数，则设置 return_counts=True：

```
uniquearr,indicesarr = np.unique(oriarr, return_counts=True)
print('返回去重数组中的每个元素在原始数组中出现的次数：',indicesarr,sep='\n')
```

运行结果：

```
返回去重数组中的每个元素在原始数组中出现的次数：
[1 2 3 4 5]
```

8．数组常用的统计函数

Numpy 模块还提供了大量对数组进行统计处理的函数。合理利用和调用这些函数，能够简化程序的逻辑，提高运算速度。数组常用的统计函数如下。

1）argmax(a[,axis,...])和 argmin(a[,axis,...])

这两个函数分别用于求最大值、最小值索引。其中，a 为数组对象；axis 用于指定数轴方向，axis=0 表示按照列方向统计最大值的索引，axis=1 表示按照行方向统计最大值的索引。

（1）对一维数组而言，该函数会取出数组 a 中元素最大值所对应的索引，此时最大值为 9，其对应的位置索引值为 0（索引值默认从 0 开始）。例如：

```
print(np.argmax([9,0,7,1]))
print(np.argmin([9,0,7,1]))
```

运行结果：

```
0
1
```

（2）对二维数组而言，该函数会按照列方向返回数组 a 中每列最大值的索引。例如：

```
np.argmax([[1,2,3],[4,5,6]],axis=0)
```

运行结果：

```
array([1, 1, 1], dtype=int64)
```

2）average(a[,weights,axis,...])和 mean(a[,axis,...])

在 Numpy 模块中，average()和 mean()函数都可以用于取平均数，在不考虑加权平均的前提下，两者的运行结果是一样的。例如：

```
print(np.mean([4,5,6]))
```

运行结果：

```
5.0
```

```
print(np.average([4,5,6]))
```

运行结果：

```
5.0
```

在考虑权重的情况下，两者的区别在于：mean()函数用于直接计算平均数；average()函数可以通过 weights 参数计算加权平均数。

```
np.average([4,5,6],weights=[1,2,3])
```

运行结果：

```
5.333333333333333
```

计算过程：

```
a[0]*w[0]/w.sum()+a[1]*w[1]/w.sum()+a[2]*w[2]/w.sum()
w.sum() = w[0] + w[1] + w[2] = 6
average=4*1/6+5*2/6+6*3/6=5.333333333333
```

3）bincount(a[,weights,...])

该函数用于统计一个非负且元素都是整数的列表或数组中的元素出现次数。例如：

```
binarr = np.array([0, 0, 1, 5])
np.bincount(binarr)
```

运行结果：

```
array([2, 1, 0, 0, 0, 1], dtype=int64)
```

如果设置 weights 参数，则执行下列代码：

```
np.bincount(arrx,weights=[2,2,2,2])
```

运行结果：

```
array([4., 2., 0., 0., 0., 2.])
```

4）max(a[,axis,...])和 min(a[,axis,...])

这两个函数分别用于求数 a 中指定维度的最大值和最小值，默认求所有值的最大值和最小值。其中，axis=0 表示按列求最大值；axis=1 表示按行求最大值。例如：

```
import numpy as np
maxarr = np.array([1, 2, 3, 4])
print(np.max(maxarr))
print(np.min(maxarr))
arry = np.arange(1,10).reshape(3,3)
print(np.max(arry,axis=0))
```

运行结果：

```
4
1
[7 8 9]
```

5）median(a[,axis,...])

该函数用于返回指定轴上的元素的中位数，即对数组进行排序后，位于数组中间位置的值。当数组长度是偶数时，该函数返回正中间两个数的平均值。例如：

```
medarrx = np.array([[10, 7, 4], [3, 2, 1]])
print(np.median(medarrx))
print(np.median(medarrx, axis=0))
medarrx = np.array([[10, 7, 4], [3, 2, 1],[5,5,5]])
print(np.median(medarrx,axis=0))
```

运行结果：

```
3.5
[6.5 4.5 2.5]
[5. 5. 4.]
```

6）histogram()

该函数用于统计直方图的数据。直方图会先对变量进行分区，即划分不同的区间范围，然后对每个区间内的观测值数量进行计数。其语法格式如下：

```
histogram(data, bins=10, range=None, normed=None, weights=None, density=None)
```

其中，data 表示保存待统计数据的数组。bins 表示指定统计的区间个数，即对统计范围的等分数。range 是一个长度为 2 的数组，表示统计的最小值和最大值。其默认值为 None，表示由数据的范围决定，即(data.min(),data.max())。normed 为 False 时，该函数会返回数组 data 中的数据在每个区间的个数，否则会对个数进行正则化处理，使其等于每个区间的概率密度。weights 为数组每个元素指定了权值，该函数会对区间中数组元素对应的权值进行求和。density 为 True 时，该函数会返回每个区间的概率密度；density 为 False 时，该函数会返回每个区间中元素的个数。

```
import numpy as np
histarr = np.random.rand(50)
np.histogram(histarr,bins=5,range=(0,1))
```

运行结果：

```
(array([11, 10, 13,  6, 10], dtype=int64), array([0. , 0.2, 0.4, 0.6, 0.8, 1. ]))
```

结果分析：0～0.2 区间有 11 个数，0.2～0.4 区间有 10 个数，0.4～0.6 区间有 13 个数，0.6～0.8 区间有 6 个数，0.8～1.0 区间有 10 个数。区间分布如图 9-1 所示。

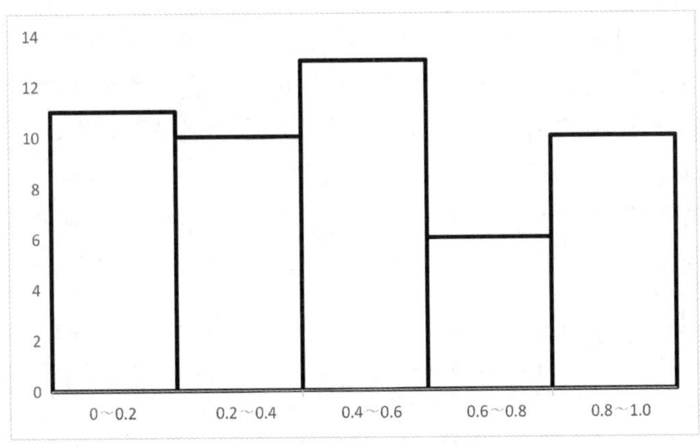

图 9-1　区间分布

7）polyld(a[,r,variable])

该函数以数组 a 中的元素作为系数生成多项式。其中，a 为数组。若没有 r，则生成一个多项式。例如：

```
arrp = np.poly1d([2,3,4,5])
print(arrp)
```

运行结果：

$2x^3+3x^2+4x+5$

r：取值为 True 或 False。若为 True，则表示把数组中的值作为根，并反推多项式。例如：

```
arrp = np.poly1d([2,3],True)
print(arrp)
```

运行结果：

x^2-5x+6

variable：改变未知数的字母。例如：

```
arrp = np.poly1d([2,3],r=True,variable='y')
print(arrp)
```

运行结果：

y^2-5y+6

8）std(a[,axis,...])

该函数用于求数组 a 中元素的标准差。标准差是方差的算术平方根。标准差能反映一个数据集的离散程度。计算标准差的公式为

$$\sigma = \sqrt{\frac{1}{N}\sum_{i=1}^{N}(x_i-\mu)^2}$$

例如：

```
stdarr = np.array([1,2, 3, 4, 5, 6])
```

```
print(np.std(stdarr))
stdarr = np.array([[1,2], [3, 4], [5, 6]])
print(np.std(stdarr))                    # 默认将所有元素作为样本集来计算标准差
print(np.std(stdarr, axis = 0))          # 将列向量作为样本集来计算标准差
```

运行结果：

```
1.707825127659933
1.707825127659933
[1.63299316 1.63299316]
```

例 9-1 平行班成绩计算。现在有 3 个班，每个班有 15 名学生，要求计算每个班的 Python 课程平均成绩。成绩采用随机数的方式进行模拟生成。首先，我们采用具有 3 个元素的二维数组（形式为 3×15）来模拟构造 3 个班的学生及其对应的成绩。其次，我们通过 Numpy 模块的 mean()函数计算对应班（即每个一维数组）的平均成绩。代码如下：

```
grade=(100-1)*np.random.random((3,15))+1
print(grade)
```

3 个班的学生的成绩：

```
array([[38.35906998 45.72611967 75.80962511 47.43378274 68.41530904 23.35459374
  41.91229053 40.27895682 99.11930504 55.22385277 76.65268522 25.1639086
  44.57993259 14.40889892 85.92442279]         # 一班成绩
 [56.73894442 47.951027   79.18083483 24.56250984 57.19697633 79.98444493
  50.57091151 99.50198735 54.37304529  5.09195661 89.53194856  3.38185033
  87.80228248 20.59969235 32.08756218]         # 二班成绩
 [94.22605035  8.39378303 58.77495055 90.16369064 81.9722434  46.78750646
  36.69409057 22.65168137 98.19030893 86.29333752 41.37368983 65.45554704
  65.63401039 28.05026076 37.79916309]])       # 三班成绩
```

3 个平行班的平均成绩：

```
np.mean(grade[0])          # 一班平均成绩
52.15
np.mean(grade[1])          # 二班平均成绩
52.57
np.mean(grade[2])          # 三班平均成绩
57.49
```

使用 std()函数分析 3 个平行班的成绩稳定性：

```
np.std(grade[0])           # 一班成绩标准差
23.55
np.std(grade[1])           # 二班成绩标准差
29.70
np.std(grade[2])           # 三班成绩标准差
27.47
```

从以上 3 个标准差可以看出，一班成绩差异最小，二班成绩差异最大。

例 9-2 成绩分析。分析并计算某个班中 40 名学生的 Python 课程成绩。

```
grade=100*np.random.rand(40)                     # 模拟产生 40 名学生的 Python 课程成绩
np.histogram(grade,bins=[0,60,80,90,100])        # 计算 40 名学生每个分数段的人次情况
```

运行结果：

```
(array([29, 3, 3, 5]), array([ 0, 60, 80, 90, 100]))
```

根据结果可知，分数为 0～60 分的学生有 29 人，分数为 61～80 分的学生有 3 人，分数为 81～90 分的学生有 3 人，分数为 91～100 分的学生有 5 人。

9）sum(a[,axis,...])

该函数用于计算数组 a 在指定数轴方向上的元素之和。例如：

```
sumarr = np.array([1,2,3,4,5,6])
print(np.sum(sumarr))
sumarr = np.array([1,2,3,4,5,6]).reshape(2,3)
print(np.sum(sumarr, axis=1))
```

运行结果：

```
21
[ 6 15]
```

10）var(a[,axis,...])

该函数用于求数组 a 的均方差，即将方差进行平均化，使得此值不会随着数据的增多而发生变化。计算均方差的公式为

$$var = \frac{1}{N}\sum_{i=1}^{N}(x_i - \bar{x})^2$$

例如：

```
vararr = np.random.randint(0, 5, (2, 3))
print(np.var(vararr))
print(np.var(vararr, axis=0))
print(np.var(vararr, keepdims=True))
print(np.var(vararr, axis=1))
```

运行结果：

```
2.3333333333333335
[4.   2.25 0.25]
[[2.33333333]]
[2.66666667 2.        ]
```

9. Numpy 广播机制

前文中所用的数组均是维度大小一致的数组对象，那么两个数组维度不一致或者其中一个是标量的操作对象能否进行运算呢？我们来尝试一下：

```
import numpy as np
x1 = np.array([0,1,2])
x2 = np.array([2])
x1+x2
```

运行结果：

```
array([2, 3, 4])
```

从上述结果中可以看到，x1+x2 可以正常操作，其操作原理如图 9-2 所示。

0	1	2	+	2	2	2	=	2	3	4
	x1				x2					

图 9-2 维度不同的数组相加

上述情况基于 Numpy 模块中的广播机制。广播（Broadcast）是对不同形状（Shape）的数组进行数值计算的方式。Numpy 模块中广播的指导思想是，如果待操作数组对象的后缘维度（从末尾开始算起的维度）的轴长相符或者其中一方的长度为 1，就认为待操作数组对象是广播兼容的，并且广播会在缺失的和（或）长度为 1 的轴上进行。

例 9-3 结合 Numpy 模块的广播思想，判断下列数组之间是否广播兼容，并计算结果。

（1）已知数组 operarr1 和 operarr2。

```
import numpy as np
operarr1 = np.array([[ 1, 0, 0], [0,1,0],[0,0,1]])
operarr2 = np.array([1,1,1])
operarr1+operarr2
```

运行结果：

```
array([[2, 1, 1],
      [1, 2, 1],
      [1, 1, 2]])
```

分析：

```
operarr1.shape==(3,3)
operarr2.shape==(3,)
```

operarr2 数组的长度是 1，根据广播原则，两个数值可以进行相加运算，即在 operarr2 数组缺失的维度上进行广播，如图 9-3 所示。

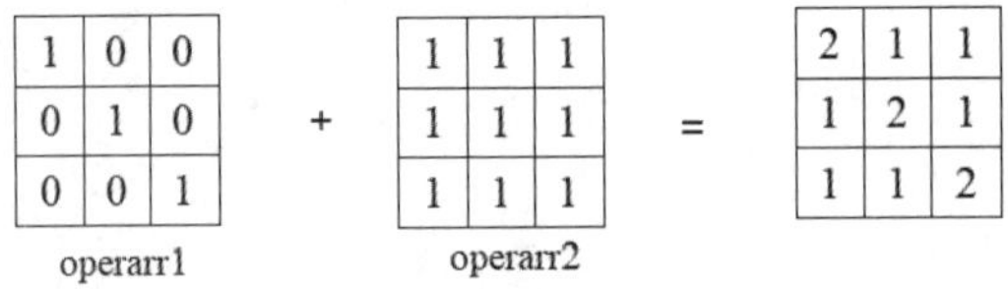

图 9-3　维度缺失的数组相加

（2）已知数组 operarr3 和 operarr4。

```
import numpy as np
operarr3 = np.array([[ 1, 0, 0,0],[0,1,0,0], [0,0,1,0],[0,0,0,1]])
operarr4 = np.array([[1],[1],[1],[1]])
operarr3+operarr4
```

运行结果：

```
array([[2, 1, 1, 1],
      [1, 2, 1, 1],
      [1, 1, 2, 1],
      [1, 1, 1, 2]]
```

分析：

```
operarr3.shape==(4,4)
operarr4.shape==(4,1)
```

由于数组 operarr3 和 operarr4 的维度相符，根据广播原则，两个数组可以进行相加运算，即在 operarr4 数组的列方向上进行广播，过程如图 9-4 所示。

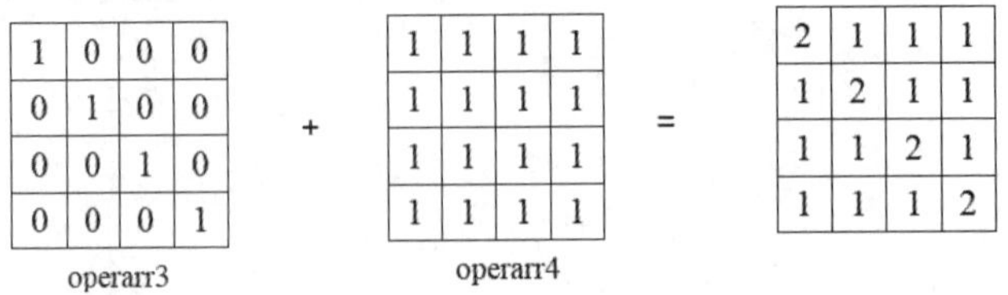

图 9-4　维度相符的数组相加

9.3　Scipy 数值计算

Scipy 库建立在 Numpy 库之上，提供了大量的科学算法模块，并且不同的模块对应不同

的实际应用，主要包括特殊函数（scipy.special）、积分（scipy.integrate）、最优化（scipy.optimize）、插值（scipy.interpolate）、傅里叶变换（scipy.fftpack）、信号处理（scipy.signal）、线性代数（scipy.linalg）、稀疏特征值（scipy.sparse）、统计（scipy.stats）、多维图像处理（scipy.ndimage）、文件 I/O（scipy.io）等。

Scipy 库是 Python 中科学计算程序的核心，可以与其他标准科学计算程序库进行比较，如 GSL（GNU C 或 C++科学计算库）、MATLAB 工具箱，等等。本节主要从三方面来介绍：常数与特殊函数、Scipy 图像处理和 Scipy 统计。Scipy 模块可以通过官方网站下载，也可以通过 pip install scipy 命令直接安装。

9.3.1　常数与特殊函数

在安装好 Scipy 模块之后，我们可以通过如下代码查看当前所用的 Scipy 版本号：

```
import scipy as sp
print sp.version.version
```

运行结果：

```
1.3.1
```

下面介绍 Scipy 模块中两个比较常用的模块，即 Constants 和 Special。

1. Constants 模块

该模块包含了众多数学、物理等方面常用的常量信息。使用 help 命令可以查看该模块下包含的所有常量信息：

```
from scipy import constants as c
help(c)
```

运行结果：

```
Help on package scipy.constants in scipy:
NAME
scipy.constants
FILE
C:\python27\lib\site-packages\scipy\constants\__init__.py
DESCRIPTION
==================================
Constants (:mod:`scipy.constants`)
==================================
.. currentmodule:: scipy.constants Physical and mathematical constants and units.
Mathematical constants
==============================================================
''pi'' Pi
''golden'' Golden ratio
===============================================================
Physical constants
===============================================================
''c'' speed of light in vacuum
''G'' Newtonian constant of gravitation
''g'' standard acceleration of gravity
''R'' molar gas constant
''k'' Boltzmann constant
''Rydberg'' Rydberg constant
```

```
================================================================
...
```

2. Special 模块

除常数模块 Constants 以外，Special 模块也经常被用到。该模块包含了基本数学函数、特殊数学函数，以及 Numpy 模块中的完整函数库。同样地，也可以通过代码：

```
from scipy import special as s
help(s)
```

查看 Special 模块中的特殊函数。这里，我们仅介绍 3 个比较常见的函数。

（1）伽玛函数：scipy.special.gamma()。

伽玛函数定义为

$$\Gamma(x)=\int_0^{\infty} t^{x-1}e^{-t}\mathrm{d}t$$

可以使用 Special 模块中的 gamma()函数进行计算，代码如下：

```
from scipy import special as s
s.gamma(2)
```

运行结果：

```
1.0
```

scipy.special.gammaln()函数为对数坐标的伽玛函数，具有更高的数值精度和更大的取值范围。

（2）贝塞尔函数：scipy.special.jn()（整数 n 阶贝塞尔函数）。

贝塞尔函数定义为

$$J_n(x)=\sum_{m=0}^{\infty}\frac{(-1)^m}{m!\Gamma(n+m+1)}\left(\frac{x}{2}\right)^{n+2m}$$

可以使用 Special 模块中的 jn()函数进行计算，代码如下：

```
from scipy import special as s
s.jn(3,4.5)
```

运行结果：

```
0.42470397297745566
```

（3）椭圆函数：scipy.special.ellipj()（雅可比椭圆函数）。

第一类椭圆积分定义为

$$z=F(\varphi,k)=\int_0^{\varphi}\frac{\mathrm{d}t}{\sqrt{1-k^2\sin t^2}}$$

雅可比椭圆函数的形式为

$$\varphi=F^{-1}(z,k)$$

可以使用 Special 模块中的 ellipj()函数进行计算，代码如下：

```
from scipy import special as s
s.ellipj(3,0.5)
```

运行结果：

```
(0.63002899824203296, -0.77657160737058906, 0.89528304501262057, 2.4600021012296027)
```

例 9-4 根据 Constants 模块中定义的常数 pi，计算半径 r=1 的圆面积和球体积。

```
from scipy import special as s
r=1
area=s.pi*r*r
```

运行结果：

```
3.141592653589793
```

```
volume=4.0/3*s.pi*r*r*r
```

运行结果：

```
4.1887902047863905
```

9.3.2　Scipy 图像处理

scipy.ndimage 是专门用于 *n* 维图像处理的函数库，包含了图像滤波（Filters）、傅里叶变换（Fourier）、图像信息测量（Measurements）、形态学图像处理（Morphology）、图像插值、旋转及仿射变换（Interpolation）等子模块。这里，我们主要以图像滤波模块为例介绍 Scipy 模块对图像处理的应用。

ndimage.filters 模块具有图像滤波功能。ndimage.filters.gaussian_filter 用于对频度图进行高斯模糊处理，其主要的两个参数含义为：第 1 个参数表示要处理的滤波 array；第 2 个参数为高斯核的标准差，这个值越大，曲面的影响范围越大，最终的热点图也越分散。

可以通过 help 命令进一步查看 ndimage.filters 模块的相关参数和其他信息：

```
import scipy.ndimage.filters as f
help(f)
```

运行结果：

```
Help on module scipy.ndimage.filters in scipy.ndimage:
NAME
scipy.ndimage.filters
FUNCTIONS
convolve(input, weights, output=None, mode='reflect', cval=0.0, origin=0)
a = np.array([[1, 2, 0, 0], [5, 3, 0, 4], [0, 0, 0, 7], [9, 3, 0, 0]])
k = np.array([[1,1,1],[1,1,0],[1,0,0]])
from scipy import ndimage
ndimage.convolve(a, k, mode='constant', cval=0.0)
array([[11, 10, 7, 4], [10, 3, 11, 11], [15, 12, 14, 7], [12, 3, 7, 0]])
correlate(input, weights, output=None, mode='reflect', cval=0.0, origin=0)
gaussian_filter(input, sigma, order=0, output=None, mode='reflect', cval=0.0,
truncate=4.0) truncate=4.0)
gaussian_gradient_magnitude(input, sigma, output=None, mode='reflect', cval=0.0,
**kwargs)
gaussian_laplace(input, sigma, output=None, mode='reflect', cval=0.0, **kwargs)
generic_filter(input, function, size=None, footprint=None, output=None, mode=
'reflect', cval=0.0, origin=0, extra_arguments=(), extra_keywords=None)
generic_gradient_magnitude(input, derivative, output=None, mode='reflect', cval=
0.0, extra_arguments=(), extra_keywords=None)
generic_laplace(input, derivative2, output=None, mode='reflect', cval=0.0,
extra_arguments=(), extra_keywords=None)
laplace(input, output=None, mode='reflect', cval=0.0)
maximum_filter(input, size=None, footprint=None, output=None, mode='reflect',
cval=0.0, origin=0)
median_filter(input, size=None, footprint=None, output=None, mode='reflect',
cval=0.0, origin=0)
minimum_filter(input, size=None, footprint=None, output=None, mode='reflect',
```

```
cval=0.0, origin=0)
percentile_filter(input, percentile, size=None, footprint=None, output=None,
mode='reflect', cval=0.0, origin=0)
prewitt(input, axis=-1, output=None, mode='reflect', cval=0.0)
rank_filter(input, rank, size=None, footprint=None, output=None, mode='reflect',
cval=0.0, origin=0)
sobel(input, axis=-1, output=None, mode='reflect', cval=0.0)
uniform_filter(input, size=3, output=None, mode='reflect', cval=0.0, origin=0)
```

例 9-5 绘制上海浦东新区张江地区 ofo 共享单车的分布热点信息图。首先，载入浦东新区张江地区地图，创建一些 ofo 共享单车随机分布的散列点，这些散列点以某些坐标为中心进行正态分布，构成一些热点。然后，使用 numpy.histogram2d()函数在地图的网格中统计二维散列点的频度，由于散列点数量较少，histogram2d()函数的统计结果并不能形成足够的热点信息。代码如下：

```
import matplotlib.pyplot as plt
import matplotlib.image as mpimg
import numpy as np

img = mpimg.imread(r"C:\users\hu\1.png")
h, w, _ = img.shape
xs, ys = [], []
for i in range(100):
    mean = w*np.random.rand(), h*np.random.rand()
    a = 50 + np.random.randint(50, 200)
    b = 50 + np.random.randint(50, 200)
    c = (a + b)*np.random.normal()*0.2
    cov = [[a, c], [c, b]]
    count = 200
    x, y = np.random.multivariate_normal(mean, cov, size=count).T
    xs.append(x)
    ys.append(y)
x = np.concatenate(xs)
y = np.concatenate(ys)

hist, _, _ = np.histogram2d(x, y, bins=(np.arange(0, w), np.arange(0, h)))
hist = hist.T
plt.imshow(hist)
plt.show()
```

运行结果如图 9-5 所示。

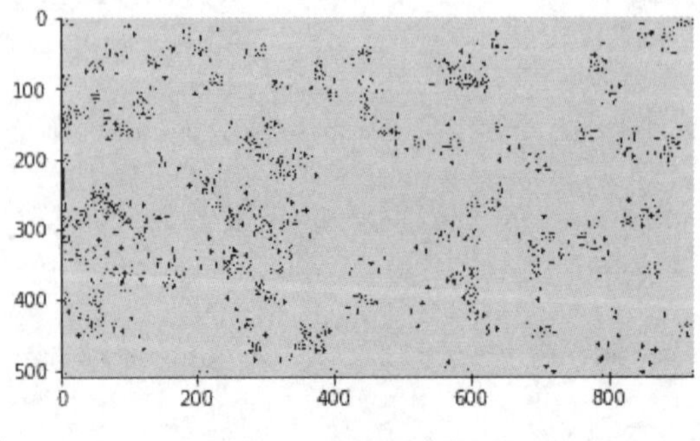

图 9-5　形成的热点信息

接下来，调用 scipy.ndimage.filters.gaussian_filter()函数对频度图进行高斯模糊处理。在例 9-5 中添加：

```
from scipy.ndimage import filters

heatMap=filters.gaussian_filter(hist,30.0)
plt.imshow(heatMap)
```

运行结果如图 9-6 所示。

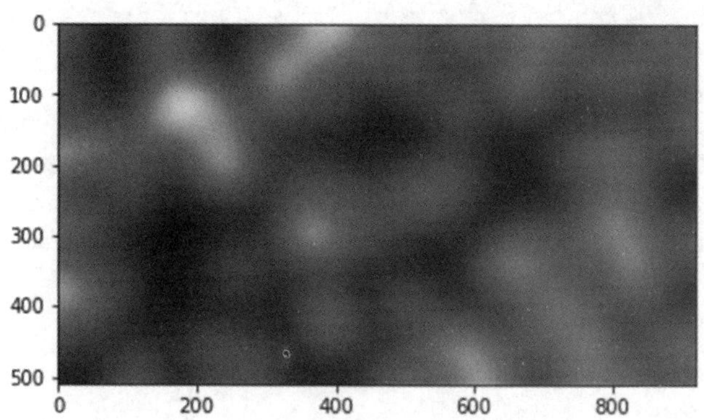

图 9-6 高斯模糊处理后的热点信息

最后，修改热点图的 alpha 通道，叠加显示热点图与地图。在上述代码的基础上添加下列代码：

```
heatNormal=plt.Normalize()(heatMap)
heatRGB=mpimg.cm.jet(heatNormal)
heatRGB[:,:,-1]=heatNormal
plt.imshow(img)
plt.imshow(heatRGB)
```

运行结果如图 9-7 所示。

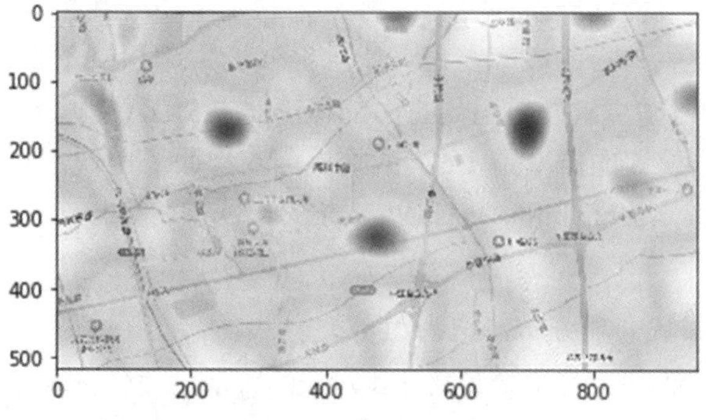

图 9-7 叠加显示热点图与地图

注意：多元正态分布（Multivariate Normal Distribution）将在 9.3.3 节做进一步介绍。Matplotlib 计算模块将在 9.4 节介绍。

9.3.3 Scipy 统计

scipy.stats 模块包含了多种概率分布的随机变量。在概率统计中，我们知道随机变量分为连续和离散两种形式。所有的连续随机变量都是 rv.continuous 的派生类的对象，而所有的离散随机变量都是 rv.discrete 的派生类的对象。

可以通过下面的代码查询 scipy.stats 模块中所有的连续随机变量：

```
import scipy.stats as s
print(','.join(k for k,v in s.__dict__.items() if isinstance(v,s.rv_continuous)))
```

运行结果：

```
ksone,kstwobign,norm,alpha,anglit,arcsine,beta,betaprime,bradford,burr,burr12,fisk,
cauchy,chi,chi2,cosine,dgamma,dweibull,expon,exponnorm,exponweib,exponpow,fatiguelife,
foldcauchy,f,foldnorm,weibull_min,weibull_max,frechet_r,frechet_l,genlogistic,
genpareto,genexpon,genextreme,gamma,erlang,gengamma,genhalflogistic,gompertz,
gumbel_r,gumbel_l,halfcauchy,halflogistic,halfnorm,hypsecant,gausshyper,invgamma,
invgauss,norminvgauss,invweibull,johnsonsb,johnsonsu,laplace,levy,levy_l,levy_stable,
logistic,loggamma,loglaplace,lognorm,gilbrat,maxwell,mielke,kappa4,kappa3,moyal,
nakagami,ncx2,ncf,t,nct,pareto,lomax,pearson3,powerlaw,powerlognorm,powernorm,
rdist,rayleigh,reciprocal,rice,recipinvgauss,semicircular,skewnorm,trapz,triang,
truncexpon,truncnorm,tukeylambda,uniform,vonmises,vonmises_line,wald,wrapcauchy,
gennorm,halfgennorm,crystalball,argus
```

可以通过下面的代码查询 scipy.stats 模块中所有的离散随机变量：

```
import scipy.stats as s
print(','.join(k for k,v in s.__dict__.items() if isinstance(v,s.rv_discrete)))
```

运行结果：

```
logser,geom,skellam,bernoulli,boltzmann,zipf,hypergeom,poisson,nbinom,planck,binom,
randint,dlaplace
```

除此之外，在 scipy.stats 模块中还有多变量分布，如多元正态分布（scipy.stats.multivariate_normal）。下面分别以离散分布中的二项分布和连续分布中的伽玛分布为例，讨论 Scipy 模块在统计学中的应用。

1．二项分布

在概率统计中，二项分布属于离散分布，实际上就是重复进行 n 次独立的伯努利试验。在每次试验中只有两种可能的结果，并且两种结果的发生与否互相对立、相互独立，与每次试验结果无关，事件发生与否的概率在每一次独立试验中都保持不变。这一系列试验被称为 n 重伯努利试验。例如，抛一次硬币出现正面的概率是 0.5，试验抛 10 次硬币出现 k 次正面的概率；投掷一次骰子出现 6 的概率是 1/6，试验投掷 6 次骰子出现 k 次 6 的概率等。若随机变量 X 具有概率质量函数（Probability Mass Function），即

$$P(X=k)=C_n^k p^k(1-p)^{n-k}$$

则称随机变量 X 服从二项分布，记为 $b(k;n,p)$。

在 Scipy 模块中，我们可以指定参数来计算对应的服从二项分布随机变量取值的概率。例如：

```
import scipy.stats as s
import numpy as np
n=10
k=np.arange(10)
p=0.5
data=s.binom.pmf(k,n,p)
print(data)
```

运行结果：

```
[ 0.00097656, 0.00976563, 0.04394531, 0.1171875 , 0.20507813, 0.24609375,
```

```
0.20507813, 0.1171875 , 0.04394531, 0.00976563]
sum(data)
```

运行结果：

```
0.99902343750000089  # 概率和近似于 1
```

2. 伽玛分布

伽玛分布（Gamma Distribution）是统计学中的一种连续概率函数。伽玛分布中的参数 α 称为形状参数（Shape Parameter），β 称为尺度参数（Scale Parameter）。

若随机变量 X 具有概率密度函数，即

$$f(x;\alpha,\beta)=\frac{x^{\alpha-1}e^{-\frac{x}{\beta}}}{\beta^{\alpha}\Gamma(\alpha)}$$

其中，$\alpha>0$，$\beta>0$，则称随机变量 X 服从伽玛分布。

在 Scipy 模块中，可以计算基于形状参数的伽玛分布的期望和方差：

```
from scipy import stats
stats.gamma.stats(4.5)
```

运行结果：

```
(array(4.5), array(4.5))
```

在 Scipy 模块中，也可以指定伽玛分布的第 2 个参数：

```
stats.gamma.stats(4.5,scale=8)
```

运行结果：

```
(array(36.0), array(288.0))
```

同时，可以产生满足指定伽玛分布的随机变量，以及计算这些随机变量对应的概率密度：

```
from scipy import stats
data=stats.gamma.rvs(4.5,scale=8,size=6)
stats.gamma.pdf(data,3,scale=6)
```

运行结果：

```
array([3.83693031e-02, 1.28387012e-02, 1.26740465e-05, 1.92049675e-03,
4.48267190e-02, 2.76924998e-02])
```

```
stats.gamma.pdf(data,4,scale=8)
```

运行结果：

```
array([ 0.02446298, 0.0252403 , 0.00063599, 0.01155499, 0.01383451, 0.02781983])
```

除了各种随机分布函数，scipy.stats 模块还提供了各种假设检验，如二项分布检验 scipy.stats.binom_test，用来检验二项分布；Shapiro 检验 scipy.stats.shapiro，专门用来检验正态分布；K-S 检验 scipy.stats.kstest，理论上可以检验任何分布等。下面以二项分布检验 scipy.stats.binom_test 为例，介绍假设检验的使用，格式如下：

```
scipy.stats.binom_test(data, n, p)
```

其中，data 表示二项分布中试验成功的次数（硬币正面），n 表示试验的总次数，p 表示试验成功的概率。data 也可以是一个向量，向量的第 1 个值表示成功的次数，第 2 个值表示失败的次数，此时原来的第 2 个参数 n 可以被省略。

例 9-6 婴儿比例检验。某地在某一时期内出生 35 名婴儿，其中女性 19 名（约定 Sex=0），男性 16 名（约定 Sex=1）。问这个地方出生婴儿的性别比例与通常的男女性比例（总体概率约为 0.5）是否不同。

```
from scipy import stats
```

```
stats.binom_test((16,19),0.5)
```

运行结果：

```
0.73587880085688062
```

9.4 Matplotlib 数据可视化

Scipy 模块和 Numpy 模块默认都没有提供绘图函数，它们仅仅是数值计算和分析工具。使用 Numpy 模块和 Scipy 模块进行统计计算的结果通常是枯燥的，需要进行图形化显示。Matplotlib 是一个 Python 图形框架，类似于 MATLAB 和 R 语言。Matplotlib 模块既可以通过网络下载，又可以使用 pip install matplotlib 命令直接安装。

在安装 Matplotlib 模块之后，就可以导入该模块并查看其版本：

```
import matplotlib
print(matplotlib.__version__)
```

运行结果：

```
3.1.1
```

下面基于前面章节介绍的 Numpy 模块和本节介绍的 Matplotlib 模块，测试一个简单的作图例子：

```
import numpy as np                                          # 导入库
import matplotlib.pyplot as plt
x = np.linspace(0, 10, 1000)
y = np.sin(x)                                               # 正弦信号
z = np.cos(x**2)                                            # 多普勒信号
plt.figure(figsize=(8,4))                                   # 画布大小
plt.plot(x,y,label="$sin(x)$",color="red",linewidth=2)      # 显示图形
plt.plot(x,z,'b--',label="$cos(x^2)$")
plt.xlabel("Time(s)")                                       # X 轴标记
plt.ylabel("Volt")                                          # Y 轴标记
plt.title("Plot Test")                                      # 图形标题
plt.ylim(-1.2,1.2)                                          # Y 轴刻度
plt.legend()                                                # 显示图例
plt.show()
```

运行结果如图 9-8 所示。

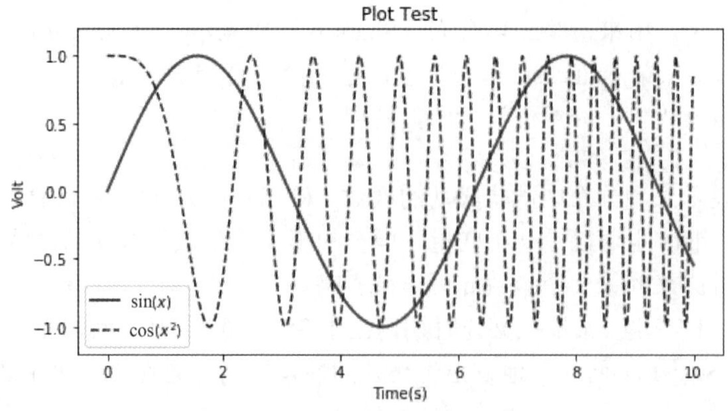

图 9-8　Matplotlib 作图示例

9.4.1　绘制带标签的曲线图

在前文中，我们已经看到如何使用 Matplotlib 模块中的 pyplot 来绘制曲线图。但在实际中，我们有时仅仅绘制曲线还不够，还需要在曲线上标注关键点。

例 9-7 标注曲线的最大值点和最小值点。现有一组给定的数据 0.15,0.16,0.14,0.17,0.12,0.16,0.1,0.08,0.05,0.07,0.06，请按数据绘制曲线，并在曲线上标出最大值点和最小值点。代码如下：

```
import matplotlib.pyplot as plt                         # 导入库
import numpy as np
data=np.array([0.06,0.07,-0.05,0.08,0.1,0.16,0.12,0.17,0.14,0.16,0.15])   # 数组
max_index=np.argmax(data)                               # 最大值下标
min_index=np.argmin(data)                               # 最小值下标
plt.plot(data,'r-o')                                    # 数据折线图
plt.plot(max_index,data[max_index],'ks')                # 以'ks'格式显示最大值点
plt.plot(min_index,data[min_index],'ks')                # 以'ks'格式显示最小值点
show_max='最大值点['+str(max_index)+' '+str(data[max_index])+']' # 最大值点显示的字符串
show_min='最小值点['+str(min_index)+' '+str(data[min_index])+']' # 最小值点显示的字符串
# 最大值点和最小值点显示上面设置的字符串
plt.annotate(show_max,xytext=(max_index,data[max_index]),xy=(max_index,data[max_
index]))
plt.annotate(show_min,xytext=(min_index,data[min_index]),xy=(min_index,data[min_
index]))
plt.rcParams['font.sans-serif']=['SimHei']    # 显示中文
plt.rcParams['axes.unicode_minus']=False      # 显示负号“-”
plt.show()
```

运行结果如图 9-9 所示。

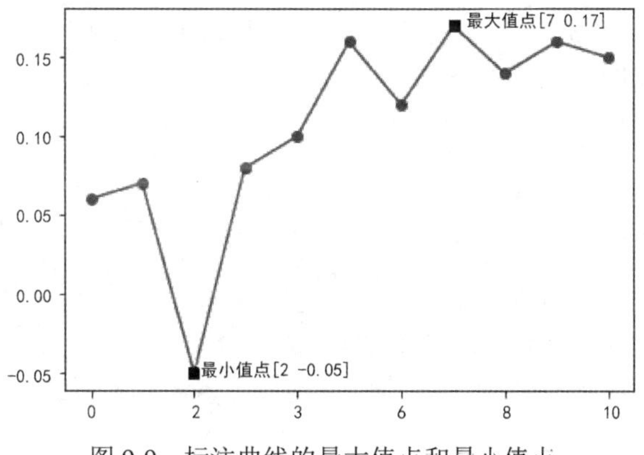

图 9-9　标注曲线的最大值点和最小值点

9.4.2　绘制散点图

在 Matplotlib 模块中，可以使用 matplotlib.pyplot.scatter()方法来绘制散点图，同时将第 1 个参数作为 *X* 轴，第 2 个参数作为 *Y* 轴。

例 9-8 绘制散点图。给定中国某城市 52 名男性和女性的年龄、身高、体重数据如下：

Gender	Age	Height(cm)	Weight(kg)	Gender	Age	Height(cm)	Weight(kg)
Male	21	163	60	Female	20	153	42
Male	22	164	56	Female	20	156	44
Male	21	165	60	Female	21	156	38

Male	23	168	55	Female	21	157	48
Male	21	169	60	Female	21	158	52
Male	21	170	54	Female	23	158	45
Male	23	170	80	Female	22	159	43
Male	23	170	64	Female	22	160	50
Male	22	171	67	Female	21	160	45
Male	22	172	65	Female	21	160	52
Male	23	172	60	Female	23	160	50
Male	21	172	60	Female	22	161	50
Male	23	173	60	Female	21	161	45
Male	22	173	62	Female	21	162	55
Male	21	174	65	Female	20	162	60
Male	22	175	70	Female	20	163	56
Male	22	175	70	Female	20	163	56
Male	22	175	65	Female	21	163	59
Male	23	175	60	Female	22	164	55
Male	21	175	62	Female	23	164	47
Male	21	176	58	Female	21	165	45
Male	21	178	70	Female	21	165	45
Male	23	178	75	Female	20	165	60
Male	23	180	63	Female	20	168	58
Male	23	180	71	Female	21	168	49
Male	23	183	75	Female	22	170	54

请按数据绘制散点图。代码如下：

```
import matplotlib.pyplot as plt
weight = [60,56,60,55,60,54,80,64,67,65,60,60,60,62,65,70,70,65,60,62,58,70,75,63,
71,75,42,44,38,48,52,45,43,50,45,52,50,50,45,55,60,56,56,59,55,47,45,45,60,58,49,54]
height = [163,164,165,168,169,170,170,170,171,172,172,172,173,173,174,175,175,175,175,
175,176,178,178,180,180,183,153,156,156,157,158,158,159,160,160,160,160,161,161,
162, 162,163,163,163,164,164,165,165,165,168,168,170]
 plt.scatter(height, weight)      # 绘制散点图
 plt.show()
```

运行结果如图 9-10 所示。

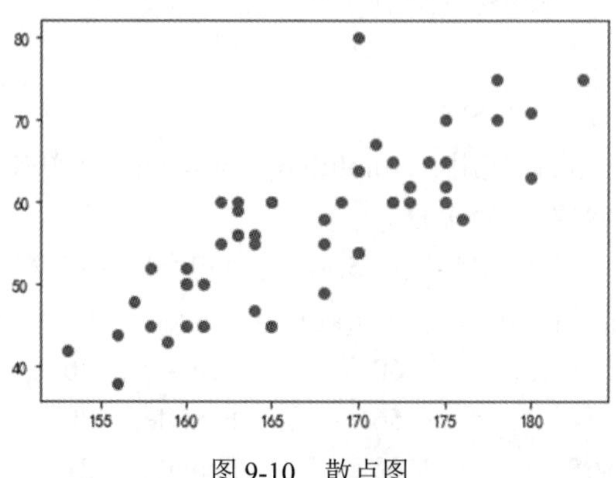

图 9-10　散点图

9.4.3　绘制饼图

在 Matplotlib 模块中，可以使用 matplotlib.pyplot.pie()方法来绘制饼图。

例 9-9　绘制饼图。学院共有职工 123 人，其中教师 79 人，辅导员 26 人，实训室管理员 10 人，行政人员 8 人。请按数据绘制饼图。代码如下：

```
import matplotlib.pyplot as plt

labels = '教师', '辅导员', '实训室管理员','行政人员'
sizes = [79, 26, 10,8]
colors = ['yellowgreen', 'gold', 'lightskyblue','red']
explode = (0, 0.1, 0,0.1)
plt.pie(sizes, explode=explode, labels=labels, colors=colors, autopct='%1.1f%%',
shadow=True, startangle=90)       # 绘制饼图
plt.axis('equal')
plt.show()
```

运行结果如图 9-11 所示。

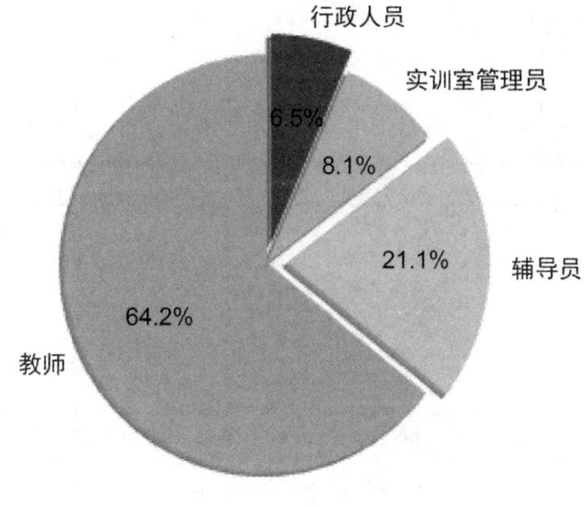

图 9-11　饼图

9.4.4　绘制多个子图

在 Matplotlib 模块中，可以使用 matplotlib.pyplot.figure()方法设置画布大小；可以使用 matplotlib.pyplot.subplot()方法绘制多个子图。它们的语法格式如下：

```
figure(num=None, figsize=None, dpi=None, facecolor=None, edgecolor=None, frameon=
True)
```

其中，num 表示图像编号或名称，数字为编号，字符串为名称；figsize 指定 figure 的宽度和高度，单位为英寸，1 英寸约等于 2.5cm；dpi 指定绘图对象的分辨率，即每英寸多少个像素，默认值为 80；facecolor 表示背景颜色；edgecolor 表示边框颜色；frameon 表示是否显示边框。

```
subplot(nrows,ncols,sharex,sharey,subplot_kw,**fig_kw)
```

其中，nrows 表示子图行数；ncols 表示子图列数；sharex 表示所有子图使用相同的 *X* 轴刻度；sharey 表示所有子图使用相同的 *Y* 轴刻度；subplot_kw 用于创建各子图的关键字字典；**fig_kw 用于创建图形其他关键字，如 subplots(2,2,figsize=(5,8))。

subplot()方法有 3 个参数：第 1 个参数和第 2 个参数表示整个绘图区域被等分的行数和列

数；第 3 个参数表示按照从左到右、从上到下的顺序对每个区域进行编号，左上区域的编号为 1。下面给出一个绘制多个子图的例子，代码如下：

```
import matplotlib.pyplot as plt

fig=plt.figure(figsize=(5,4),dpi=72,facecolor='yellow')
plt.subplot(2, 2, 1)
plt.plot([0, 1], [0, 1])
plt.subplot(2, 2, 2)
plt.plot([1, 0], [0, 1])
plt.subplot(2, 2, 3)
plt.plot([1, 0], [0, 1])
plt.subplot(2, 2, 4)
plt.plot([0, 1], [0, 1])
plt.show()
```

运行结果如图 9-12 所示。

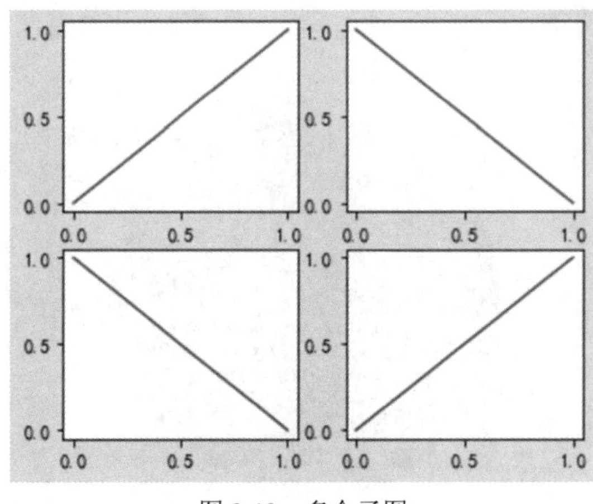

图 9-12　多个子图

9.4.5　绘制三维图形

在 Matplotlib 模块的基础上，mpl_toolkits.mplot3d 模块提供了三维图形的绘制功能，但是由于它采用了 Matplotlib 模块的二维绘图功能来绘制三维图，因此绘图的速度有限制，不适合用于绘制具有大规模数据的三维图形。

例 9-10 三维图形的绘制示例。绘制 $z=e^{-\frac{x^2+y^2}{2}}$ 的图像，代码如下：

```
import matplotlib.pyplot as plt
import numpy as np
from mpl_toolkits.mplot3d import Axes3D

fig = plt.figure(figsize=(12, 6))
ax = Axes3D(fig)

# 生成代表 X 轴/Y 轴数据的列表，并进行网格化
X,Y=np.mgrid[-3:3:100j,-3:3:100j]
Z = np.exp(-X**2 - Y**2)                # 计算函数值
# 绘制三维图形
```

```
surf = ax.plot_surface(X, Y, Z,
                    rstride=1,        # rstride (row) 指定行的跨度
                    cstride=1,        # cstride (column) 指定列的跨度
                    cmap=plt.get_cmap('rainbow'))     # 设置颜色映射
ax.set_zlim(-0.1, 1)                                  # 设置 Z 轴范围
ax.set_xlabel("X"); ax.set_ylabel("Y"); ax.set_zlabel("Z")
plt.title("$z=exp(-x^2/2-y^2/2)$的三维图形")            # 设置标题
fig.colorbar(surf, shrink=0.5, aspect=5)
plt.show()
```

运行结果如图 9-13 所示。

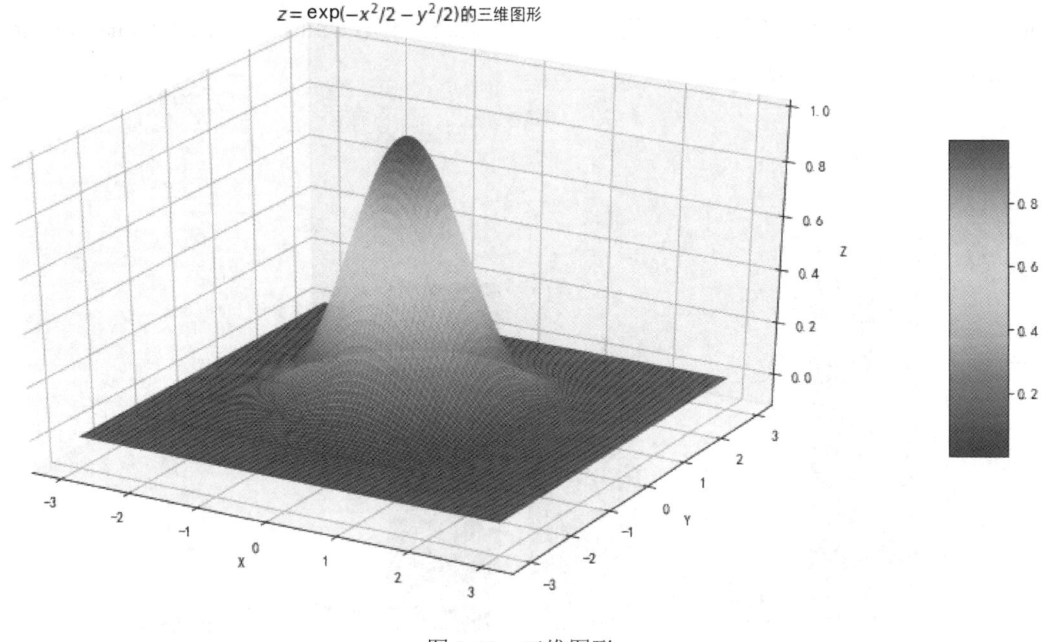

图 9-13　三维图形

9.5　Pyecharts 数据可视化

Pyecharts 是一个由百度开源的数据可视化工具，包括了 30 多种常见图表。由于它具有高度灵活的配置项，可以轻松搭配出精美的图表，因此具有良好的交互性，图形表现力强。同时，Pyecharts 模块包含多达 400 多个地图文件及原生的百度地图，为地理数据可视化提供了强有力的支持。

Pyecharts 分为 v0.5.x 和 v1 两个大版本，且 v0.5.x 和 v1 版本间不兼容。新版本系列将从 v1.0.0 开始，仅支持 Python 3.6+。可以使用 pip install pyecharts 命令安装 Pyecharts 模块，并在安装完成后，通过代码查看其版本号：

```
import pyecharts
print(pyecharts.__version__)
```

运行结果：

```
1.9.0
```

有关 Pyecharts 的详细说明，请查阅其官方网站。

9.5.1　简单示例

下面给出一个简单的例子，显示上海电子信息职业技术学院 2020 年部分少数民族学生的数量，代码如下：

```
from pyecharts.charts import Bar     # 导入 Bar 模块

bar = Bar()                          # 生成 bar 对象
bar.add_xaxis(["维吾尔族", "藏族", "蒙古族", "彝族", "水族", "哈尼族"])     # 添加 X 轴数据
bar.add_yaxis("2020 年", [26, 4, 12, 23, 2, 1])                             # 添加 Y 轴数据
bar.render_notebook()                # 在 Notebook 环境下显示
```

注意：使用 bar.render()方法可以生成本地 HTML 文件，默认情况下会在当前目录下生成 render.html 文件。当然，我们也可以指定路径，如 bar.render(r'C:\users\hu\desktop\nation.html')。

运行结果如图 9-14 所示。

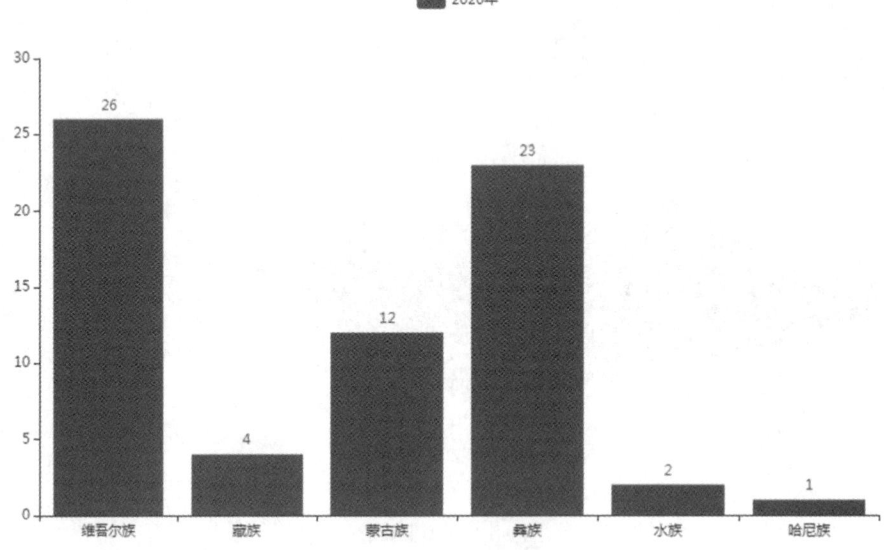

图 9-14　Pyecharts 图形示例

Pyecharts 模块的所有方法均支持链式调用。例如，上例可被改写为：

```
bar = (
    Bar()
    .add_xaxis(["维吾尔族", "藏族", "蒙古族", "彝族", "水族", "哈尼族"])
    .add_yaxis("2020 年", [26, 4, 12, 23, 2, 1])
)
bar.render_notebook()
```

两者的运行结果一样。

Pyecharts 具有丰富的配置项 options。我们可以灵活设置配置项，使图形更生动、可读性更强。例如，首先导入 Options 模块：from pyecharts import options as opts。然后设置主标题与副标题：

```
bar = (
    Bar()
    …
    .set_global_opts(title_opts=opts.TitleOpts(title="通信与信息工程学院",
```

```
subtitle="少数民族学生"))
)
```

运行结果如图 9-15 所示。

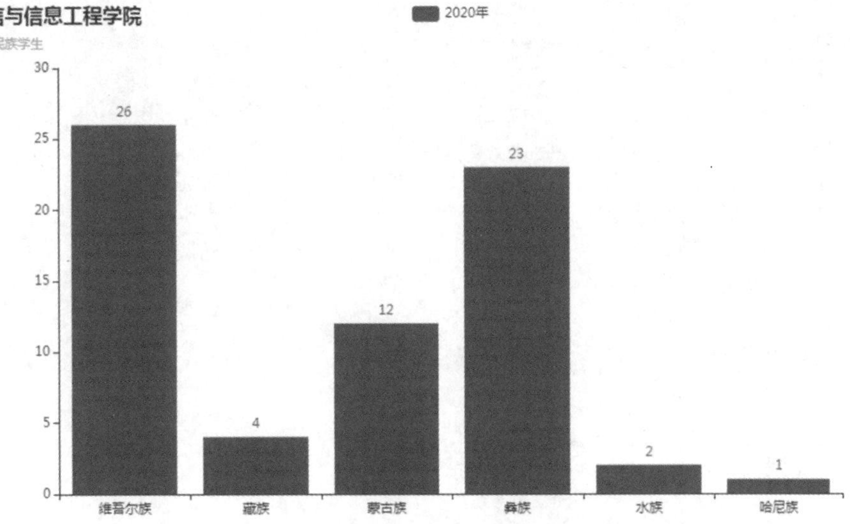

图 9-15　设置主标题与副标题

我们也可以直接使用字典参数.set_global_opts(title_opts={"text": "上海电子信息职业技术学院", "subtext":少数民族学生"})来设置。

Pyecharts 模块可以使用 snapshot-selenium 渲染图片，通过 from snapshot_selenium import snapshot 导入 Snapshot 模块，并使用 make_snapshot(snapshot, bar.render(), "文件名.png")命令生成图片。

Pyecharts 模块提供了超过 10 种内置主题（ThemeType），同时程序员可以定制自己喜欢的主题。代码如下：

```
from pyecharts.globals import ThemeType as TT
help(TT)
```

运行结果：

```
CHALK = 'chalk'
DARK = 'dark'
ESSOS = 'essos'
HALLOWEEN = 'halloween'
INFOGRAPHIC = 'infographic'
LIGHT = 'light'
MACARONS = 'macarons'
PURPLE_PASSION = 'purple-passion'
ROMA = 'roma'
ROMANTIC = 'romantic'
SHINE = 'shine'
VINTAGE = 'vintage'
WALDEN = 'walden'
WESTEROS = 'westeros'
WHITE = 'white'
WONDERLAND = 'wonderland'
```

在上例中，首先导入主题模块：from pyecharts.globals import ThemeType。然后设置 Bar() 初始条件：Bar(init_opts=opts.InitOpts(theme=ThemeType. ROMA)。代码如下：

```
from pyecharts.charts import Bar              # 导入 Bar 模块
from pyecharts import options as opts
from pyecharts.globals import ThemeType

bar = (
    Bar(init_opts=opts.InitOpts(theme=ThemeType.ROMA))
    .add_xaxis(["维吾尔族", "藏族", "蒙古族", "彝族", "水族", "哈尼族"])
    .add_yaxis("2020 年", [26, 4, 12, 23, 2, 1])
    .set_global_opts(title_opts=opts.TitleOpts(title="通信与信息工程学院",
subtitle="少数民族学生"))
)
bar.render_notebook()
```

运行结果如图 9-16 所示。

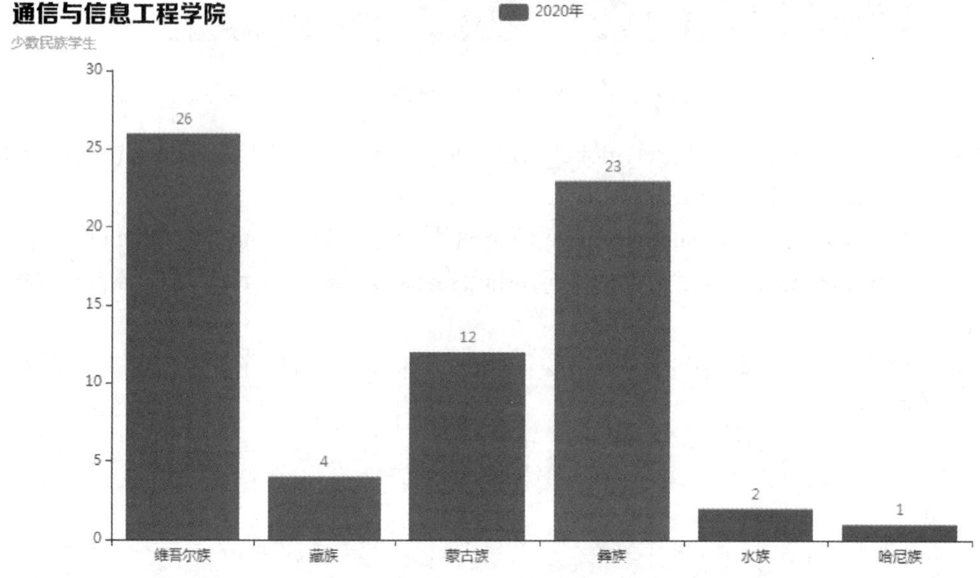

图 9-16　添加 ThemeType 图形示例

从上述例子可以看出，Pyecharts 模块的绘图功能非常强大。

9.5.2　Pyecharts 绘图步骤

Pyecharts 绘图步骤如下。

1．选择图表类型

Pyecharts 模块可以绘制的图表类型包括散点图（Scatter）、柱状图（Bar）、饼图（Pie）、折线图（Line）、雷达图（Radar）、桑基图（Sandey）、词云图（WordCloud）、漏斗图（Funnel）、仪表盘（Gauge）、关系图（Graph）、水球图（Liquid）、平行坐标系（Parallel）、极坐标系（Polar）、热力图（HeatMap）、日历图（Calendar）、箱型图（Boxplot）、旭日图（Sunburst）、主题河流图（ThemeRiver）、Tree 图和三维图形等。

部分图表类型可以通过 from pyecharts.charts import Scatter,Bar,Pie,Line,Radar,Sandey, WordCloud,Gauge,Graph,Funnel,Liquid,Polar,HeatMap,Boxplot 命令导入。

2．添加数据

散点图、折线图等二维数据图形可以通过.add_xais(xais_data=x)和.add_yaxis(series_name='',y_axis=y)方法设置。

饼图等一维图形可以通过.add(series_name='',data_pair=[(i,j for i,j in zip(lab,num))])方法设置。

3．设置全局变量

Pyecharts 模块具有丰富的配置项，通过配置项的设置可以生动地展示数据，使数据的可读性、图形的互动性更强。部分配置项的含义、效果如图 9-17 所示。

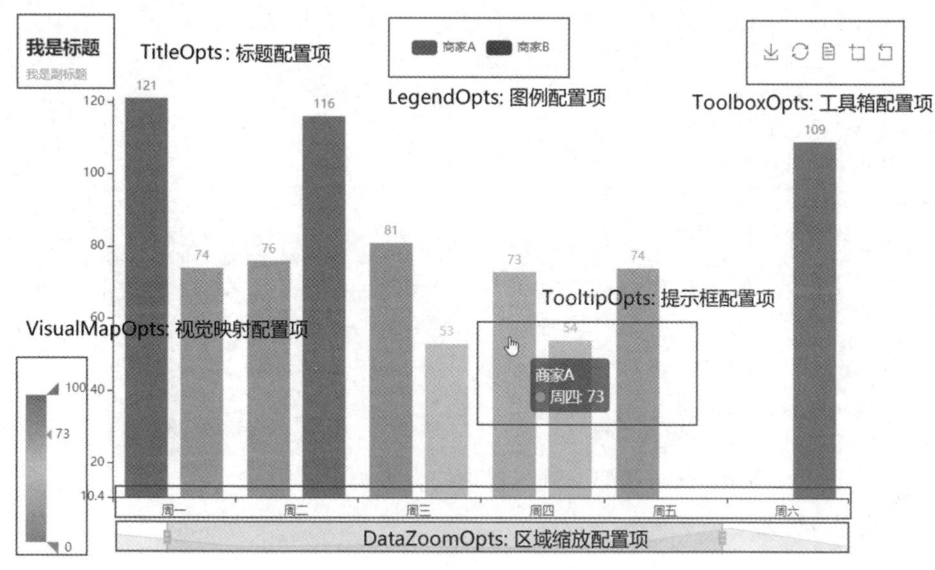

图 9-17　部分配置项的含义、效果

配置项的设置通过 set_global_options()方法来实现。配置项分为全局配置项和系统配置项。

（1）全局配置项。

```
AnimationOpts：Echarts 画图动画配置项
InitOpts：初始化配置项
ToolBoxFeatureSaveAsImagesOpts：工具箱保存图片配置项
ToolBoxFeatureRestoreOpts：工具箱还原配置项
ToolBoxFeatureDataViewOpts：工具箱数据视图工具
ToolBoxFeatureDataZoomOpts：工具箱区域缩放配置项
ToolBoxFeatureMagicTypeOpts：工具箱动态类型切换配置项
ToolBoxFeatureBrushOpts：工具箱选框组件配置项
ToolBoxFeatureOpts：工具箱工具配置项
ToolboxOpts：工具箱配置项
BrushOpts：区域选择组件配置项
AxisLineOpts：坐标轴轴线配置项
AxisTickOpts：坐标轴刻度配置项
AxisPointerOpts：坐标轴指示器配置项
AxisOpts：坐标轴配置项
```

```
SingleAxisOpts：单轴配置项
GraphicGroup：原生图形元素组件
TitleOpts：标题配置项
LegendOpts：图例配置项（默认）
ToolboxOpts：工具箱配置项
VisualMapOpts：视觉映射配置项
TooltipOpts：提示框配置项（默认）
DataZoomOpts：区域缩放配置项
```

（2）系统配置项。

```
ItemStyleOpts：图元样式配置项
TextStyleOpts：文字样式配置项
LabelOpts：标签配置项
LineStyleOpts：线样式配置项
Lines3DEffectOpts：3D 线样式配置项
SplitLineOpts：分割线配置项
MarkPointItem：标记点数据项
MarkPointOpts：标记点配置项
MarkLineItem：标记线数据项
MarkLineOpts：标记线配置项
MarkAreaItem：标记区域数据项
MarkAreaOpts：标记区域配置项
EffectOpts：涟漪特效配置项
AreaStyleOpts：区域填充样式配置项
SplitAreaOpts：分隔区域配置项
MinorTickOpts：次级刻度配置项
MinorSplitLineOpts：次级分割线配置项
```

我们可以通过 Pyecharts 官网详细了解配置项的含义与设置方法。

4．显示及保存图表

方法一：render()。

在默认情况下，render()方法会在当前目录下生成一个 render.html 文件。我们可以使用浏览器打开该文件并阅读。render(文件名)方法可以在当前目录下生成一个“文件名.html”文件，也可以将文件保存到指定路径下，如 render(r'C:\users\hu\desktop\nation.html')。

方法二：render_notebook()。

使用 render_notebook()方法可以直接在 Jupyter Notebook 环境下查看图形，随时随地渲染图表。

方法三：make_snapshot()。

首先导入 Snapshot 模块，然后使用 make_snapshot(snapshot, bar.render(), "文件名.png")以图片的形式将图表保存到当前路径或指定路径下。

注意：我们可以通过.get_options()方法查看配置项，以便调试时使用；可以通过 import os 和 print(os.getcwd())查看当前目录。

9.5.3 Pyecharts 绘图示例

首先，导入下列模块：

```
import numpy as np
```

```
import pyecharts.options as opts
from pyecharts.charts import Scatter,Line,Pie,Bar,Grid
import matplotlib.pyplot as plt
```

然后，定义画布大小：

```
plt.figure(figsize=(10,6),dpi=120)
```

下面，我们可以根据需要绘制各类图形。

1．绘制散点图

散点图的绘制可以通过 Scatter()方法来实现。我们可以通过 help(Scatter().set_global_opts)查看全局变量和方法。

散点图的绘制代码如下：

```
'''
Pyecharts 散点图
'''
x=np.linspace(0,2*np.pi,50)           # 生成数据列表
y1=np.sin(x)
y2=np.cos(x)
sinDotCurve=(
            Scatter()                 # 生成 Scatter 对象
            .add_xaxis(xaxis_data=x)                  # 使用 Scatter 对象中的方法添加数据
            .add_yaxis(series_name='sin',y_axis=y1)   # sin 散点图显示数字
            .add_yaxis(series_name='cos',y_axis=y2,label_opts=opts.LabelOpts(is_
show=False))                          # 通过 is_show=False 设置 cos 散点图上不显示数字
)
sinDotCurve.render_notebook()         # 在 Jupyter Notebook 环境下展示图形
```

运行结果如图 9-18 所示。

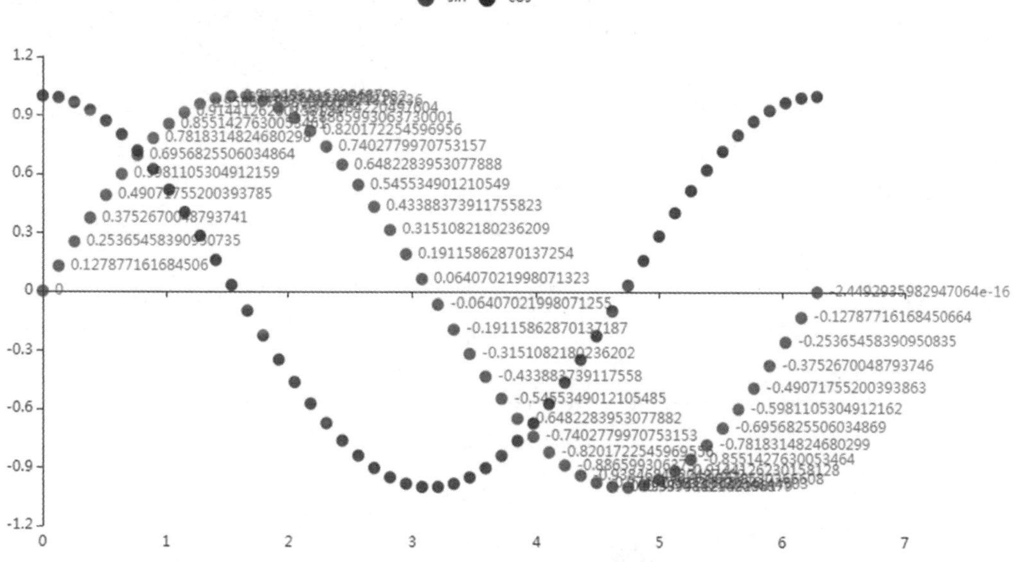

图 9-18　Pyecharts 散点图

注意：（1）可以通过 Scatter(init_opts=opts.InitOpts(width="720px",height="320px"))对 Scatter()方法设置初始配置；（2）配置项 label_opts=opts.LabelOpts(is_show=False)用于控制是

否显示数据。例如，图 9-18 中没有设置$\sin(x)$的相关参数，在默认情况下会显示其数据。而对$\cos(x)$而言，我们设置了 is_show=False，因此不显示其数据，is_show 默认值为 True。

2．绘制折线图

折线图的绘制可以通过 Line()方法来实现。在下面的代码中，通过配置项 TitleOpts 设置主标题“title='sin 曲线'”的同时，我们还通过主标题参数 title_link 设置了一个超链接 title_link=r'https://******/item/sin 函数'。配置项 TooltipOpts 中的参数 trigger 用于设置在光标处是否显示数字，当 trigger=None 时，显示数字；当 trigger 取其他非 None 的任何值时，不显示数字。trigger=None 为默认情况，光标处会显示数字。配置项 TooltipOpts 中的参数 axis_pointer_type 用于设置光标形状，默认情况为 axis_pointer_type ='line'。

我们可以通过 help(Line().set_global_opts)查看全局变量和方法。折线图的绘制代码如下：

```
'''
Pyecharts 折线图
'''
x=np.linspace(0,2*np.pi,50)
y=np.sin(x)
sinLineCurve=(
            Line(init_opts=opts.InitOpts(width="720px",height="320px"))# 设置图形大小
            .add_xaxis(xaxis_data=x)                                    # 添加数据
            .add_yaxis(series_name='sin',y_axis=y,
                     label_opts=opts.LabelOpts(is_show=False))        # 不显示数字
            .set_global_opts(title_opts=opts.TitleOpts(title='sin 曲线',
                           title_link=r'https://******/item/sin 函数'),
                                                                       # 设置主标题和超链接
                           tooltip_opts=opts.TooltipOpts(axis_pointer_type=
                           'cross',trigger=None)        #设置光标形状和光标处显示数字
            )
)
sinLineCurve.render_notebook()
```

运行结果如图 9-19 所示。

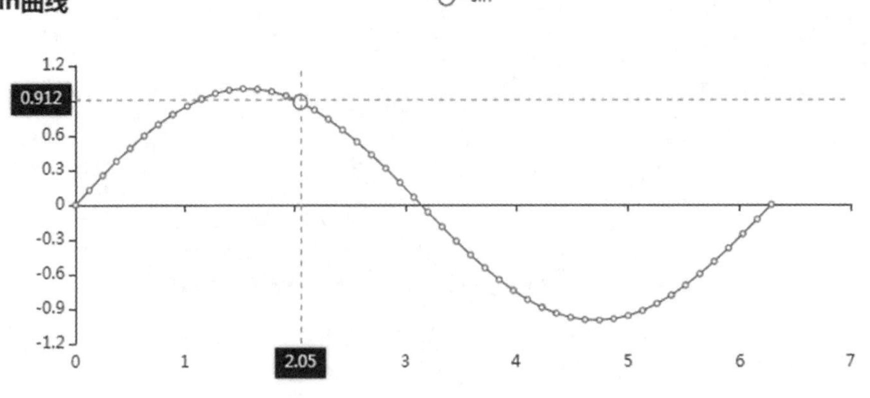

图 9-19　Pyecharts 折线图

注意：单击图 9-19 中的主标题“sin 曲线”会链接到 sin 函数超链接页面，如图 9-20 所示。

图 9-20　sin 函数超链接页面

3．绘制饼图

饼图用于显示部分数据在总体中所占的比重时非常直观。Pyecharts 模块中对饼图的定义格式如下：

```
class Pie(
    # 初始化配置项，参考 'global_options. InitOpts'
    init_opts: opts.InitOpts = opts.InitOpts()
)
```

和

```
def add(
    series_name: str,                # 系列名称，用于 tooltip 的显示，legend 的图例筛选
    # 系列数据项，格式为 [(key1, value1), (key2, value2)]
    data_pair: types.Sequence[types.Union[types.Sequence, opts.PieItem, dict]],
    color: Optional[str] = None,       # 系列 label 颜色
    # 饼图的半径，数组的第 1 项是内半径，第 2 项是外半径
    # 默认设置成百分比，是相对于容器高度和宽度中较小一项的一半
    radius: Optional[Sequence] = None,
    # 饼图的中心（圆心）坐标，数组的第 1 项是横坐标，第 2 项是纵坐标
    # 默认设置成百分比。在设置成百分比时，第 1 项是相对于容器宽度，第 2 项是相对于容器高度
    center: Optional[Sequence] = None,
    # 标签配置项，参考 'series_options.LabelOpts'
    label_opts: Union[opts.LabelOpts, dict] = opts.LabelOpts(),
    # 提示框组件配置项，参考 'series_options.TooltipOpts'
    …
)
```

例 9-11 绘制通信与信息工程学院 2020 年少数民族学生数分布饼图。据统计，通信与信息工程学院 2020 年少数民族学生数分布情况如表 9-10 所示。

表 9-10　通信与信息工程学院 2020 年少数民族学生数分布情况

民　族	维吾尔族	藏族	蒙古族	彝族	水族	哈尼族
学生数/个	26	4	12	23	2	1

代码如下：

```
'''
Pyecharts 饼图
'''
num=[26, 4, 12, 23, 2, 1]
lab=["维吾尔族", "藏族", "蒙古族", "彝族", "水族", "哈尼族"]
pie=(
    Pie(init_opts=opts.InitOpts(width='720px',height='320px',renderer='canvas',
page_title='Awesome-pyecharts',theme='white',bg_color= 'cyan'))
    .add(series_name='nation',data_pair=[(i,j) for i,j in zip(lab,num)])
)
pie.render_notebook()
```

运行结果如图 9-21 所示。

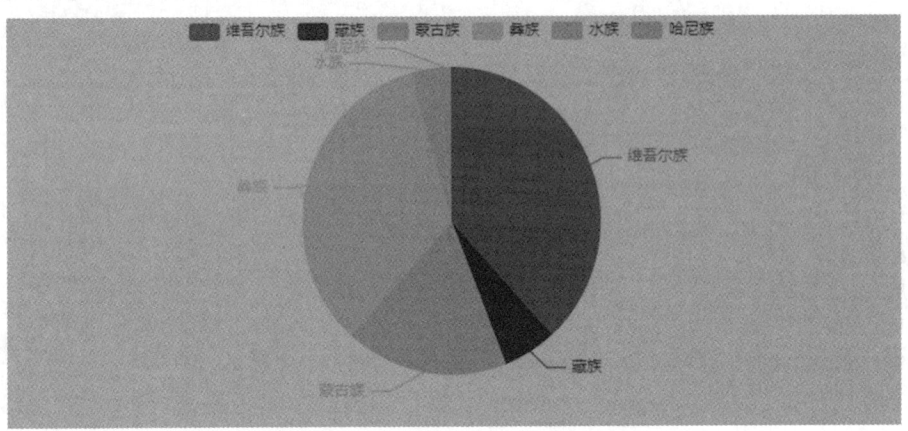

图 9-21　Pyecharts 饼图（未设置半径参数 radius）

若设置半径参数 radius：

```
pie=(
    Pie(init_opts=opts.InitOpts(width='720px',height='320px',renderer='canvas',
page_title='Awesome-pyecharts',theme='white',bg_color= 'cyan'))
    .add(series_name='nation',data_pair=[(i,j) for i,j in zip(lab,num)],radius=
['40%','75%'])                                # 40%内半径，75%外半径
)
```

则运行结果如图 9-22 所示。

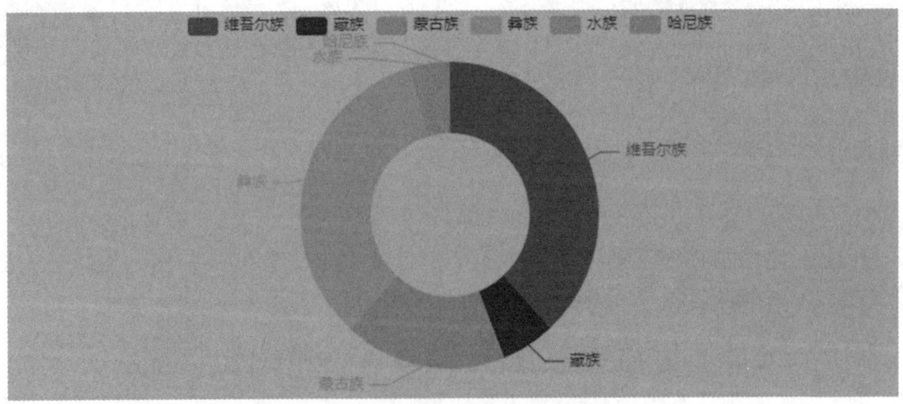

图 9-22　Pyecharts 饼图（设置半径参数 radius）

add()函数其他配置项有：

```
def add(
    # 饼图的中心（圆心）坐标，数组的第 1 项是横坐标，第 2 项是纵坐标
    # 默认设置成百分比。在设置成百分比时，第 1 项是相对于容器宽度，第 2 项是相对于容器高度
    center: Optional[Sequence] = None,
    # 是否展示成南丁格尔图，通过半径区分数据大小，有'radius'和'area'两种模式
    # radius：扇区的圆心角展现数据的百分比，半径展现数据的大小
    # area：所有扇区的圆心角相同，仅通过半径展现数据大小
    rosetype: Optional[str] = None,
is_clockwise: bool = True,     # 饼图的扇区是否是顺时针排布
    # 标签配置项，参考 'series_options.LabelOpts'
    label_opts: Union[opts.LabelOpts, dict] = opts.LabelOpts(),
    # 提示框组件配置项，参考 'series_options.TooltipOpts'
    …
)
```

4．绘制柱状图

柱状图用于比较两个及两个以上的特征数据增加或减少情况时比较直观。它的定义格式如下：

```
class Bar(
    # 初始化配置项，参考'global_options. InitOpts'
    init_opts: opts.InitOpts = opts.InitOpts()
)
```

和

```
def add_yaxis(
    series_name: str,                    # 系列名称，用于 tooltip 的显示，legend 的图例筛选
    y_axis: Sequence[Numeric, opts.BarItem, dict],    # 系列数据
    is_selected: bool = True,                         # 是否选中图例
    # 使用的 X 轴的 index，在单个图表实例中存在多个 X 轴的时候有用
    xaxis_index: Optional[Numeric] = None,
    # 使用的 Y 轴的 index，在单个图表实例中存在多个 Y 轴的时候有用
    yaxis_index: Optional[Numeric] = None,
    is_legend_hover_link: bool = True,                # 是否启用图例 hover 的联动高亮
    color: Optional[str] = None,                      # 系列 label 颜色
    # 是否显示柱条的背景色。通过 backgroundStyle 配置背景样式
    is_show_background: bool = False,
    …
)
```

例 9-12 绘制通信与信息工程学院 2020 年、2021 年少数民族学生数分布柱状图。据统计，通信与信息工程学院 2020 年、2021 年少数民族学生数分布情况如表 9-11 所示。

表 9-11　通信与信息工程学院 2020 年、2021 年少数民族学生数分布情况

民　族	维吾尔族	藏族	蒙古族	彝族	水族	哈尼族
2020 年学生数/个	26	4	12	23	2	1
2021 年学生数/个	32	6	10	26	3	1

代码如下：

```
'''
Pyecharts 柱状图
```

```
'''
import numpy as np
import pyecharts.options as opts
from pyecharts.charts import Scatter,Line,Pie,Bar,Grid
import matplotlib.pyplot as plt

num_2020=[26, 4, 12, 23, 2, 1]
num_2021=[32,6,10,26,3,1]
lab=["维吾尔族", "藏族", "蒙古族", "彝族", "水族", "哈尼族"]
bar=(
    Bar(init_opts=opts.InitOpts(width='720px',height='320px'))
    .add_xaxis(xaxis_data=lab)
    .add_yaxis(series_name='2020年',y_axis=num_2020,is_show_background=False,
itemstyle_opts=opts.ItemStyleOpts(color="gray"))
    .add_yaxis(series_name='2021年',y_axis=num_2021,itemstyle_opts=opts.ItemStyleOpts
(color="black"))
    .set_global_opts(title_opts=opts.TitleOpts(title='通信与信息工程学院',title_link=
'http://www.stiei.edu.cn',subtitle='部分少数民族学生数'))
)
bar.render_notebook()
```

运行结果如图 9-23 所示。

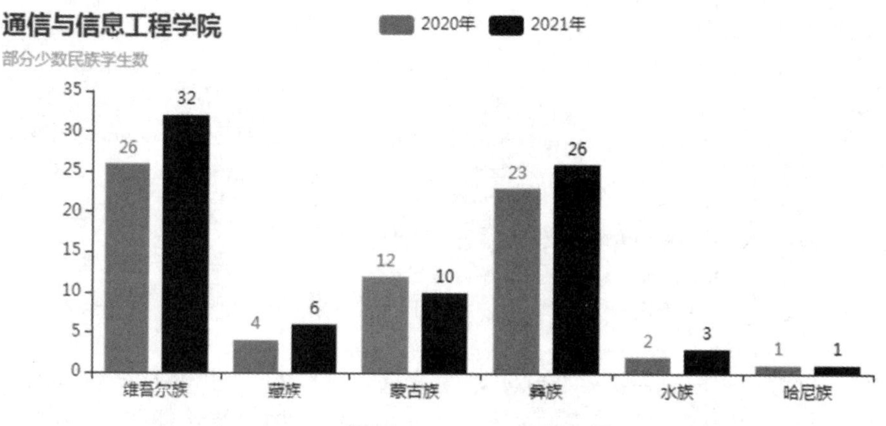

图 9-23 Pyecharts 柱状图

5. 绘制多图并行布局

上面所展示的都是在一个画布中展示一个图形，如果想要将两个或多个图形在同一画布中展示，就需要使用 Grid 类。它的定义格式如下：

```
class Grid(
    # 初始化配置项，参考'global_options. InitOpts'
    init_opts: opts.InitOpts = opts.InitOpts()
)
```

和

```
def add(
    chart: Chart,                              # 图表实例，仅'Chart'类或者其子类
    grid_opts: Union[opts.GridOpts, dict],     # 直角坐标系网格配置项，参见'GridOpts'
    grid_index: int = 0,                       # 直角坐标系网格索引
    is_control_axis_index: bool = False,       # 是否由自己控制 Axis 索引
```

```
)
```

其中，GridOpts 为直角坐标系网格配置项类，定义格式如下：

```
class GridOpts(
    is_show: bool = False,                          # 是否显示直角坐标系网格
    z_level: Numeric = 0,                           # 所有图形的 z_level 值
    z: Numeric = 2,                                 # 组件的所有图形的 z 值
    # grid 组件与容器左侧的距离。left 的值可以是像 20 这样的具体像素值，也可以是像'20%'这样
    # 相对于容器高宽的百分比
    pos_left: Union[Numeric, str, None] = None,
    pos_top: Union[Numeric, str, None]  = None,
    # grid 组件与容器右侧的距离。right 的值可以是像 20 这样的具体像素值，也可以是像'20%'这样
    # 相对于容器高宽的百分比
    pos_right: Union[Numeric, str, None]  = None,       # 20 像素值，'20%'容器高宽
    pos_bottom: Union[Numeric, str, None]  = None,      # 20 像素值，'20%'容器高宽
    width: Union[Numeric, str, None] = None,            # grid 组件的宽度，默认自适应
    height: Union[Numeric, str, None] = None,           # grid 组件的高度，默认自适应
    background_color: str = "transparent",              # 网格背景色，默认透明
    …
)
```

利用表 9-11 中的少数民族学生数分布情况在同一画布中绘制 2020 年、2021 年两个少数民族学生数分布柱状图。代码如下：

```
'''
Grid：并行多图
上下布局：
   grid=(
       Grid()
       # pos_left,pos_right 左右布局
       .add(fig1,grid_opts=opts.GridOpts(pos_bottom="60%"))
       .add(fig2,grid_opts=opts.GridOpts(pos_top="60%"))
   )
'''
num_2020=[26, 4, 12, 23, 2, 1]
num_2021=[32,6,10,26,3,1]
lab=["维吾尔族", "藏族", "蒙古族", "彝族", "水族", "哈尼族"]

bar_2020=(
   Bar(init_opts=opts.InitOpts(width='720px',height='320px'))
   .add_xaxis(xaxis_data=lab)
   .add_yaxis(series_name='2020 年'+' '*40,y_axis=num_2020,is_show_background=
False,itemstyle_opts=opts.ItemStyleOpts(color="gray"))
   .set_global_opts(title_opts=opts.TitleOpts(title='通信与信息工程学院',title_link=
'www.stiei.edu.cn',subtitle='少数民族学生数')
   )
)
bar_2021=(
   Bar(init_opts=opts.InitOpts(width='720px',height='320px'))
   .add_xaxis(xaxis_data=lab)
   .add_yaxis(series_name='2021 年',y_axis=num_2021,itemstyle_opts=
```

```
opts.ItemStyleOpts(color="black"))
    .set_global_opts(title_opts=opts.TitleOpts(title=None,title_link=None,subtitle=None))
)

grid=(
    Grid(init_opts=opts.InitOpts(width="720px",height="320px"))
    .add(bar_2020,grid_opts=opts.GridOpts(pos_bottom="60%"))
    .add(bar_2021,grid_opts=opts.GridOpts(pos_top="50%"))
    )
grid.render_notebook()
```

运行结果如图 9-24 所示。

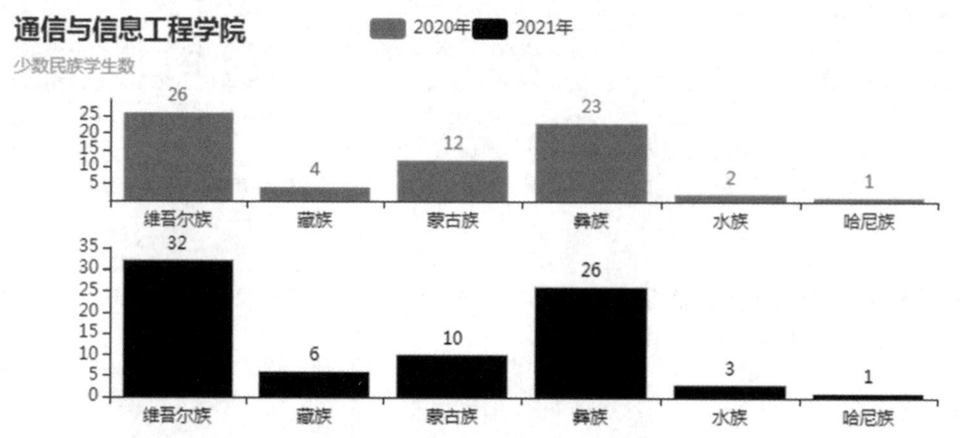

图 9-24　多图并行布局（无重叠）

6．绘制多图叠加布局

将 2020 年少数民族学生数的折线图和柱状图叠加在一起显示，代码如下：

```
'''
Grid: 并行多图
bar.overlap()
'''
num=[26, 4, 12, 23, 2, 1]
lab=["维吾尔族", "藏族", "蒙古族", "彝族", "水族", "哈尼族"]

bar=(
      Bar(init_opts=opts.InitOpts(width='720px',height='320px'))
      .add_xaxis(xaxis_data=lab)
      .add_yaxis(series_name='2020 年',y_axis=num)
      .set_global_opts(title_opts=opts.TitleOpts(title='通信与信息工程学院',title_link=
'www.stiei.edu.cn',subtitle='少数民族学生数')
      )
)

lines=(
        Line()
        .add_xaxis(xaxis_data=lab)
        .add_yaxis(series_name='',y_axis=num,label_opts=opts.LabelOpts(is_show=False))
```

```
)
bar.overlap(lines).render_notebook()
```

运行结果如图 9-25 所示。

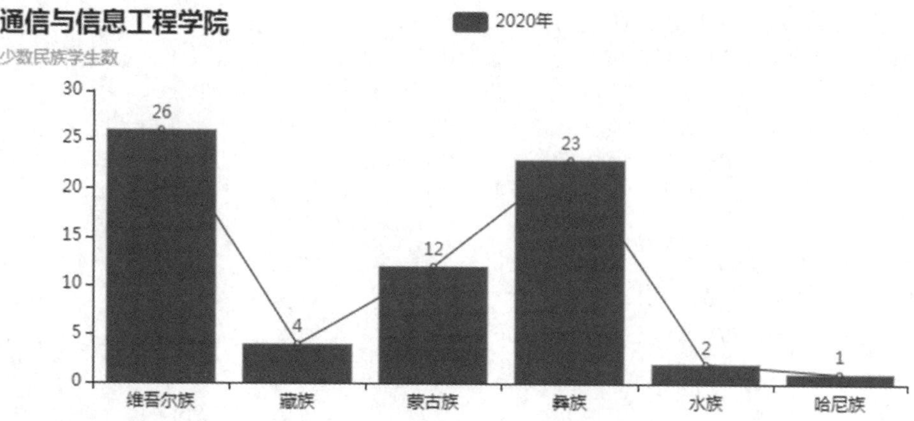

图 9-25　多图叠加布局（有重叠）

7．绘制雷达图

雷达图用于分析部分特征在整体效果中的影响情况。例如，影响企业财务状况和经营现状的因素有很多，但主要因素包括企业的生产性、安全性、收益性、成长性和流动性等 5 个方面。如何直观、形象地分析这 5 个方面对经营状况的影响呢？雷达图是很好的工具。雷达图正是因其形状如雷达的放射波而得名。它的定义格式如下：

```
class Radar(
    # 初始化配置项，参考'global_options.InitOpts'
    init_opts: opts.InitOpts = opts.InitOpts()
)
def add_schema(
    # 雷达指示器配置项列表，参考'RadarIndicatorItem'
    schema: Sequence[Union[opts.RadarIndicatorItem, dict]],
    …
 )
```

和

```
def add(
    series_name: str,     # 系列名称，用于 tooltip 的显示，legend 的图例筛选
    data: types.Sequence[types.Union[opts.RadarItem, dict]],  # 系列数据项
    is_selected: bool = True,                                 # 是否选中图例
    # ECharts 提供的标记类型包括'circle','rect','roundRect','triangle','diamond','pin',
    # 'arrow','none', 可以通过'image://url'设置为图片，其中 URL 为图片的链接，或者 dataURI
    symbol: Optional[str] = None,
    color: Optional[str] = None,                              # 系列 label 颜色
    …
)
```

雷达图的绘制步骤如下。

（1）导入模块：from pyecharts.charts import Radar、import pyecharts.options as opts。

（2）制定特征数据指标：schema。

（3）生成雷达对象：radar = Radar()。

（4）添加数据：radar.add()。

（5）生成 HTML 文件：radar.render('.html')。或者在 Notebook 中显示：radar.render_notebook()。

示例如下：

```
# 定义雷达图维度值为 5，并设置各维度值的范围
c_schema= [{"name": "生产性", "max": 1, "min": -1},
          {"name": "安全性", "max": 1, "min": -1},
          {"name": "收益性", "max": 1, "min": -1},
          {"name": "成长性", "max": 1, "min": -1},
          {"name": "流动性", "max": 1, "min": -1}]

# 定义两个对象在 5 个维度的值
value1 = [[0.79,0.90,0.46,0.57,-0.50]]
value2 = [[0.11,0.34,0.31,-0.11,0.21]]

# 导入模块
from pyecharts.charts import Radar
import pyecharts.options as opts

# 绘制简单的雷达图
radar=(
    Radar()
    .add_schema(schema=c_schema)
    .add("企业 1", value1)
    .add("企业 2", value2)
    )
radar.render_notebook()
```

运行结果如图 9-26 所示。

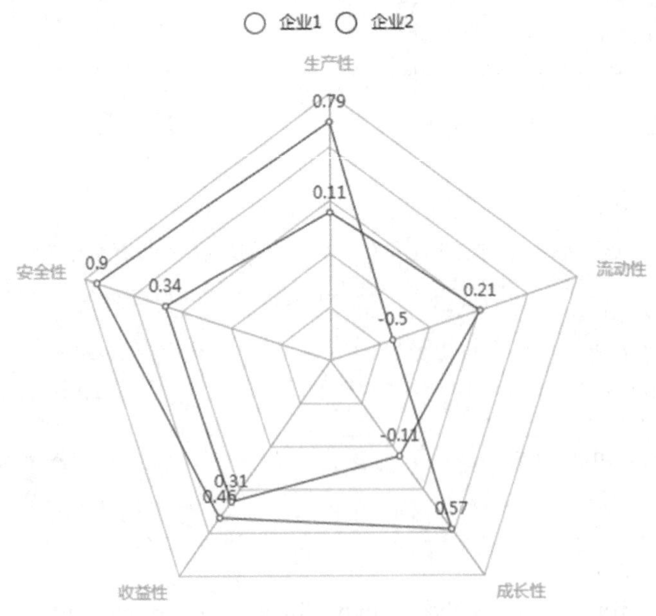

图 9-26 简单的雷达图

图 9-26 的效果较差。为此，我们可以对图 9-26 的雷达图添加一些配置项，以美化其呈现

效果。例如：

```
radar=(
    Radar(init_opts=opts.InitOpts(width="720px",height="460px",theme='ESSOS',
page_title="Awesome-pyechar",bg_color='white'))
    .add_schema(schema=c_schema,splitarea_opt=opts.SplitAreaOpts(
            is_show=True, areastyle_opts=opts.AreaStyleOpts(opacity=0.8)),
            textstyle_opts=opts.TextStyleOpts(color="#000"))
    .add("企业 1", value1,linestyle_opts=opts.LineStyleOpts(color="black"),)
    .add("企业 2", value2,linestyle_opts=opts.LineStyleOpts(color="gray"),)
    .set_series_opts(label_opts=opts.LabelOpts(is_show=True))          # 是否显示标签
    .set_global_opts(title_opts=opts.TitleOpts(title="美化雷达图"))      # 标题
)
```

运行结果如图 9-27 所示。

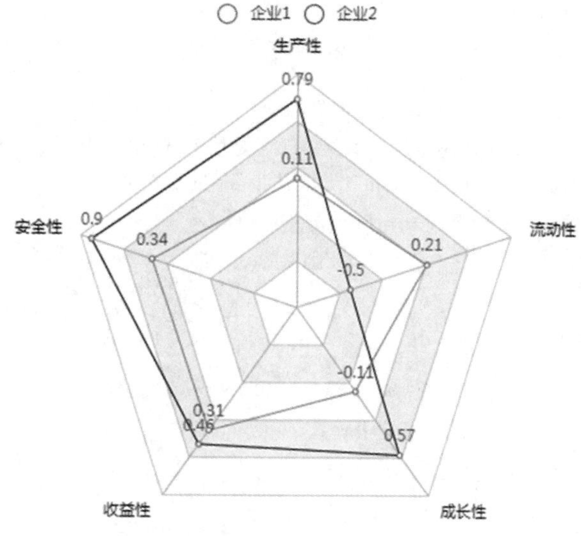

图 9-27　美化雷达图

注意：主题参数 theme 取值除了 ESSOS，还有 LIGHT、DARK、CHALK、INFOGRAPHIC、MACARONS、PURPLE_PASSION、ROMA、ROMANTIC、SHINE、VINTAGE、WALDEN、WESTEROS、WONDERLAND。读者可以通过修改 theme 取值来观察图形呈现的效果。

或者：

```
schema=[
        opts.RadarIndicatorItem(name="A", max_=1,min_=-1),
        opts.RadarIndicatorItem(name="B", max_=1,min_=-1),
        opts.RadarIndicatorItem(name="C", max_=1,min_=-1),
        opts.RadarIndicatorItem(name="D", max_=1,min_=-1),
        opts.RadarIndicatorItem(name="E", max_=1,min_=-1),
        opts.RadarIndicatorItem(name="F", max_=1,min_=-1),
        ]
```

8．绘制仪表盘图

```
class Gauge(
    # 初始化配置项，参考'global_options.InitOpts'
    init_opts: opts.InitOpts = opts.InitOpts()
```

```
)
```

和

```
def add(
    series_name: str,              # 系列名称，用于 tooltip 的显示，legend 的图例筛选
    data_pair: Sequence,           # 系列数据项，格式为[(key1, value1),(key2, value2)]
    is_selected: bool = True,      # 是否选中图例
    …
)
```

其中，仪表盘数据标题配置项类 GaugeTitleOpts 的定义格式如下：

```
class GaugeTitleOpts( ))
```

仪表盘数据内容配置项类 GaugeDetailOpts 的定义格式如下：

```
class GaugeDetailOpts(
    is_show: bool = True,                              # 是否显示详情
    # 文字块背景色，如'#123234','red','rgba(0,23,11,0.3)'
    background_color: str = "transparent",
    border_width: Numeric = 0,                         # 文字块边框宽度
    border_color: str = "transparent",                 # 文字块边框颜色
    # 相对于仪表盘中心的偏移位置，数组第 1 项是水平方向的偏移，第 2 项是垂直方向的偏移
    # 可以是绝对的数值，也可以是相对于仪表盘半径的百分比
    offset_center: Sequence = [0, "-40%"],
    color: str = "auto",                               # 文字的颜色
    font_style: str = "normal",        #字体的风格，可选：'normal', 'italic', 'oblique'
    # 字体的粗细，可选：'normal', 'bold', 'bolder', 'lighter', 100|200|…
    font_weight: str = "normal",
    # 文字的字体系列。还可以是 'serif', 'monospace', 'Arial', 'Courier New', 'Microsoft
    # YaHei', …
    font_family: str = "sans-serif",
    font_size: Numeric = 15,                           # 字体大小
    shadow_color: Optional[str] = "transparent",       # 文字块的背景颜色
  )
```

仪表盘指针配置项 GaugePointerOpts 类的定义格式如下：

```
class GaugePointerOpts(
    is_show: bool = True,                              # 是否显示指针
    # 指针长度，可以是绝对数值，也可以是相对于半径的百分比
    length: Union[str, Numeric] = "80%",
    width: Numeric = 8,                                # 指针宽度
)
```

仪表盘图的绘制代码如下：

```
from pyecharts import options as opts
from pyecharts.charts import Gauge
c = (
    Gauge(init_opts=opts.InitOpts(width="680px",height="320px",theme='ESSOS',
                                  page_title="Awesome-pyechar",bg_color='white'))
    .add("半年销售额完成情况", [(" ", 66.6)])
    .set_global_opts(title_opts=opts.TitleOpts(title="Gauge-基本示例"), legend_opts=
opts.LegendOpts())
    .set_series_opts(label_opts=opts.LabelOpts(is_show=False))
)
```

```
c.render_notebook()
```

运行结果如图 9-28 所示。

Gauge-基本示例

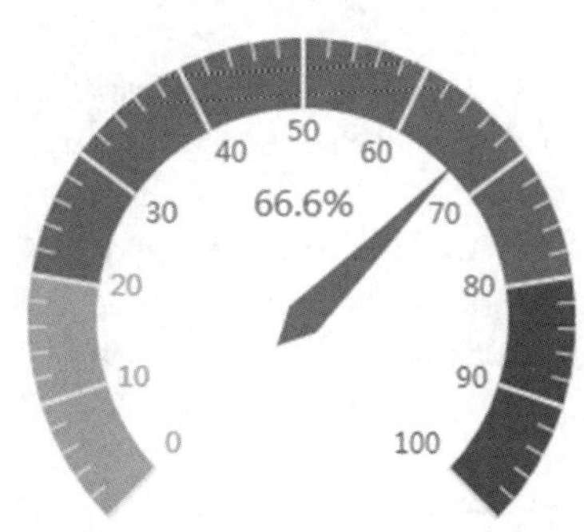

图 9-28 仪表盘图

9.5.4 Pyecharts 词云图绘制

使用 Pyecharts 模块的 WordCloud 类可以绘制词云图。WordCloud 类的定义格式如下：

```
class WordCloud(
    # 初始化配置项，参考'global_options.InitOpts'
    init_opts: opts.InitOpts = opts.InitOpts()
)
```

和

```
def add(
    series_name: str,         # 系列名称，用于 tooltip 的显示，legend 的图例筛选
    data_pair: Sequence,      # 系列数据项，[(word1, count1), (word2, count2)]
    # 词云图轮廓，有'circle','cardioid','diamond','triangle-forward','triangle',
'pentagon','star' 可选
    shape: str = "circle",
    …
)
```

例 9-13 对习近平总书记在中国共产党成立 100 周年讲话的报告进行词频统计，并运行 Pyecharts 绘制词云图。代码如下：

```
import collections                                # 词库统计库，自带模块
import re                                         # 正则表达式，自带模块
from pyecharts.charts import WordCloud            # 词云展示库
import jieba                                      # 导入 jieba 库
import matplotlib.pyplot as plt                   # 图像展示库


# 读取文件
fn = open('100 周年讲话.txt',encoding='GBK')        # 打开文件
string_data = fn.read()                           # 读取整个文件
fn.close()                                        # 关闭文件

# 文本预处理
pattern = re.compile(u'\t|\n|-|:|;|\)|\(|\?|“|”|!|,|。|' '')  # 定义正则表达式匹配模式
string_data = re.sub(pattern,'',string_data)      # 将符合模式的字符去除
```

```
# 文本分词
seg_list_exact = jieba.cut(string_data)   # jieba.lcut(string_data,cut_all=False)
# 精确模式分词
object_list = []
remove_words = [u'的',u'能',u'如果',u'通常',u'我们',u'需要',u'随着',u'在',u'了',u'、',
u'是',u'上',u'有',u'从',u'和',u'一',u'中',u'同',u'不',u'们']      # 自定义去除词库

for word in seg_list_exact:           # 循环读出每个分词
    if word not in remove_words:      # 如果不在去除词库中
        object_list.append(word)      # 将分词追加到列表

# 词频统计
word_counts = collections.Counter(object_list)   # 对分词做词频统计
word_counts_top41 = word_counts.most_common(41)  # 获取前 10 名高频的词
print(word_counts_top41)                         # 输出检查
# 词频展示
wc = (
     WordCloud()
     .add('',words,word_size_range=[20,20])
     .set_global_opts(title_opts=opts.TitleOpts(title='中国共产党成立 100 周年讲话关键
词词云图')
                 )
)
wc.render_notebook()
# wc.render(r'C:\users\hu\百年词云')
```

运行结果如图 9-29 所示。

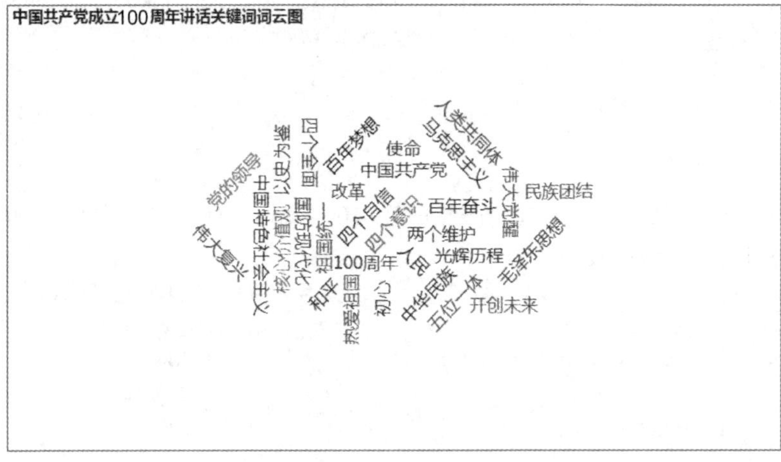

图 9-29　词云图

习题 9

1．根据题目要求，完成相应计算。

（1）已知 array2d = np.array([[0,0,1],[0,1,0]])，则

array2d.dtype= ________________

array2d.shape= ________________

array2d.size= ________________

array2d.itemsize= ______________

array2d.T= __________________

array2d[0][:]= ________________

array2d[1][0:2]= ______________

（2）创建一个包含 10 到 20 之间的 5 个元素的数组，且元素之间等差。

（3）创建 3 行 3 列的随机数组。

（4）使用 numpy.fromstring()方法，从字符串 string='STIEI'中创建一个数组。

2．现有一组数据 0.15,0.16,0.14,0.17,0.12,0.16,0.1,0.08,0.05,0.07,0.06，请根据数据绘制曲线，并在曲线上标出最小值点和最大值点。

3．绘制函数 $y=\frac{\sin x}{x}$ 的图像，如图 9-30 所示。

4．绘制函数 $f\left(x,y\right)=\frac{\sin\left(\sqrt{x^2+y^2}\right)}{\sqrt{x^2+y^2}}$ 的图像，如图 9-31 所示。

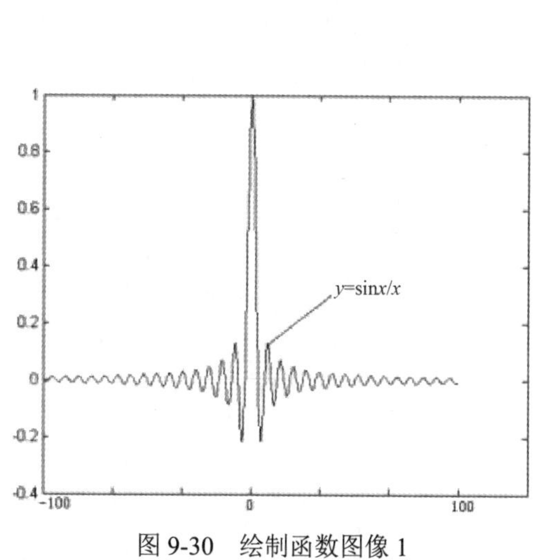

图 9-30　绘制函数图像 1

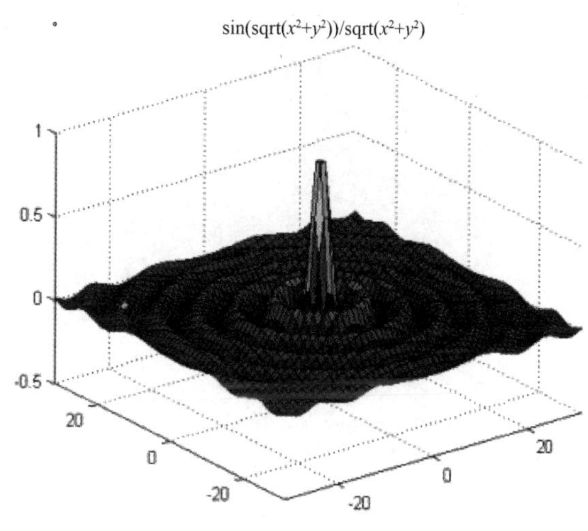

图 9-31　绘制函数图像 2

5．绘制《瓦尔登湖》小说中前 50 个单词的词云图。

参考文献

[1] Magnus Lie Hetland. Python 基础教程[M]．司维，曾军崴，谭颖华，译．北京：人民邮电出版社，2014．

[2] 赵英良．Python 程序设计[M]．北京：人民邮电出版社，2016．

[3] David I. Schneider. Python 程序设计[M]．车万翔，译．北京：机械工业出版社，2016．

[4] Wesley Chun. Python 核心编程[M]．孙波翔，李斌，李晗，译．北京：人民邮电出版社，2016．

[5] Doug Hellmann. Python 标准库[M]．刘炽，译．北京：机械工业出版社，2012．